U0342545

高职高专"十二五"规划教材

环境监测与分析

主编 黄兰粉

北 京
冶金工业出版社
2015

内 容 提 要

本书结构按项目化教学方式，分 6 个项目编写，主要内容包括基础知识、水和废水监测、大气和废气监测、固体废弃物监测、土壤污染监测、噪声监测等。

本书可作为高职高专院校工业分析与检验、环境监测与治理等专业的教学用书，也可供环境监测与分析从业人员阅读参考。

图书在版编目（CIP）数据

环境监测与分析/黄兰粉主编 . —北京：冶金工业出版社，2015.8

高职高专"十二五"规划教材

ISBN 978-7-5024-6993-1

Ⅰ.①环… Ⅱ.①黄… Ⅲ.①环境监测—高等职业教育—教材 ②环境质量—质量分析—高等职业教育—教材 Ⅳ.①X8

中国版本图书馆 CIP 数据核字（2015）第 156989 号

出 版 人 谭学余
地　　址　北京市东城区嵩祝院北巷 39 号　邮编　100009　电话　（010）64027926
网　　址　www. cnmip. com. cn　电子信箱　yjcbs@ cnmip. com. cn
责任编辑　俞跃春　廖　丹　陈慰萍　美术编辑　吕欣童　版式设计　葛新霞
责任校对　禹　蕊　责任印制　牛晓波
ISBN 978-7-5024-6993-1
冶金工业出版社出版发行；各地新华书店经销；固安华明印业有限公司印刷
2015 年 8 月第 1 版，2015 年 8 月第 1 次印刷
787mm×1092mm　1/16；13.5 印张；323 千字；205 页
32.00 元

冶金工业出版社　投稿电话　（010）64027932　投稿信箱　tougao@cnmip. com. cn
冶金工业出版社营销中心　电话　（010）64044283　传真　（010）64027893
冶金书店　地址　北京市东四西大街 46 号（100010）　电话　（010）65289081（兼传真）
冶金工业出版社天猫旗舰店　yjgycbs. tmall. com
（本书如有印装质量问题，本社营销中心负责退换）

前　言

　　"环境监测与分析"是高职高专院校工业分析与检验、环境监测与治理等专业的一门核心课程，是培养学生职业能力的关键环节。本书从职业活动分析出发，以职业岗位需求为目标，以实际工作过程和职业能力培养为主线，以学生认知规律为突破口，在学习过程与工作过程相结合、理论学习与实践训练相结合、课堂教学与课外自学相结合的理念指导下，基于"项目导向、任务驱动"的项目化教学方式编写而成，体现"课程建设合作化、教学内容职业化、教学做一体化"的课程设计原则，充分体现职业教育的可拓展性、职业性、实践性、开放性。

　　本书为校企共建成果，由四川机电职业技术学院与攀枝花钢铁有限责任公司劳动卫生防护研究所（下称攀钢劳研所）环境监测站共同开发，在编者广泛收集资料的基础上编写完成。全书共分6个项目，主要内容包括基础知识、水和废水监测、大气和废气监测、固体废弃物监测、土壤污染监测、噪声监测等。全书由黄兰粉主编，其中项目1由四川机电职业技术学院的黄兰粉、吴兰编写，项目2、项目3由四川机电职业技术学院黄兰粉、攀钢劳研所环境监测站张乔编写，项目4、项目5由四川机电职业技术学院钟静、陈永富编写，项目6由四川机电职业技术学院黄兰粉、攀钢劳研所环境监测站伍后英编写。

　　本书可作为高职高专院校工业分析与检验、环境监测与治理等专业的教学用书，也可供环境监测与分析从业人员阅读参考。

　　本书编写过程中参阅了大量国内外的文献资料，部分参考文献在书末没有一一列出，恳请文献著者及读者原谅，在此向所有文献资料的著者表示衷心的感谢！

　　由于成书仓促，再加上经验不足、水平有限，书中的不足之处敬请专家和读者批评指正。

编　者
2015 年 6 月

目 录

项目 1　基础知识

【知识目标】

（1）了解环境监测的目的及分类；
（2）了解环境污染的特点及环境监测特点；
（3）掌握优先监测污染物的概念及其种类；
（4）掌握制定环境标准的原则及环境标准的作用、分类、分级情况；
（5）掌握数据处理的相关知识。

【能力目标】

（1）能描述环境监测的主要类别；
（2）能根据环境标准确定某污染物是否超标；
（3）能根据数据处理的基础知识，利用 Excel 软件、Mintable 软件绘制质量控制图；
（4）能利用网络熟练查阅环境标准。

任务 1.1　认识环境监测

环境监测是环境科学的一个重要分支学科。环境化学、环境物理学、环境地学、环境工程学、环境医学、环境管理学、环境经济学以及环境法学等所有环境科学的分支学科，都只有在了解、评价环境质量及其变化趋势的基础上，才能进行各项研究和制定有关管理、经济的法规。"监测"一词的含义可理解为监视、测定、监控等，因此环境监测就是通过对影响环境质量因素的代表值的测定，确定环境质量（或污染程度）及其变化趋势。随着工业和科学的发展，监测的内容也扩展了，由对工业污染源的监测逐步发展到对大环境的监测，即监测对象不仅是影响环境质量的污染因子，还延伸到对生物、生态变化的监测。

判断环境质量，仅对某一污染物进行某一地点、某一时刻的分析测定是不够的，必须对各种有关污染因素、环境因素在一定范围、时间、空间内进行测定，分析其综合测定数据，才能对环境质量做出确切评价。因此，环境监测包括对污染物分析测试的化学监测（包括物理化学方法），对物理（或能量）因子热、声、光、电磁辐射、振动及放射性等强度、能量和状态测试的物理监测，对生物由于环境质量变化所发出的各种反应和信息如受害症状、生长发育、形态变化等测试的生物监测，对区域群落、种落的迁移变化进行观测的生态监测。

环境监测的过程一般为：现场调查→监测计划设计→优化布点→样品采集→运送保存→分析测试→数据处理→综合评价等。

从信息技术角度看，环境监测是环境信息捕获→传递→解析→综合的过程。只有在对监测信息进行解析、综合的基础上，才能全面、客观、准确地揭示监测数据的内涵，对环境质量及其变化做出正确的评价。

环境监测的对象包括：反映环境质量变化的各种自然因素、对人类活动与环境有影响的各种人为因素、对环境造成污染危害的各种成分。

1.1.1 环境监测的目的和分类

1.1.1.1 环境监测的目的

随着现代工农业生产的迅猛发展，环境问题越来越突出，使环境质量不断下降，最终导致人类及其他生物体难以正常生存。影响环境质量的因素既有物质因素也有能量因素，物质因素包括各种化学毒物，能量因素包括噪声、光、热、振动、电磁辐射和放射性等。环境监测就是利用现代科学技术手段对代表环境质量的各环境要素（水环境、气环境、声环境等）进行监视、监控、测定，即要监测这些物质或能量因素的浓度或强度，并与环境标准相比较以确定环境的质量或污染状况。概括起来环境监测的目的有以下几个方面：

（1）判断环境质量是否符合国家制定的环境质量标准。

（2）根据监测结果追踪污染源。

（3）确定污染物在时间、空间上的分布规律及其迁移、转化情况。

（4）研究污染扩散模式和规律，为预测预报环境质量、控制环境污染提供依据。

（5）收集积累长期监测资料，为保护人类健康和合理使用资源提出建议，为修改和制定环境质量标准提供依据。

要达到上述目的，首先要对环保工作有足够的认识和重视，把它摆在应有的位置上。由于历史原因，过去我国对环境保护工作不太重视，留下了许多环境问题。从 1979 年我国颁布《中华人民共和国环境保护法（试行）》以来，国家投入了大量的人力、物力，环保工作取得了巨大成果，大大推动了环境监测工作的开展，但是从环保工作的要求来看还有很大差距，与国外同行相比，我们无论从技术、设备、财力等方面都有差距。国外经济发达国家基本上都已实现了连续自动监测，而我国相当一部分地区仍然处于手工、间歇式监测阶段。因此，要有准确、可靠的监测手段和受过专门培训的专业人才作为保证。

1.1.1.2 环境监测的分类

环境监测可按其监测目的或监测介质对象进行分类，也可按专业部门进行分类，如气象监测、卫生监测和资源监测等。

环境监测按其监测目的可分为监视性监测（又称为例行监测或常规监测）、特定目的监测（又称为特例监测）、研究性监测（又称科研监测）。

监视性监测是对指定的有关项目进行定期的、长时间的监测，以确定环境质量及污染源状况，评价控制措施的效果，衡量环境标准实施情况和环境保护工作的进展。这是监测工作中量最大、面最广的工作。

监视性监测包括对污染源的监督监测（污染物浓度、排放总量、污染趋势等）和环境质量监测（所在地区的空气、水质、噪声、固体废物等监督监测）。

特定目的监测根据特定的目的可分为以下四种：

（1）污染事故监测。在发生污染事故，特别是突发性环境污染事故时进行应急监测，往往需要在最短的时间内确定污染物的种类，对环境和人类的危害，污染因子扩散方向、速度和危及范围，控制的方式、方法，为控制和消除污染提供依据，供管理者决策。这类监测常采用流动监测（车、船等）、简易监测、低空航测、遥感等手段。

（2）仲裁监测。仲裁监测主要针对污染事故纠纷、环境法执行过程中所产生的矛盾进行监测，应由国家指定的具有质量认证资质的部门进行，以提供具有法律责任的数据（公证数据），供执法部门、司法部门仲裁。

（3）考核验证监测。考核验证监测包括对环境监测技术人员和环境保护工作人员的业务考核、上岗培训考核，环境检测方法验证和污染治理项目竣工时的验收监测等。

（4）咨询服务监测。咨询服务监测是为政府部门、科研机构、生产单位提供的服务性监测。例如建设新企业应进行环境影响评价时，需要按评价要求进行监测；政府或单位开发某地区时，其环境质量是否符合要求；项目的一些环境因子对环境相容性提供数据供参考。

研究性监测是针对特定目的科学研究而进行的高层次的监测，例如环境本底的监测及研究，有毒有害物质对从业人员的影响研究，新的污染因子监测方法，痕量甚至超痕量污染物的分析方法研究，样品复杂、干扰严重样品的监测方法研究，为监测工作本身服务的科研工作的监测，如统一方法、标准分析方法的研究、标准物质的研制等。这类研究往往要求多学科合作进行。

环境监测按监测介质对象可分为水质监测、空气监测、土壤监测、固体废物监测、生物监测、生态监测、噪声和振动监测、电磁辐射监测、放射性监测、热监测、光监测、卫生（病原体、病毒、寄生虫等）监测等。

环境监测按污染物的性质可分为化学毒物监测、卫生指标（包括病原体、病毒、积生物等）监测、能量因素（包括热、光、声、电磁辐射、放射性等）监测。

此外，根据监测手段，环境监测可分为物理监测、化学监测、生物监测等。所有这些分类都是相互交叉的，应根据需要适当选择。

1.1.2　环境监测的特点和环境监测技术

1.1.2.1　环境分析与环境监测的区别与联系

所谓环境分析就是对环境样品进行化学分析以确定其组成与含量的一门学科。它产生于 20 世纪 50 年代，但它不是环境科学和分析化学的简单结合。因为环境污染物通常处于痕量级（10^{-6} 或 10^{-9}），基体复杂，流动变异性大，因而对分析的灵敏度、分辨率及分析速度都提出了很高的要求，所以说环境分析是分析化学的发展。

环境分析与环境监测都是环境科学的新型分支学科，二者既有区别又有联系。前面谈到，环境监测简单地说就是一门测定、研究环境质量的学科，因此它绝不局限于对某一毒物指标的测定和研究，它所要得到的是一项综合性指标，同时它也不局限于得到一批监测数据，更重要的是应用这批数据来表征环境质量的状况，并预测环境质量的变化趋势。而环境分析仅限于得到一批或一组数据。

环境监测除了测定化学指标外，还要测定能量因素如噪声、光和热等，而环境分析则不涉及能量因素的测定。

环境分析和环境监测的另一区别还在于，环境分析基本上采用化学手段，而环境监测的手段除了化学方法之外，还可运用物理方法和生物方法。如用遥测遥感技术可以监测大面积海域内的石油污染和大范围植被的污染情况，这是湿法化学分析所不能达到的。又如，可用生物监测方法判断多种污染物所造成的综合污染情况。由此看来环境分析仅仅是环境监测的一部分。

1.1.2.2　环境污染和环境监测的特点

A　环境污染的特点

环境污染是各种污染因素本身及其相互作用的结果。同时环境污染还受社会评价的影响而具有社会性。因此，其特点可归纳为：

（1）污染物的时间分布特性。污染物的浓度在环境中不会恒定不变，在不同的时间其浓度不同。如河流由于季节的变化而有丰水期、枯水期、平水期的变化一样，大气污染物由于气象条件的变化往往造成同一污染物在同一地方的地面浓度相差数倍或数十倍，交通噪声的强度也是随车流量的变化而显著不同。

（2）污染物的空间分布特性。污染物随水流或空气运动而被稀释，因此，不同地理位置上的污染物浓度分布是不同的。

（3）环境污染与污染物含量之间的关系。有害物质引起毒害的量与其无害的自然本地值之间有一个界限，只有超过这一界限才会对环境造成危害。所以污染因素对环境的危害有一个阈值，对这一阈值的研究是判断环境污染及污染程度的重要依据，也是制定环境标准的科学依据。

（4）污染因素的综合效应。环境是一个十分复杂的体系，必须考虑各种因素的综合效应。多种污染物同时存在对人体或生物体的影响通常有以下几种情况：

1）单独作用。即没有因污染物的共同作用而加深危害。

2）相加作用。各污染物对机体同一器官的毒害作用彼此相似且偏向同一方向，其毒性相当于各污染物毒性之和。

3）相乘作用。各污染物对机体同一器官的毒害作用超过个别毒性的总和。

4）拮抗作用。两种或两种以上的污染物对机体的危害作用彼此抵消一部分或大部分。

（5）环境污染的社会评价性。环境污染的评价与社会制度、社会文明程度、技术经济发展水平、民族的风俗习惯、哲学、法律等问题有关，也受人们意识水平的制约，如城市居民长期使用受污染的水往往不太注意，而因噪声、烟尘引起的纠纷却很多。很多环境问题也是随着社会的发展才认识到如生态保护、湿地保护、生物多样性保护等。

B　环境监测的特点

环境监测据其对象、手段、时间和空间的多变性，污染组分的复杂性等，其特点可归纳为：

（1）环境监测的综合性。环境监测的综合性表现在以下几个方面：

1）监测手段包括化学、物理、生物、物理化学、生物化学及生物物理等一切可以表征环境质量的方法。

2）监测对象包括空气、水体（江、河、湖、海及地下水）、土壤、固体废物、生物等客体，只有对这些客体进行综合分析，才能确切描述环境质量状况。

3）对监测数据进行统计处理、综合分析时，需涉及该地区的自然和社会各个方面情况，因此，必须综合考虑才能正确阐明数据的内涵。

（2）环境监测的连续性。由于环境污染具有时空性等特点，因此，只有坚持长期测定，才能从大量的数据中揭示其变化规律，预测其变化趋势，数据样本越多，预测的准确度就越高。因此，监测网络、监测点位的选择一定要有科学性，而且一旦监测点位的代表性得到确认，必须长期坚持监测，以保证前后数据的可比性。

（3）环境监测的追踪性。环境监测包括监测目的的确定、监测计划的制订、采样、样品运送和保存、实验室测定到数据整理等过程，是一个复杂而又有联系的系统，任何一步的差错都将影响最终数据的质量。特别是区域性的大型监测，由于参加人员众多、实验室和仪器的不同，必然会导致技术和管理水平不同。为使监测结果具有一定的准确性，并使数据具有可比性、代表性和完整性，需有一个量值追踪体系予以监督。为此，需要建立环境监测的质量保证体系。

C　优先监测原则

环境监测是一项很繁琐、艰巨的工作，这项工作的深入程度要受人力、物力和财力的影响，任何国家、任何时候也不可能监测所有指标（水中约一千多种、大气中约一百多种）。因此，实际工作中要根据现有条件确定哪些物质应首先监测，即确定优先监测原则——优先监测那些危害大、出现频度高的因素，具体来说就是优先监测：

（1）对环境影响大的污染物；

（2）已有可靠监测方法并能获得准确数据的污染物；

（3）已有环境标准或其他依据的污染物；

（4）环境中浓度超标且有可能继续上升的污染物；

（5）样品有代表性的污染物。

各国都制定了相应的优先监测项目或优先监测和名单。

我国环境监测技术规范对生活污水和医院污水规定的优先监测项目见表 1-1。

表 1-1　中国环境优先监测污染物黑名单

序号	化学类别	名　称
1	卤代（烷、烯）烃类	二氯甲烷、三氯甲烷△、四氯化碳△、1，2-二氯乙烷△、1，1，1-三氯乙烷、1，1，2-三氯乙烷、1，1，2，2-四氯乙烷、三氯乙烯△、四氯乙烯△、三溴甲烷△
2	苯系物	苯△、甲苯△、乙苯△、邻-二甲苯、间-二甲苯、对-二甲苯
3	氯代苯类	氯苯△、邻-二氯苯△、对-二氯苯△、六氯苯
4	多氯联苯类	多氯联苯△
5	酚类	苯酚△、间-甲酚△、2，4-二氯酚△、2，4，6-三氯酚△、五氯酚、对-硝基酚△
6	硝基苯类	硝基苯△、对-硝基甲苯△、2，4-二硝基甲苯、三硝基苯△、对-硝基氯苯△、2，4-二硝基氯苯△
7	苯胺类	苯胺△、二硝基苯胺△、对-硝基苯胺△、2，6-二氯硝基苯胺

序号	化学类别	名称
8	多环芳烃	萘、荧蒽、苯并［b］荧蒽、苯并［k］荧蒽、苯并［a］芘△、茚并［1，2，3-c.d］芘、苯并［ghi］芘
9	酞酸酯类	酞酸二甲酯、酞酸二丁酯△、酞酸二辛酯△
10	农药	六六六△、滴滴涕△、滴滴滴△、乐果△、对硫磷△、甲基对硫磷△、除草醚△、敌百虫△
11	丙烯腈	丙烯腈
12	亚硝胺类	N-亚硝基二丙胺、N-亚硝基二正丙胺
13	氰化物	氰化物△
14	重金属及其化合物	砷及其化合物△、铍及其化合物△、镉及其化合物△、铬及其化合物△、铜及其化合物△、铅及其化合物△、汞及其化合物△、镍及其化合物△、铊及其化合物△

注：表中标有"△"符号的为近期实施的名单。

1.1.3　环境监测技术

监测技术包括采样技术、测试技术和数据处理技术。关于采样以及噪声、放射性等方面的监测技术在后面有关章节中叙述，这里以污染物的测试技术为重点做一概述。

化学监测就是将分析化学的方法应用于环境监测中，物理监测方法近年来发展速度也很快，如遥测遥感技术在大气污染监测、水体污染监测以及植物监测中显示出独特的优越性，是地面逐点定期监测所无法比拟的。另外，依靠计算机和网络技术建立起来的自动监测系统给区域监测带来了极大便利。

生物监测就是利用生物进行的监测。它分为大气生物监测、水体生物监测和土壤生物监测。可通过对生物监测来了解环境污染的状况及变化趋势。

1.1.4　环境标准

标准化和标准的实施是现代社会的重要标志。所谓标准化，按国际标准化组织（ISO）的定义是："为了所有有关方面的利益，特别是为了促进最佳的全面经济效果，并适当考虑产品使用条件与安全要求，在所有有关方面的协作下，进行有秩序的特定活动，制定并实施各项规则的过程"。而标准则是"经公认的权威机构批准的一项特定标准化工作成果"，"它通常以一项文件并规定一整套必须满足的条件或基本单位来表示"。环境标准是标准中的一类，它是为了保护人群健康、防治环境污染、促使生态良性循环，同时又合理利用资源，促进经济发展，依据环境保护法和有关政策，对有关环境的各项工作（例如有害成分含量及其排放源规定的限量阈值和技术规范）所做的规定。环境标准是政策、法规的具体体现。

1.1.4.1　环境标准的作用

环境标准的作用如下：

（1）环境标准既是环境保护和有关工作的目标，又是环境保护的手段。它是制订环境保护规划和计划的重要依据。

（2）环境标准是判断环境质量和衡量环保工作优劣的准绳。评价一个地区环境质量的优劣、评价一个企业对环境的影响，只有与环境标准相比较才能实现。

（3）环境标准是执法的依据。不论是环境问题的诉讼、排污费的收取、污染治理的目标等执法的依据都是环境标准。

（4）环境标准是组织现代化生产的重要手段和条件。通过实施标准可以制止任意排污，促使企业对污染进行治理和管理；采用先进的无污染、少污染工艺；设备更新；资源和能源的综合利用等。

总之，环境标准是环境管理的技术基础。

1.1.4.2　环境标准的分类和分级

我国环境标准分为环境质量标准、污染物排放标准（或污染控制标准）、环境基础标准、环境方法标准、环境标准物质标准和环保仪器、设备标准等六类。

环境标准分为国家标准和地方标准两级，其中环境基础标准、环境方法标准和标准物质标准等只有国家标准，并尽可能与国际标准接轨。

环境质量标准是为了保护人类健康，维持生态良性平衡和保障社会物质财富，并考虑技术经济条件，对环境中有害物质和因素所做的限制性规定。它是衡量环境质量的依据，环保政策的目标、环境管理的依据，也是制定污染物控制标准的基础。

污染物控制标准是为了实现环境质量目标，结合技术经济条件和环境特点，对排入环境的有害物质或有害因素所做的控制规定。由于我国幅员辽阔，各地情况差别较大，因此不少省市区制定了地方排放标准，但应该符合以下两点：

（1）国家标准中所没有规定的项目；

（2）地方标准应严于国家标准，以起到补充、完善的作用。

环境基础标准是在环境标准化工作范围内，对有指导意义的符号、代号、指南、程序、规范等所做的统一规定，是制订其他环境标准的基础。

环境方法标准是在环境保护工作中以试验、检查、分析、抽样、统计计算为对象制定的标准。

环境标准样品是在环境保护工作中，用来标定仪器、验证测量方法、进行量值传递或质量控制的材料或物质。对这类材料或物质必须达到的要求所做的规定称为环境标准样品标准。

环保仪器、设备标准是为了保证污染治理设备的效率和环境监测数据的可靠性和可比性，对环境保护仪器、设备的技术要求所做的规定。

1.1.4.3　制定环境标准的原则

环境标准体现国家技术经济政策。它的制定要充分体现科学性和现实性相统一，才能既保护环境质量的良好状况，又促进国家经济技术的发展。

（1）要有充分的科学依据。标准中指标值的确定要以科学研究的结果为依据，如环境质量标准要以环境质量基准为基础。所谓环境质量基准，是指经科学试验确定污染物（或因素）对人或生物不产生不良或有害影响的最大剂量或浓度。例如，经研究证实，大气中二氧化硫年平均浓度超过 0.115mg/m³ 时对人体健康就会产生有害影响，这个浓度值就是大气中二氧化硫的基准。制定监测方法标准要对方法的准确度、精密度、干扰因素及各种方法的比较等进行试验。制定控制标准的技术措施和指标，要考虑它们的成熟程度、可行性及预期效果等。

（2）既要技术先进、又要经济合理。基准和标准是两个不同的概念。环境质量基准是由污染物（或因素）与人或生物之间的剂量–反应关系确定的，不考虑社会、经济、技术等人为因素，也不随时间而变化。而环境质量标准是以环境质量基准为依据，考虑社会、经济、技术等因素而制定，它既具有法律强制性，又可以根据技术、经济以及人们对环境保护的认识变化而不断修改、补充。

污染控制标准制定的焦点是如何正确处理技术先进和经济合理之间的矛盾，标准要定在最佳实用点上。这里有"最佳实用技术法"（简称 BPT 法）和"最佳可行技术法"（简称 BAT 法）两种。BPT 法是指工艺和技术可靠，从经济条件上国内能够普及的技术。BAT 法是指技术上证明可靠、经济上合理，但属于代表工艺改革和污染治理方向的技术。环境污染从根本上讲是资源、能源的浪费，因此标准应促使工矿企业技术改造，采用少污染、无污染的先进工艺，按照环境功能、企业类型、污染物危害程度、生产技术水平区别对待……这些也应在标准中明确规定或具体反映。

（3）与有关标准、规范、制度协调配套。质量标准与排放标准、排放标准与收费标准、国内标准与国际标准之间应该相互协调才能有效贯彻执行。

（4）积极采用或等效采用国际标准。一个国家的标准反映该国的技术、经济和管理水平。积极采用或等效采用国际标准，是我国重要的技术经济政策，也是技术引进的重要部分，它能了解当前国际先进技术水平和发展趋势。

查一查

最新的水环境质量标准；20 世纪的十大环境公害事件。

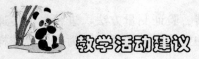

教学活动建议

建议此处采用分组教学法，让学生以小组的方式收集水环境质量标准、20 世纪的十大环境公害事件，了解环境污染的程度和危害性，激发学生的学习积极性。

任务 1.2　环境监测质量控制与保证

1.2.1　监测质量评价的常用术语及应用

1.2.1.1　环境监测质量保证和质量控制

环境监测保证是指为保证监测数据的准确、精密、有代表性、完整性及可比性而应采取的全部措施。措施包括：

（1）制订监测计划；

（2）确定监测指标；

（3）规定监测系统；

（4）人员技术培训；

（5）实验室清洁度与安全。

环境监测质量控制是指为达到监测计划所规定的监测质量而对监测过程采用的控制方法。它是环境监测质量保证的一个部分。环境监测质量控制包括：

（1）实验室内部控制。实验室内部控制包括空白试验、仪器设备的定期标定、平行样分析、加标回收率分析、密码样分析、质量控制图等。控制结果反映实验室监测分析的稳定性，一旦发现异常情况，及时采取措施进行校正，是实验室自我控制监测分析质量的程序。

（2）实验室外部控制。实验室外部控制包括分析监测系统的现场评价、分发标准样品进行实验室间的评价等。目的在于找出实验室内部不易发现的误差，特别是系统误差，及时予以校正，提高数据质量。

1.2.1.2　准确度

A　准确度的基本概念

准确度是测量值与真值的符合程度。一个分析方法或分析测量系统的准确度是反映该方法或该系统存在的系统误差的综合指标，决定着这个结果的可靠性。准确度用 E 或 $E_{相对}$ 表示。

B　评价准确度的方法

可采用测定回收率、分析标准物质、对比不同方法等方法来评价准确度。

a　回收率试验

在样品中加入标准物质，测定其回收率。这是目前试验常用而又方便的确定准确度的方法。多次回收试验还可以发现方法的系统误差。

回收率的计算：　$P = \dfrac{加标试样测定值 - 试样测定值}{加标量} \times 100\%$

回收率的控制：通常规定 95% ~ 105% 作为回收率的目标值。当超出其范围时，可由下列公式计算可以接受的上、下限：

$$P_{下} = 0.95 - \dfrac{\left(t_{0.05(f)}\dfrac{S}{\sqrt{n}}\right)}{D}$$

$$P_{上} = 1.05 + \dfrac{\left(t_{0.05(f)}\dfrac{S}{\sqrt{n}}\right)}{D}$$

式中，$P_{下}$ 为回收率下限；$P_{上}$ 为回收率上限；S 为标准偏差；n 为测定次数；D 为加标值；$t_{0.05(f)}$ 为自由度为 f 时，置信度为 95% 时的 t 值，可由表 1-2 查得。

表 1 – 2　t 值表

自由度	P（双侧概率）				
	0.200	0.100	0.050	0.020	0.010
1	3.078	6.31	12.71	31.82	63.66
2	1.89	2.92	4.30	6.96	9.92
3	1.64	2.35	3.18	4.54	5.84
4	1.53	2.13	2.78	3.75	4.60
5	1.84	2.02	2.57	3.37	4.03
6	1.44	1.94	2.45	3.14	3.71
7	1.41	1.89	2.37	3.00	3.50
8	1.40	1.84	2.31	2.90	3.36
9	1.38	1.83	2.26	2.82	3.25
10	1.37	1.81	2.23	2.76	3.17
11	1.36	1.80	2.20	2.72	3.11
12	1.36	1.78	2.18	2.68	3.05
13	1.35	1.77	2.16	2.65	3.01
14	1.35	1.76	2.14	2.62	2.98
15	1.34	1.75	2.13	2.60	2.95
16	1.34	1.75	2.12	2.58	2.92
17	1.33	1.74	2.11	2.57	2.90
18	1.33	1.73	2.10	2.55	2.88
19	1.33	1.73	2.09	2.54	2.86
20	1.33	1.72	2.09	2.53	2.85
21	1.32	1.72	2.08	2.52	2.83
22	1.32	1.72	2.07	2.51	2.82
23	1.32	1.71	2.07	2.50	2.81
24	1.32	1.71	2.06	2.49	2.80
25	1.32	1.71	2.06	2.49	2.79
26	1.31	1.71	2.06	2.48	2.78
27	1.31	1.70	2.05	2.47	2.77
28	1.31	1.70	2.05	2.47	2.76
29	1.31	1.70	2.05	2.46	2.76
30	1.31	1.70	2.04	2.46	2.75
40	1.30	1.68	2.02	2.42	2.70
60	1.30	1.67	2.00	2.39	2.66
120	1.29	1.66	1.98	2.36	2.62
∞	1.28	1.64	1.96	2.33	2.58
自由度	0.100	0.050	0.025	0.010	0.005
	P（单侧概率）				

回收率试验方法简便，能综合反映多种因素引起的误差。因此常用来判断某分析方法是否适合于特定试样的测定。但由于分析过程中对样品和加标样品的操作完全相同，以至于干扰的影响、操作损失及环境沾污对二者也是完全相同的，误差可以相互抵消，因而难以对误差进行分析，以致无法找出测定中存在的具体问题，因此回收率对准确度的控制有一定限制，这时应同时使用其他控制方法。

【例 1-1】　用新铜试剂法测定铜样品，加入标准铜为 0.40mg/L，测定 5 次。数据为：0.37mg/L，0.32mg/L，0.39mg/L，0.34mg/L，0.35mg/L。计算（1）平均值、标准偏差、回收率；（2）该回收率是否在可接受的上、下限内。（注：此题为双侧检验）

解：（1）
$$\bar{x} = \frac{0.37 + 0.32 + 0.39 + 0.34 + 0.35}{5} = 0.35\text{mg/L}$$

$$S = \sqrt{\frac{0.02^2 + 0.03^2 + 0.04^2 + 0.01^2 + 0}{5 - 1}} = 0.027\text{mg/L}$$

$$\bar{P} = \frac{0.35}{0.40} \times 100\% = 87.5\%$$

（2）
$$P_{\text{下}} = 0.95 - \frac{\left(t_{0.05(f)} \cdot \dfrac{S}{\sqrt{n}}\right)}{D} = 0.95 - \frac{\left(2.78 \times \dfrac{0.027}{\sqrt{5}}\right)}{0.40} = 86.6\%$$

$$P_{\text{上}} = 1.05 + \frac{\left(t_{0.05(f)} \cdot \dfrac{S}{\sqrt{n}}\right)}{D} = 1.05 + \frac{\left(2.78 \times \dfrac{0.027}{5}\right)}{0.40} = 113.4\%$$

回收率 87.5% 在可接受的上、下限内。

b　对标准物质的分析——t 检法

一个方法的准确度还可用对照实验来检验，即通过对标准物质的分析或用标准方法来分析相对照。同样的分析方法有时也能因不同实验室、不同分析人员而使分析结果有所差异。通过对照可以找出差异所在，以此判断方法的准确度。t 检法也称为显著性检验。

显著性检验的一般步骤如下：

（1）提出一个否定假设。

（2）确定并计算 t 值，$\pm t = \dfrac{\bar{x} - \mu}{\dfrac{S}{\sqrt{n}}}$。

（3）选定 $n(f)$，a，并查表确定 $t_a(f)$。

（4）判断假设是否成立。$t \leqslant t_{0.05(f)}$，则无显著性差异；$t > t_{0.05(f)}$，则有显著性差异。

统计检验有双侧检验和单侧检验两类。通常只关心总体均值 μ 是否等于已知值 x，至于两者究竟哪个大，对所研究的问题并不重要。这种情况的假设为 $\mu = x$，否定假设为 $x \neq \mu$。有时也需要专门研究 x 是否大于或小于 μ，这种情况的假设为 $x \leqslant \mu (x \geqslant \mu)$，否定假设为 $(x > \mu)$（或 $x < \mu$）。前者应用双侧检验，后者采用单侧检验。

【例 1-2】　某标准物质 A 组分的浓度为 4.47mg/L。现以某种方法测定 A 组分，其 5 次测定值分别为 4.28mg/L，4.40mg/L，4.42mg/L，4.37mg/L，4.35mg/L。试问测定中是否存在系统误差？

解：假设无系统误差，即 $\bar{x} = \mu$。

$$\bar{x} = \frac{4.28 + 4.40 + 4.42 + 4.37 + 4.35}{5} = 4.36$$

$$S = \sqrt{\frac{0.08^2 + 0.04^2 + 0.06^2 + 0.01^2 + 0.01^2}{5-1}} = 0.054$$

$$t = \frac{\bar{x} - \mu}{\left(\frac{S}{\sqrt{n}}\right)} = \frac{4.36 - 4.47}{\left(\frac{0.054}{\sqrt{5}}\right)} = -4.55$$

$$a = 0.05, \quad t_{0.05(4)} = 2.78$$

$t > t_{0.05(f)}$，故假设不成立，存在系统误差。

【例 1-3】　测定某标准物质中的铁含量，其 10 次测定平均值为 1.054%，标准偏差为 0.009%。已知铁的保证值为 1.06%。检验测定结果与保证值有无显著性差异。

解： 假设无显著性差异，即 $\bar{x} = \mu$。

$$t = \frac{\bar{x} - \mu}{\left(\frac{S}{\sqrt{n}}\right)} = \frac{1.054\% - 1.06\%}{\left(\frac{0.009\%}{\sqrt{10}}\right)} = -2.11$$

$a = 0.05$，$f = 9$，查表 $t_{0.05(9)} = 2.26 > 2.11$，故假设成立，即测定结果与保证值无显著性差异。

【例 1-4】　用某方法 9 次回收率试验测定的平均值为 89.7%，标准偏差为 11.8%，试问该回收率是否达到 100%。

解： 假设 $P \geqslant 100\%$。

$$t = \frac{\bar{x} - \mu}{\left(\frac{S}{\sqrt{n}}\right)} = \frac{89.7\% - 100\%}{\left(\frac{11.8\%}{\sqrt{9}}\right)} = -2.62$$

查表 $t_{0.10(8)} = 1.86 < 2.62$，故假设不成立，该方法回收率达不到 100%。

【例 1-5】　用原子吸收分光光度法测定某水样中铅的含量，测定结果为 0.306mg/L，为检验准确度，在测定水样的同时，平行测定含量为 0.250mg/L 的铅标准溶液 10 次，所获数据为 0.254mg/L，0.256mg/L，0.254mg/L，0.252mg/L，0.247mg/L，0.251mg/L，0.248mg/L，0.254mg/L，0.246mg/L，0.248mg/L。评价水样测定结果。

解： 假设 $\bar{x} = \mu$。

$$t = \frac{\bar{x} - \mu}{\left(\frac{S}{\sqrt{n}}\right)} = \frac{0.251 - 0.250}{\left(\frac{0.004}{\sqrt{10}}\right)} = 0.79$$

查表 $t_{0.05(9)} = 2.26 > 0.79$，故假设成立，测定值与预期值无显著性差异，水样的测定结果是准确的。

【例 1-6】　某监测中心给一个实验室氟化物样品，经过大量分析数据（可以认为 $n \to \infty$），此时 $\bar{x} \to \mu$，含量为 18.9μg，总体标准偏差 $\sigma = 0.9$μg。现有另一个氟化物样品，想知道是否就是上述样品。对其进行 5 次测定，得到平均值为 20.0μg。问有无统计根据来说明它们不是同一种样品。

解： 设两样品是一致的，属于同一总体。

$$t = \frac{\overline{x} - \mu}{\left(\dfrac{S}{\sqrt{n}}\right)} = \frac{20.0 - 18.9}{\left(\dfrac{0.9}{\sqrt{5}}\right)} = 2.73$$

查表 $t_{0.05(4)} = 2.78 > 2.73$，故假设成立，即两样品是同一个样品。

c　不同方法之间的比较——t 检法

比较不同条件下（不同时间、不同地点、不同仪器、不同分析人员等）的两组测量数据之间是否存在差异。检验的假设是两总体均值相等，检验的前提是两总体偏差无显著差异，偏差来自同一总体，其偏差为偶然误差。步骤如下：

（1）使用精密度检验判断两方法标准偏差有无显著性差异，若无显著性差异，再进行 t 检验法。

（2）假设两均值无显著性差异。

（3）计算总体标准偏差：
$$S_T = \sqrt{\frac{(n_A - 1)S_A^2 + (n_B - 1)S_B^2}{n_A + n_B - 2}}$$

计算统计值：
$$t = \frac{\overline{x_A} - \overline{x_B}}{S_T}\sqrt{\frac{n_A n_B}{n_A + n_B}}$$

（4）根据显著性水平及自由度查 t 临界值表。

（5）判断假设是否成立。$t \leq t_{a(f)}$，则无显著性差异；$t > t_{a(f)}$，则有显著性差异。

【例 1-7】　用两种不同方法测定某样品 A 物质含量，数据见表 1-3。求两种方法测定结果有无显著性差异。

表 1-3　不同方法测定结果

方　法	测定次数	平均值	方　差
1	5	42.34%	$(0.10\%)^2$
2	4	42.44%	$(0.12\%)^2$

解：设两方法标准偏差无限著性差异。

计算标准偏差：
$$S_T = \sqrt{\frac{(n_A - 1)S_A^2 + (n_B - 1)S_B^2}{n_A + n_B - 2}} = 0.11\%$$

计算统计值：
$$t = \frac{\overline{x_A} - \overline{x_B}}{S_T}\sqrt{\frac{n_A n_B}{n_A + n_B}} = -1.36$$

查表 $t_{0.05(7)} = 2.37 > 1.36$，故假设成立，两种测定方法之结果无显著性差异。

1.2.1.3　精密度

A　精密度的基本概念

精密度是指在规定的条件下，用同一方法对一均匀试样进行重复分析时，所得分析结果之间的一致性程度，由分析的偶然误差决定，偶然误差越小，则分析的精密度越高。精密度用标准偏差或相对标准偏差来表示，通常与被测物的含量水平有关。

讨论精密度时常用的术语有平行性、重复性、再现性等。

（1）平行性：在同一实验室，当操作人员、分析设备和分析时间均相同时，用同样方法对同一样品进行多份平行样测定的结果之间的符合程度。

（2）重复性：在同一实验室，当操作人员、分析设备和分析时间三因素中至少有一项不相同时，用同样方法对同一样品多次独立测定的结果之间的符合程度。

（3）再现性：在不同实验室（人员、设备及时间都不相同），用同样方法对同一样品进行多次重复测定的结果之间的符合程度。

B　精密度的检验——F 检验法

F 检验法用于比较不同条件下（不同地点、不同时间、不同放行方法、不同分析人员等）测量的两组数据是否具有相同的精密度。

F 检验法与 t 检验法步骤相同，统计值计算 $F = \dfrac{S_{max}^2}{S_{min}^2}$，查 $F_{\frac{\alpha}{2}(f_1, f_2)}$ 表，并判断。两组数据中偏差大的为 S_{max}^2，相对应的测定次数为 n_{max}。

1.2.1.4　空白试验

空白试验是指除用水代替样品外，其他所加试剂和操作步骤与样品测定完全相同的操作过程。空白试验应与样品测定同时进行。

样品的分析相应值（吸光度、峰高等）通常不仅是样品中待测物质的分析响应值，还包括所有其他因素（如实际的杂质、环境及操作过程中的沾污等）的分析响应值。由于这些因素的大小经常变化，在每次进行样品分析的同时，均应做空白试验，其响应值为空白试验值。当空白试验值较高时，应全面检查试验用水、容器、仪器性能及操作环境等诸影响因素。

1.2.1.5　校准曲线

A　定义

校准曲线是用于描述待测物质的浓度或量与相应的测量仪器的响应量或其他指示量之间的定量关系曲线。

校准曲线的直线部分所对应的待测物质的浓度或量的变化范围称为该方法的线性范围。

校准曲线根据测定方法的不同分为工作曲线、标准曲线。

B　校准曲线的绘制

配制一系列已知浓度的标准溶液，测定其响应值，选择适当的坐标纸，以响应值为纵坐标，浓度为横坐标，将数据标出，将各点连成一条适当的曲线，通常选用校准曲线的直线部分。在曲线上，已知样品的 y 值，可找出对应的 x 值，其视差和读数误差可通过回归方程克服。

1.2.2　回归分析

1.2.2.1　回归分析的定义与用途

环境监测中经常遇到相互间存在着一定关系的变量。变量之间关系主要有确定关系和相关关系两种类型。

（1）确定关系：如欧姆定律 $V = IR$，已知三个变量中的任意两个，就能按公式求第三个。

（2）相关关系：有些变量之间既有关系又无确定性关系，称为相关关系。如 BOD 与 COD 之间的关系；能斯特方程式 $E = E^0 - 0.059\lg C$ 中 E 与 $\lg C$ 之间的关系；水中某种污染物的浓度与某种水生生物体内该物质的含量之间存在一定的关系等。回归分析就是研究变量间相互关系的统计方法。

回归分析主要用途如下：

（1）建立回归方程。从一组数据出发，确定这些变量间的定量关系式，$y = a + bx$。

（2）相关系数及其检验。评价变量间关系的密切程度。

（3）应用回归方程从一个变量值去估计另一变量值，已知 x 或 y，求 y 或 x。

（4）回归曲线的统计检验。对回归方程的主要参数做进一步的评价和比较。

在环境监测质量控制与保证中主要应用的是一元线性方程。它可以用于建立某种方法的校准曲线，研究不同的方法之间的相互关系，评价不同实验室测定多种浓度水平样品的结果。

1.2.2.2　一元线性回归方程的建立

一组测定数据，包括自变量 x_1，x_2，x_3，$\cdots$，x_n，因变量 y_1，y_2，y_3，$\cdots$，y_n。如果 x 与 y 之间呈直线趋势，则可用一条直线来描述两者之间的关系，即 $y = a + bx$，其中 y 为由 x 推算出的 y 的估计值（回归值）；b 为回归系数，即回归直线斜率；a 为回归直线在 y 轴上的截距。

对于 $y = a + bx$，若实测值 y_i 与回归值 y 的偏差越小，可认为直线回归方程与实测点拟合越好。用 $Q(a，b)$ 表示实测值与回归值的差方和，则

$$Q(a,b) = \Sigma(y_i - \hat{y})^2 = \Sigma(y_i - a - bx_i)^2$$

要使 $Q(a，b)$ 最小，用求极值的方法，分别对 a，b 求偏导，并令其等于 0，即最小二乘法：

$$\frac{\partial Q}{\partial a} = \frac{\partial[\Sigma(y_i - a - bx_i)^2]}{\partial a} = 0$$

$$\frac{\partial Q}{\partial b} = \frac{\partial[\Sigma(y_i - a - bx_i)^2]}{\partial b} = 0$$

解方程组，可求出 a，b 的计算公式：

$$b = \frac{S_{xy}}{S_{xx}} = \frac{\Sigma(x_i - \bar{x})(y_i - \bar{y})}{\Sigma(x_i - \bar{x})^2}$$

$$a = \bar{y} - b\bar{x}$$

将 a，b 代入 $y = a + bx$，即得一元线性回归方程。

1.2.2.3　相关系数及其检验

对任何两个变量 x，y 组成的一组数据，都可根据最小二乘法回归出一条直线，但只有 x 与 y 存在某种线性关系时，直线才有意义。其线性关系的检验用相关系数。

A　相关系数的定义式

相关系数的定义式为：

$$\gamma = \frac{S_{xy}}{\sqrt{S_{xx}S_{yy}}} = \frac{\sum(x_i - \bar{x})(y_i - \bar{y})}{\sqrt{\sum(x_i - \bar{x})^2 \sum(y_i - \bar{y})^2}}$$

B　相关系数的取值范围及物理意义

取值范围为：$-1 \leqslant \gamma \leqslant 1$。

物理意义如下：

（1）$\gamma = 0$，x 与 y 无线性关系；

（2）$\gamma = +1$，x 与 y 完全正相关；

（3）$\gamma = -1$，x 与 y 完全负相关；

（4）$0 < \gamma < 1$，x 与 y 正相关；

（5）$-1 < \gamma < 0$，x 与 y 负相关。

C　相关系数的显著性检验

γ 越接近 ± 1，x 与 y 的线性关系越显著；γ 越接近 0，x 与 y 的线性关系越小。当 $|\gamma| \geqslant \gamma_a$（临界值）时，两变量 x 与 y 为线性。

检验步骤如下：

（1）计算相关系数。

（2）根据显著性水平和自由度，查相关系数临界值表，确定 $\gamma_{a(f)}$。

（3）判断：$|\gamma| \geqslant \gamma_a$，$x$ 与 y 为线性关系；

$|\gamma| < \gamma_a$，x 与 y 为非线性关系。

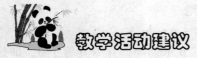

教学活动建议

建议此部分采用教学做一体化教学方法，教师给出项目任务单，让学生利用所学相关知识及相关数据处理软件进行相关计算。

1.2.3　实验室质量保证

实验室质量保证包括实验室内部质量控制和实验室外部质量控制，其目的是把监测分析误差控制在容许限度内，保证测量结果有一定的精密度，使分析数据在给定的置信水平内，有把握达到所需求的质量。

实验室内部质量控制是实验室分析人员对分析质量进行自我控制的过程。如依靠自己配制的质量控制样品，通过分析，应用质量控制图或其他方法来控制分析质量。主要反映的是分析质量的稳定性，以便及时发现某些偶然的异常现象，随时采取相应的校正措施。

实验室间质量控制又称实验室外部质量控制，是指由外部的第三者，如上级监测机构，对实验室及其分析人员的分析质量定期或不定期实行考察的过程。一般采用密码标准样品来进行考察，以确定实验室报出可接受的分析结果的能力，并协调判断是否存在系统误差，检查实验室间数据的可比性。

1.2.3.1　实验室内部质量控制

A　均数控制图

完成了准确度、精密度的检验后，由于许多其他因素，如标准物质、试剂、温度等的变化会引起准确度的变化。在日常的环境监测工作中，为了连续不断地监视和控制分析测定过程中可能出现的误差，可采用质量控制图。

（1）质量控制图编制的原理：分析结果间的差异符合正态分布。

（2）质量控制图坐标的选定：以统计值为纵坐标，测定次数为横坐标。

（3）质量控制图的基本组成：中心线、上下辅助线、上下警告限、上下控制限。

（4）质量控制样品的选用：质量控制样品的组成应尽量与环境样品相似；待测组分的浓度应尽量与环境样品接近；如果环境样品中待测组分的浓度波动较大，则可用一个位于其间的中等浓度的质量控制样品，否则，应根据浓度波动幅度采用两种以上浓度水平的质量控制样品。

（5）质量控制图的编制步骤：

1）测定质量控制样品，大于 20 个数据，每个数据由一对平行样品的测定结果求得，计算 $\overline{x_i} = \dfrac{x_A + x_B}{2}$。

2）求出它们的平均结果和标准偏差，$\overline{\overline{x}} = \dfrac{\sum \overline{x}}{n}$，$S = \sqrt{\dfrac{\sum (\overline{x_i} - \overline{\overline{x}})^2}{n-1}}$。

3）计算统计值并作质量控制图。$\overline{x}$ 为中心线；$\overline{\overline{x}} \pm S$ 为上下辅助线；$\overline{\overline{x}} \pm 2S$ 为上下警告线；$\overline{\overline{x}} \pm 3S$ 为上下辅助线。

4）将 20 个（或大于 20 个）数据按测定顺序点到图上，这时应满足以下要求：

①超出上下控制线的数据视为离群值，应予删除，剔除后不足 20 个数据时应再测补足，并重新计算 $\overline{\overline{x}}$，S，并作图，直到 20 个数据全部落在上下控制线内。

②上下辅助线范围内的点应多于 2/3，如少于 50%，则说明分散度太大，应重作。

③连续 7 点位于中心线的同一侧，表示数据不是充分随机的，应重作。

5）质量控制图绘成后，应标明测定项目、质量控制样品浓度、分析方法、实验条件、分析人员及日期等。

（6）质量控制图的使用：使用质量控制图时，要求逐项在测定环境样品的同时，测定相应的质量控制样品，并在控制样品的同时，测定相应的质量控制样品，并将控制样品的测定结果点到质量控制图上，以评价当天环境样品的测定结果是否处于控制之中。熟练的分析人员可间隔一定时间。

1）如果点落在 $\overline{\overline{x}} \pm 2S$ 内，说明测定过程处于控制状态。

2）点落在 $\overline{\overline{x}} \pm 2S$ 和 $\overline{\overline{x}} \pm 3S$ 之间，应引起重视，初步检查后，采取相应纠正措施。

3）点落在 $\overline{\overline{x}} \pm 3S$ 之外，说明当天测定过程失控，应立即查明原因，纠正重做。

4）若 7 点连续上升或连续下降，表示有失控倾向，查明原因，纠正重做。

B　常规监测质量控制

a　空白试验值

（1）一次平行测定至少两个空白试验值。

（2）平行测定的相对偏差不得大于 50%。

（3）在痕量或超痕量分析中有空白试验值控制图的，将所测空白试验值的均值点入图中，进行控制。

b　平行双样

（1）随机抽取 10% ~20% 的样品进行平行双样测定（当样品数较小时，应适当增加双样测定率，无质量控制样品和质控图的监测项目应对全部样品进行平行双样测定）。

（2）将质控样品平行测定结果点入质控图中进行判断。

（3）环境样品平行测定的相对偏差不得大于标准分析方法规定的 $d_{相对}$ 的 2 倍。

（4）全部平行双样测定中的不合格者应重新做平行双样测定；部分平行双样测定的合格率小于 95% 时，除对不合格者重做平行样外，应在增加测定 10% ~20% 的平行双样，直至总合格率大于等于 95%。

c　加标回收率

（1）随机抽取 10% ~20% 的样品进行加标回收率的测定。

（2）有质控图的监测项目，将测定结果点入图中进行判断。

（3）无质控图的监测项目，其测定结果不得超出监测分析方法中规定的加标回收率的范围。

（4）无规定值者，则可规定目标值为 95% ~105%。

（5）当超出目标值 95% ~105% 时，计算 $P_{上限}$，$P_{下限}$，并加以判断。

（6）当合格率小于 95% 时，除对不合格者重新测定外，应再增加 10% ~20% 样品的加标回收率，直至总合格率为大于等于 95%。

1.2.3.2　实验室间质量控制

实验室间质量控制的目的是：提高各实验室的监测分析水平，增加各实验室之间测定结果的可比性；发现一些实验室内部不易核对的误差来源，如试剂、仪器质量等方面的问题。

外部质量控制的方法通常是采用由上级监测站对下级监测站进行分析质量考核。在各实验室完成内部质量控制的基础上，由上级监测中心或控制中心提供标准参考样品，分发给各受控实验室。各实验室在规定期间内，对标准参考样品进行测定，并把测定结果报监测中心或控制中心。然后由监测中心对测定结果做统计处理，按有关统计量评价各实验室测定结果的优劣。考核成绩合格的实验室，其监测数据才被承认或接受；对于不合格的实验室，要及时给予技术上的帮助和指导，使之提高监测分析质量。

我国目前已初步形成了从国家到省、市、县等有层次的、较完整的火箭决策物理系统，各级监测站每年都监测分析了大量的环境质量数据。如何保证这些数据的准确性、精密性、完整性、代表性和可比性是环境监测质量控制的归宿。因此，各实验室的内部、外部控制质量是十分重要的。

从 1983 年开始，我国在环保系统实行了水质监测质量控制，由中国环境监测总站负责对各省市一级的监测站进行水质监测常规必测项目的分析质量考核，其中包括 pH 值、硬度、BOD、COD、$NH_3 - N$、$NO_2 - N$、$NO_3 - N$、挥发酚、CN、As、Hg、Cr(Ⅵ)、Pb、Cd、Cu 等 16 项。通过考核大大提高了监测分析的技术水平，促进了质量控制工作的开展。对大气、噪声、放射性和生物监测的考核工作也在陆续进行。

技能训练（1.2.1）　利用 bzqx.exe 进行回归分析

《环境监测与分析》实训（非实验类）项目任务单

任务序号	项目名称	回归分析	实训地点	机　房
使用工具	计算机	使用软件		bzqx. exe

具体任务：

比色法测酚得到下表所列数据，试对吸光度（A）和浓度（c）回归直线方程。

酚浓度/mg·L^{-1}	0.005	0	0.020	0.030	0.040	0.050
吸光度（A）	0.020	0.046	0.100	0.120	0.140	0.180

学生实作：

打开 bzqx.exe，如图 1 所示，在规定的位置输入标准曲线点数"6"，按下"确定"键，如图 2 所示，在图 2 所示位置输入 x 值、y 值，按下"计算"键即得标准曲线和相关系数，如图 3 所示，若需计算未知样浓度，将未知样吸光度输入图 4 所示中指定位置，按下"求值"键即计算出相应结果。

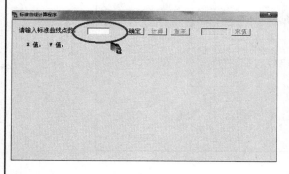

图 1

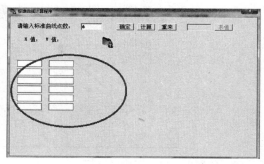

图 2

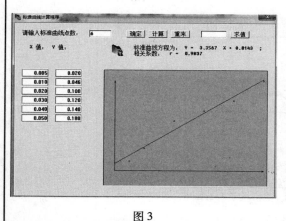

图 3

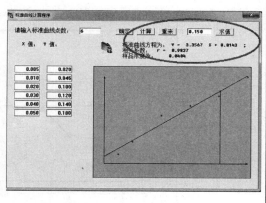

图 4

技能训练（1. 2. 2）　　利用 Mintable 软件绘制控制图

《环境监测与分析》实训（非实验类）项目任务单

任务序号		项目名称	控制图的绘制与应用	实训地点	机　房
使用工具	计算机	使用软件			Mintable15

具体任务：

　　用某一浓度为 42mg/L 的质量控制水样，每天分析一次平行样，共获得 20 个数据（吸光度 A），所得结果在教师给的数据库——控制图，试做出均值控制图，并说明在进行质量控制时如何使用此图。

学生实作：

（1）控制图绘制步骤。

1）统计—基本统计—正态性检验；

2）统计—控制图。

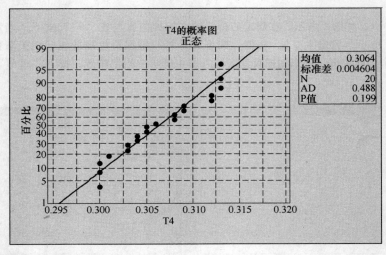

（2）绘制出的控制图截图如下：

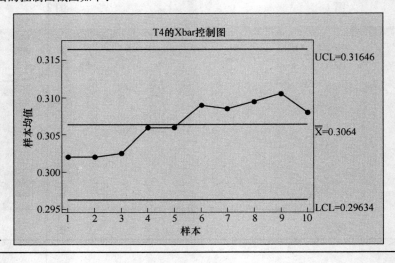

（3）在进行质量控制时如何使用此图（可截图）。

```
┌─────────────────────────────────────────────────┐
│  Xbar 控制图- 选项                          [X]   │
│                                                   │
│  参数 │ 估计 │ S 限制 │ 检验 │ 阶段 │ Box-Cox │ 显示 │ 存储 │
│                                                   │
│  执行选定的特殊原因检验        ▼          K        │
│                                                   │
│  ☑ 1 个点，距离中心线大于 K 个标准差        [3]    │
│                                                   │
│  ☑ 连续 K 点在中心线同一侧                  [9]    │
│                                                   │
│  ☑ 连续 K 个点，全部递增或全部递减          [6]    │
│                                                   │
│  ☑ 连续 K 个点，上下交错                    [14]   │
│                                                   │
│  ☑ K+1 个点中有 K 个点，距离中心线（同侧）大于 2 个标准差   [2]    │
│                                                   │
│  ☑ K+1 个点中有 K 个点，距离中心线（同侧）大于 1 个标准差   [4]    │
│                                                   │
│  ☑ 连续 K 个点，距离中心线（任一侧）1 个标准差以内   [15]   │
│                                                   │
│  ☑ 连续 K 个点，距离中心线（任一侧）大于 1 个标准差  [8]    │
│                                                   │
│    帮助              确定(O)           取消         │
└─────────────────────────────────────────────────┘
```

思考与练习

1－1 判断题：环境质量标准、污染物排放标准分为国家标准和地方标准。（　　）

1－2 判断题：国家污染物排放标准分综合性排放标准和行业性排放标准两大类。（　　）

1－3 环境质量标准、污染物排放标准、环境基础标准、样品标准和方法标准统称为_____，是我国环境法律体系的一个重要组成部分。

　　A. 环境系统　　　　　　B. 环境认证　　　　　　C. 环境质量　　　　　　D. 环境标准

1－4 0.350% 有_____位有效数字，5.8500 有_____位有效数字。

1－5 写出下列符号代表的含义：AAS _____、GB _____、TSP _____、AAS _____、ICP _____、GC _____。

1－6 环境监测的特点_____、_____和追踪性。

1－7 我国的标准体系分为"六级两类"。六类是_____、污染物排放标准、环境基础标准、环境方法标准、环境标准物质标准、环保仪器设备标准。两级是_____和地方标准。

1－8 误差是指测定值与_____之间的差别；偏差是指测定值与_____之间的差别。

1－9 我国的化学试剂共分四个等级，即_____、_____、_____和实验试剂。

1－10 判断题：空白试验是指除用纯水代替样品外，其他所加试剂和操作步骤均与样品测定完全相同，同时应与样品测定分开进行。（　　）

1－11 判断题：滴定变色后放置半分钟，若颜色变成原颜色证明滴定未达到终点。（　　）

1－12 下列（　　）不是描述校准曲线的特征指标。

　　A. 相关性　　　　　　B. 相关系数　　　　　　C. 截距　　　　　　D. 斜率

1-13　在分析监测工作中，常用（　　　）方法减少测试数据的系统误差。

　　　　A. 增加测定次数　　　　B. 校准仪器　　　　　　　C. 测定加标率　　　　　　D. 标准溶液校正

1-14　判断题：分光光度法中，校准曲线的相关系数是反映自变量与因变量之间的相互关系的。（　　　）

1-15　环境监测技术包括_____、_____、_____。

1-16　环境监测的重点是_____。

1-17　环境污染的特点是_____、_____。

1-18　在国家环境标准代码中，GB 代表_____，GWPB 代表_____。

1-19　"t" 检验法用于判断_____是否存在。

1-20　环境监测的定义是_____。

1-21　有一个印染厂（化纤产品的比例小于 30%）位于一条河旁边，河道流量为 1.5m³/s（枯水期），该厂下游 5km 处是居民饮用水源，兼作渔业水源。该厂废水排入河道后经过 3km 的流动即可与河水完全混合。印染厂每天排放经过生化处理的废水 1380m³，水质为：pH = 7.5，BOD_5 = 80mg/L，COD = 240mg/L，氰化物浓度 0.2mg/L，挥发酚浓度 0.5mg/L，硫化物浓度 0.8mg/L，苯胺浓度 1.0mg/L，悬浮物浓度 100mg/L，色度为 150 度。印染厂上游水质为：pH = 7.3，水温小于 33℃，水面无明显泡沫、油膜及漂浮物，天然色度小于 15 度，臭和浊度一级，DO = 5.5mg/L，BOD_5 = 2.6mg/L，COD_{cr} = 5.5mg/L，挥发酚浓度 0.004mg/L，氰化物浓度 0.02mg/L，As 浓度 0.005mg/L，总 Hg 浓度 0.0001mg/L，Cd 浓度 0.005mg/L，Cu 浓度 0.008mg/L，Cr^{6+} 浓度 0.015mg/L，Pb 浓度 0.04mg/L，石油类浓度 0.2mg/L，硫化物浓度 0.01mg/L，大肠菌群浓度 800 个/L。厂区位置如图 1-1 所示。

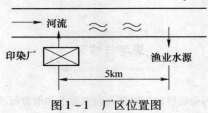

图 1-1　厂区位置图

问：（1）该河流属国家地面水质量标准第几级？

　　（2）该厂排放的废水是否达到排放标准？

　　（3）如不考虑水体自净，在下游 3km 处废水和河水混合后的水质是否满足渔业用水水质标准？如不符合则废水处理上应采取什么措施？

项目2 水和废水监测

【知识目标】

（1）理解水体、水质、水体污染、水体自净作用的含义；
（2）掌握水体监测断面的类型和设置方法、原则；
（3）掌握采样点的布设、采样方法和常用的采样器；
（4）了解采样时间和采样频率；
（5）掌握水样的保存和预处理方法、原理；
（6）熟练掌握各种水体监测项目的测定方法。

【能力目标】

（1）运用水体监测断面设置原则知识点，设计地表水监测断面；
（2）应用各种监测项目的测定原理、方法，进行实验设计、实际测定。

任务2.1 水质监测方案的制订

2.1.1 概述

2.1.1.1 水体及水体污染

水是人类社会的宝贵资源，分布于海洋、江、河、湖和地下水、大气水及冰川共同构成的地球水圈中。估计地球上存在的总水量约为 $1.37 \times 10^{18} m^3$，其中，海水约占97.3%，淡水约占2.7%，并且大部分存在于地球南极、北极的冰川、冰盖及深层地下水中，可利用的淡水资源只有江河、淡水湖和地下水的一部分，总计不到淡水总量的1%。全球年降水量约为 $4 \times 10^{14} m^3$，其中1/4降在陆地上。

水是人类赖以生存的主要物质之一，随着世界人口的增长和工农业生产的发展，用水量也在日益增加。我国属于贫水国家，人均占有淡水资源量仅 $2700m^3$，低于世界上多数国家。

由于人类的生活和生产活动，将大量工业废水、生活污水、农业回流水及其他废弃物往往未经处理直接排入环境水体，造成水资源污染，水质恶化，使淡水资源更加短缺。水质污染分为化学型污染、物理型污染和生物型污染三种主要类型。化学型污染是指随废水及其他废弃物排入水体的无机和有机污染物造成的水体污染。物理型污染是指排入水体的有色物质、悬浮固体、放射性物质及高于常温的物质造成的污染。生物型污染是指随生活污水、医院污水等排入水体的病原微生物造成的污染。

污染物质进入水体后，首先被稀释，随后进行一系列复杂的物理、化学变化和生物转化，如挥发、絮凝、水解、络合、氧化还原及微生物降解等，使污染物浓度降低，该过程称为水体自净。但是，当污染物排入量超过水体自净能力时，就会造成污染物积累，水质不断恶化。

2.1.1.2　水质监测的目的

水质监测的目的如下：

（1）对地表水体的污染物质及渗透到地下水中的污染物质进行经常性的监测，以掌握水质现状及其发展规律。

（2）对排放的各类废水进行监视性监测，为污染源管理和排污收费提供依据。

（3）对水环境污染事故进行应急监测，为分析判断事故原因、危害及采取对策提供依据。

（4）为国家政府部门制定环境保护法规、标准和规划，全面开展环境保护管理工作提供有关数据和资料。

（5）为开展水环境质量评价、预测预报及进行环境科学研究提供基础数据和手段。

2.1.1.3　监测项目

由于各种条件的限制，不可能也没必要对各监测项目一一监测，应根据实际情况，选择那些排放量大、危害严重、影响范围广、有可靠的分析方法保证获得准确的数据，并能对数据做出解释和判断的项目。根据该原则，我国环境监测总站提出了 68 种水环境优先监测污染物"黑名单"。

我国各类环境监测技术规范分别规定的监测项目如下：

（1）生活污水：化学需氧量、生化需氧量、悬浮物、氨氮、总氮、总磷、阴离子洗涤剂、细菌总数、大肠菌群等。

（2）医院污水：pH 值、色度、浊度、悬浮物、余氯、化学需氧量、生化需氧量、致病菌、细菌总数、大肠菌群等。

2.1.1.4　水质监测分析方法

选择分析方法应遵循的原则为：灵敏度能满足定量要求；方法成熟、准确；操作简单，易于普及；抗干扰能力好。

根据上述原则，为使监测数据具有可比性，各国在大量实践的基础上，对各类水体中的不同污染物质都编制了相应的分析方法。

A　国家标准分析方法

国家标准分析方法是比较经典、准确度较高的方法，是环境污染纠纷法定的仲裁方法，也是用于评价其他分析方法的基准方法。

B　统一分析方法

一些项目的监测方法尚不够成熟，但这些项目又急需测定，经过研究作为统一方法予以推广，在使用中积累经验，不断完善，为上升为国家标准方法创造条件。

C　等效方法

与前两类方法灵敏度、准确度具有可比性的分析方法称为等效方法。采用新技术，有条件的先用，以推动监测技术进步。但是，新方法必须经过方法验证和对比实验，证明其与标准方法或统一方法是等效的才能使用。

各类监测分析方法测定项目见表 2-1。

表 2-1　各类监测分析方法测定项目

方　法	测　定　项　目
重量法	悬浮物、可滤残渣、矿化度、SO_4^{2-}、石油类
滴定法	酸度、碱度、溶解氧、CO_2、总硬度、Ca^{2+}、Mg^{2+}、氨氮、Cl^-、CN^-、S^{2-}、COD、BOD_5、高锰酸盐指数、游离氯和总氯、挥发酚等
分光光度法	Ag、As、Be、Ba、Co、Cr、Cu、Hg、Mn、Ni、Pb、Fe、Sb、Zn、Th、U、B、P、氨氮、NO_2^-、NO_3^-、凯氏氮、总氮、F^-、CN^-、SO_4^{2-}、S^{2-}、游离氯和总氯、浊度、挥发酚、甲醛、三氯乙醛、苯胺类、硝基苯类、阴离子表面活性剂、石油类等
原子吸收法	K，Na，Ag，Ca，Mg，Be，Ba，Cd，Cu，Zn，Ni，Pb，Sb，Fe，Mn，Al，Cr，Se，In，Ti，V，S^{2-}，SO_4^{2-}，Hg，As 等
等离子体发射光谱法	K，Na、Ca、Mg、Ba、Be、Pb、Zn、Ni、Cd、Co、Fe、Cr、Mn、V、Al、As 等
气体分子吸收光谱法	NO_2^-、NO_3^-、氨氮、凯氏氮、总氮、S^{2-}
离子色谱法	F^-、Cl^-、NO_2^-、SO_4^{2-}、HPO_4^{2-} 等
电化学法	电导率、Eh、pH、DO、酸度、碱度、F^-、Cl^-、Pb、Ni、Cu、Cd、Mo、Zn、V、COD、BOD、可吸附有机卤素、总有机卤化物等
气相色谱法	苯系物、挥发性卤代烃、挥发性有机化合物、三氯乙醛、五氯酚、氯苯类、硝基苯类、六六六、DDT、有机磷农药、阿特拉津、丙烯腈、丙烯醛、元素磷等
高效液相色谱法	多环芳烃、酚类、苯胺类、邻苯二甲酸酯类、阿特拉津等
气相色谱-质谱法	挥发性有机化合物、半挥发性有机化合物、苯系物、二氯酚和五氯酚、邻苯二甲酸酯和己二酸酯、有机氯农药、多环芳烃、二噁英类、多氯联苯、有机锡化合物等
非色散红外吸收法	总有机碳、石油类等
荧光分光光度法	苯并（a）芘等
比色法和比浊法	I^-、F^-、色度、浊度等
生物监测法	浮游生物测定、着生生物测定、底栖动物测定、鱼类生物调查、初级生产力测定、细菌总数测定、总大肠菌群测定、粪大肠菌群测定、沙门氏菌属测定、粪链球菌测定、生物毒性试验、Ames 试验、姐妹染色体交换（SCE）试验、植物微核试验等

查一查

水及水体污染的现状；20 世纪十大环境公害事件中由水质污染造成的公害事件。

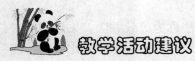

教学活动建议

建议此部分内容让学生收集水及水体污染的相关资料，并形成课件或文字，走上讲台讲解，以锻炼学生的计算机应用能力、收集整理资料能力、语言表达能力。

2.1.2　水质监测方案的制订

监测方案是完成一项监测任务的程序和技术方法的总体设计，制订时须首先明确监测目的，然后在调查研究的基础上确定监测项目，布设监测网（点），合理安排采样频率和采样时间，选定采样方法和分析测定技术，提出监测报告要求，制订质量控制和保证措施及实施计划等。不同类型水质的监测目的、监测项目和选择监测分析方法的原则等在2.1.1 节中已介绍，下面结合我国有关规范和资料介绍其他内容。

2.1.2.1　地表水质监测方案的制订

流过或汇集在地球表面上的水，如海洋、河流、湖泊、水库、沟渠中的水，统称为地表水。

A　基础资料收集

（1）水体的水文、气候、地质、地貌特征；

（2）水体沿岸城市分布和工业布局、污染源分布与排污情况、城市的给排水情况等；

（3）水体沿岸的资源现状，特别是植被破坏和水土流失情况；

（4）水资源的用途、饮用水源分布和重点水源保护区；

（5）实地勘察现场的交通情况、河宽、河床结构、岸边标志等，对于湖泊，还需了解生物、沉积物特点，间温层分布、容积、平均深度、等深线和水更新时间等；

（6）收集原有的水质分析资料或在需要设置断面的河段上设若干调查断面进行采样分析。

B　监测断面和采样点的设置

a　监测断面设置原则

（1）有大量废水排入河流的主要居民区、工业区的上游和下游；

（2）湖泊、水库、河口的主要入口和出口；

（3）饮用水源区、水资源集中的水域、主要风景游览区、水上娱乐区及重大水力设施所在地等功能区；

（4）较大支流汇合口上游和汇合后与干流充分混合处，入海河流的河口处，受潮汐影响的河段和严重水土流失区；

（5）国际河流出入国境线的出入口处；

（6）应尽可能与水文测量断面重合，并要求交通方便，有明显岸边标志。

b　河流监测断面的布设

为评价完整江河水系的水质，需要设置背景断面、对照断面、控制断面和削减断面；对于某一河段，只需设置对照断面、控制断面和削减（或过境）断面三种断面，如图 2-1 所示。

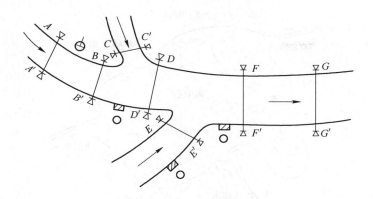

图 2 - 1　河流监测断面设置示意图

→ 水流方向；⊕ 自来水厂取水点；○ 污染源；▨ 排污口；A—A′对照断面；
B—B′，C—C′，D—D′，E—E′，F—F′控制断面；G—G′削减断面

（1）背景断面：设在基本上未受人类活动影响的河段，用于评价一完整水系污染程度。

（2）对照断面：为了解流入监测河段前的水体水质状况而设置。这种断面应设在河流进入城市或工业区以前的地方，避开各种废水、污水流入或回流处。一个河段一般只设一个对照断面。有主要支流时可酌情增加。

（3）控制断面：为评价监测河段两岸污染源对水体水质影响而设置。控制断面的数目应根据城市的工业布局和排污口分布情况而定，设在排污区（口）下游、污水与河水基本混匀处。在流经特殊要求地区（如饮用水源地、风景游览区等）的河段上也应设置控制断面。

（4）削减断面：是指河流受纳废水和污水后，经稀释扩散和自净作用，使污染物浓度显著降低的断面，通常设在城市或工业区最后一个排污口下游 1500m 以外的河段上。

另外，有时为特定的环境管理需要，如定量化考核、监视饮用水源和流域污染源限期达标排放等，还要设管理断面。

c　湖泊、水库监测断面的设置

首先，判断是单一水体还是复杂水体，考虑汇入的河流数量，水体的径流量、季节变化及动态变化，沿岸污染源分布及污染物扩散与自净规律、生态环境特点等；然后，按照监测断面的设置原则确定监测断面的位置，如图 2 - 2 所示。

（1）在进出湖泊、水库的河流汇合处分别设置监测断面；

（2）以各功能区为中心，在其辐射线上设置弧形监测断面；

（3）在湖库中心，深、浅水区，滞流区，不同鱼类的洄游产卵区，水生生物经济区等设置监测断面。

d　采样点位的确定

设置监测断面后，应根据水面的宽度确定断面上的采样垂线，再根据采样垂线处水深确定采样点的数目和位置。

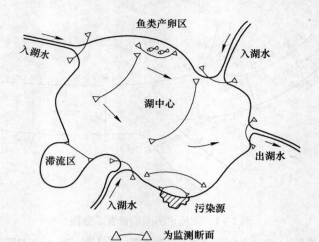

图 2-2　湖、库监测断面设置示意图

对于江、河水系，当水面宽不大于 50m 时，只设一条中泓垂线；当水面宽 50 ~ 100m 时，在左右近岸有明显水流处各设一条垂线；当水面宽大于 100m 时，设左、中、右三条垂线（中泓及左、右近岸有明显水流处），如证明断面水质均匀时，可仅设中泓垂线。

在一条垂线上，当水深不大于 5m 时，只在水面下 0.5m 处设一个采样点；当水深不足 1m 时，在 1/2 水深处设采样点；当水深 5 ~ 10m 时，在水面下 0.5m 处和河底以上 0.5m 处各设一个采样点；当水深大于 10m 时，设三个采样点，即水面下 0.5m 处、河底以上 0.5m 处及 1/2 水深处各设一个采样点。

湖泊、水库监测垂线上采样点的布设与河流相同，但如果存在温度分层现象，应先测定不同水深处的水温、溶解氧等参数，确定分层情况后，再决定垂线上采样点位和数目，一般除在水面下 0.5m 处和水底以上 0.5m 处设点外，还要在每一斜温分层 1/2 处设点。

海域的采样点也根据水深分层设置，如水深 50 ~ 100m，在表层、10m 层、50m 层和底层设采样点。

监测断面和采样点位确定后，其所在位置应有固定的天然标志物；如果没有天然标志物，则应设置人工标志物，或采样时用定位仪（GPS）定位，使每次采集的样品都取自同一位置，保证其代表性和可比性。

C　采样时间和采样频率的确定

所采水样要具代表性，能反映出水质在时间和空间上的变化规律。

一般原则如下：

（1）对于较大水系干流和中、小河流全年采样不少于 6 次；采样时间为丰水期、枯水期和平水期，每期采样两次。流经城市工业区、污染较重的河流、游览水域、饮用水源地全年采样不少于 12 次；采样时间为每月一次或视具体情况而定。底泥每年在枯水期采样 1 次。

（2）潮汐河流全年在丰、枯、平水期采样，每期采样两天，分别在大潮期和小潮期进行，每次应采集当天涨、退潮水样分别测定。

（3）排污渠每年采样不少于 3 次。

（4）设有专门监测站的湖、库，每月采样 1 次，全年不少于 12 次。其他湖泊、水库全年采样两次，枯、丰水期各一次。有废水排入、污染较重的湖、库，应酌情增加采样次数。

（5）背景断面每年采样 1 次。

2.1.2.2　地下水质监测方案的制订

A　地下水的特征

储存在土壤和岩石空隙（孔隙、裂隙、溶隙）中的水统称为地下水。地下水埋藏在地层的不同深度，相对地面水而言，其流动性和水质参数的变化比较缓慢。地下水质监测方案的制订过程与地面水基本相同。

B　调查研究和收集资料

（1）收集、汇总监测区域的水文、地质、气象等方面的有关资料和以往的监测资料。例如，地质图、剖面图、测绘图、水井的成套参数、含水层、地下水补给、径流和流向，以及温度、湿度、降水量等。

（2）调查监测区域内城市发展、工业分布、资源开发和土地利用情况，尤其是地下工程规模、应用等；了解化肥和农药的施用面积和施用量；查清污水灌溉、排污、纳污和地面水污染现状。

（3）测量或查知水位、水深，以确定采水器和泵的类型、所需费用和采样程序。

（4）在完成以上调查的基础上，确定主要污染源和污染物，并根据地区特点与地下水的主要类型把地下水分成若干个水文地质单元。

C　采样点的设置

由于地质结构复杂，使地下水采样点的布设也变得复杂。地下水一般呈分层流动，侵入地下水的污染物、渗滤液等可沿垂直方向运动，也可沿水平方向运动；同时，各深层地下水（也称承压水）之间也会发生串流现象。因此，布点时不但要掌握污染源分布、类型和污染物扩散条件，还要弄清地下水的分层和流向等情况。通常布设两类采样点，即对照监测井和控制监测井群。监测井可以是新打的，也可利用已有的水井。

对照监测井设在地下水流向的上游不受监测地区污染源影响的地方。

控制监测井设在污染源周围不同位置，特别是地下水流向的下游方向。渗坑、渗井和堆渣区的污染物，在含水层渗透性较大的地方易造成带状污染，此时可沿地下水流向及其垂直方向分别设采样点；在含水层渗透小的地方易造成点状污染，监测井宜设在近污染源处。污灌区等面状污染源易造成块状污染，可采用网格法均匀布点。排污沟等线状污染源，可在其流向两岸适当地段布点。

D　采样时间和采样频率的确定

对于常规性监测，要求在丰水期和枯水期分别采样测定；有条件的地区根据地方特点，可按四季采样测定；已建立长期观测点的地方可按月采样测定。一般每一采样期至少采样监测一次；对饮用水源监测点，每一采样期应监测两次，其间隔至少 10 天；对于有异常情况的监测井，应酌情增加采样监测次数。

监测方案其他内容同地表水监测方案。

2.1.2.3　水污染源监测方案的制订

水污染源包括工业废水、城市污水等。在制订监测方案时，首先也要进行调查研究，收集有关资料，查清用水情况、废水或污水的类型、主要污染物及排污去向和排放量，车间、工厂或地区的排污口数量及位置，废水处理情况，是否排入江、河、湖、海，流经区域是否有渗坑等；然后进行综合分析，确定监测项目、监测点位，选定采样时间和频率、采样和监测方法及技术，制订质量保证程序、措施和实施计划等。

A　采样点的设置

水污染源一般经管道或渠、沟排放，截面积比较小，不需设置断面，而直接确定采样点位。

a　工业废水

（1）在车间或车间设备出口处应布点采样测定一类污染物。这些污染物主要包括汞、镉、砷、铅和它们的无机化合物，六价铬的无机化合物，有机氯和强致癌物质等。

（2）在工厂总排污口处应布点采样测定二类污染物。这些污染物有悬浮物、硫化物、挥发酚、氰化物、有机磷、石油类、酮、锌、氟和它们的无机化合物、硝基苯类、苯胺类。

b　生活污水和医院污水

采样点设在污水总排放口。对污水处理厂，应在进、出口分别设置采样点采样监测。

B　采样时间和频率

a　车间和工厂废水

（1）可在一个生产周期内每隔 0.5h 或 1h 采样 1 次，混合后测定污染物的平均值。

（2）取 3～5 个生产周期的废水样监测，可每隔 2h 取样 1 次。

（3）排污复杂、变化大的废水，时间间隔要短，有时要 5～10min 采样 1 次，使用连续自动采样装置。

（4）水质和水量变化稳定或排放规律好的废水，找出污染物在生产周期内的变化规律，采样频率可降低，如每 30 天采样测定 2 次。

b　城市污水

城市排污管道大多数受纳 10 个以上工厂排放的废水，由于在管道内废水已经进行了混合，故在管道出水口，可每隔 1h 采样 1 次，连续采集 8h，也可连续采集 24h，然后将其混合制成混合水样，测定各污染组分的平均浓度。

我国环境监测技术规范中对向国家直接报送数据的废水排放源规定如下：

（1）工业废水每年采样监测 2～4 次；

（2）生活污水每年采样监测 2 次，春、夏季各 1 次；

（3）医院污水每年采样监测 4 次，每季度 1 次。

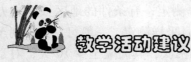

教学活动建议

建议此部分进行任务驱动教学法，以某地表水水质监测方案的制订为任务，实施教学做一体化教学，技能训练项目见技能训练（2.1.1）。

技能训练（2.1.1）　　利用所学的相关知识进行某地表水——河流监测断面的布设

《环境监测与分析》实训（非实验类）项目任务单

班级：_____ 学习小组：_____ 得分：_____

任务序号	5	项目名称	金沙江流经攀枝花段监测断面的布设	实训地点	教室或教学做一体化教室
小组成员					

具体任务：
　　请根据监测断面设计原则，收集相关资料，完成金沙江流经攀枝花段监测断面的布设。

任务分工：

提交资料：

小组汇报成果：

任务2.2　水样的采集与保存

2.2.1　地表水样的采集

2.2.1.1　采样前的准备

A　容器的准备
高压低密度聚乙烯塑料容器用于测定金属及其他无机物的监测项目，玻璃容器用于测定有机物和生物等的监测项目。

B　采样器的准备
采样前，选择合适的采样器清洗干净，晾干待用。

C　交通工具的准备
最好有专用的监测船和采样船，若没有，根据天气和气候选用适当吨位的船只。根据交通条件选用陆上交通工具。

2.2.1.2　采样方法和采样器

A　采样方法
（1）船只采样：适用于一般河流和水库的采样，但不容易固定采样地点，往往使收据不具有可比性。

（2）桥梁采样：安全、可靠、方便，不受天气和洪水的影响，适合于频繁采样，并能在横向和纵向准确控制采样点位置。

（3）涉水采样：较浅的小河和靠近岸边浅的采样点可涉水采样，但要避免搅动沉积物而使水样受污染。

（4）索道采样：对地形复杂、险要，地处偏僻处的小河流，可架索道采样。

B　采样器

采集表层水水样时，可用适当的容器如塑料筒等直接采取。

采集深层水水样时，可用简易采水器、深层采水器、采水泵、自动采水器等。图 2-3 所示为一种简易采水器，将其沉降至所需深度（可从提绳上的标度看出），上提提绳打开瓶塞，待水充满采样瓶后提出。图 2-4 所示为一种用于急流水的采水器。它是将一根长钢管固定在铁框上，管内装一根橡胶管，胶管上部用夹子夹紧，下部与瓶塞上的短玻璃管相连，瓶塞上另有一长玻璃管通至采样瓶近底处；采样前塞紧橡胶塞，然后沿船身垂直伸入要求水深处，打开上部橡胶管夹，水样即沿长玻璃管流入样品瓶中，瓶内空气由短玻璃管沿橡胶管排出。这样采集的水样也可用于测定水中溶解性气体，因为它是与空气隔绝的。此外，还有各种深层采水器和自动采水器，如 HGM-2 型有机玻璃采水器，778 型、806 型自动采水器等。图 2-5 所示为一种机械（泵）式采水器，它用泵通过采水管抽吸预定水层的水样。图 2-6 所示为一种废（污）水自动采样器，可以定时将一定量水样分别采入采样容器，也可以采集一个生产周期内的混合水样。

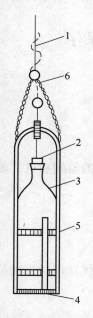
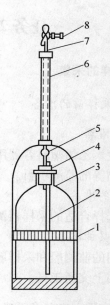

图 2-3　简易采水器　　　　　　　　　图 2-4　急流采水器

1—绳子；2—带有软绳的橡胶塞；3—采样瓶；　　1—铁框；2—长玻璃管；3—采样瓶；4—橡胶塞；
4—铅锤；5—铁框；6—挂钩　　　　　　　　5—短玻璃管；6—钢管；7—橡胶管；8—夹子

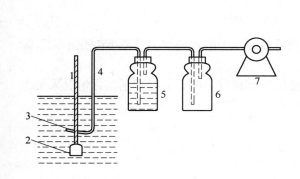

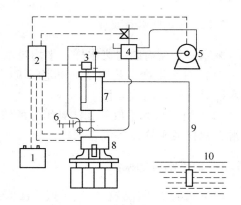

图 2-5　泵式采水器

1—细绳；2—重锤；3—采样头；4—采样管；
5—采样瓶；6—安全瓶；7—泵

图 2-6　废（污）水自动采样器

1—蓄电池；2—电子控制箱；3—传感器；4—电磁阀；
5—真空泵；6—夹紧阀；7—计量瓶；8—切换器；
9—采水管；10—废（污）水池

2.2.1.3　水样的类型

A　瞬时水样

在某一时间和地点从水体中随机采集的分散水样称为瞬时水样。当水体水质稳定，或其组分在相当长的时间或相当大的空间范围内变化不大时，瞬时水样具有很好的代表性，当水体组分及含量随时间和空间变化时，就应隔时、多点采集瞬时水样，分别进行分析，摸清水质的变化规律。

B　混合水样

混合水样是指在同一采样点于不同时间所采集的瞬时水样的混合水样，有时称"时间混合水样"，以与其他混合水样相区别。

混合水样在观察平均浓度时非常有用，但不适用于被测组分在保存过程中发生明显变化的水样。

C　综合水样

综合水样是把不同采样点同时采集的各个瞬时水样混合后所得到的样品。

综合水样在某些情况下更具有实际意义。例如，当为几条废水河、渠建立综合处理厂时，以综合水样取得的水质参数作为设计的依据更为合理。

2.2.2　废水样品的采集

2.2.2.1　采样方法

采样方法包括浅水采样、深层水采样、自动采样。

浅水采样可用容器直接采集，或用聚乙烯塑料长把勺采集。

深层水采样可使用专制的深层采水器采集，也可将聚乙烯筒固定在重架上，沉入要求深度采集。

自动采样采用自动采样器或连续自动定时采样器采集。

2.2.2.2　废水样类型

废水样类型有瞬时废水样、平均废水样。

（1）对于生产工艺连续、稳定的工厂，所排放废水中的污染组分及浓度变化不大，瞬时水样具有较好的代表性。

（2）当废水的排放量和污染组分的浓度随时间起伏较大时，需要根据实际情况采集平均混合水样或平均比例混合水样。

2.2.3　地下水样的采集

地下水的水质比较稳定，一般采集瞬时水样。

（1）从监测井中采集水样常利用抽水机设备。

（2）对于自喷泉水，可在涌水口处直接采样。

（3）对于自来水，放水数分钟后再采样。

2.2.4　水样的运输和保存

水样采集后，原则上要尽快分析。因为水样离开水源后，原来的平衡可能遭到破坏，在各种物理、化学和微生物作用下使样品的成分发生变化。如：金属离子可能被玻璃容器壁吸附；硫化物、亚硫酸盐、亚铁盐和氰化物等可能被逐渐氧化；有些聚合物可能会分解如缩聚无机磷和聚合硅酸等；pH 值、电导率、二氧化碳含量、硬度和碱度等可能因从空气中吸收二氧化碳而被改变。因此，样品分析越快越好。有些项目如 pH 值、电导率、水温等还要求现场测定。但由于各种条件的限制（如仪器、场地等），往往只有少数项目可以在现场进行，大多数项目仍需送往实验室内分析测定，有时因人力、时间不足，还需将水样在实验室放置一段时间后才能测定。所以水样有运输和保存的问题。

2.2.4.1　水样的运输管理

水样的运输过程为：记录→贴好标签→运送→实验室。

在运输过程中，应注意以下几点：

（1）清点样品，防止弄错。

（2）塞紧采样容器口。

（3）样瓶装箱。

（4）冷藏、隔热、制冷剂。

（5）防冻裂样品瓶。

2.2.4.2　水样的保存

各种水质的水样，从采集到分析测定这段时间内，由于环境条件的改变，微生物新陈代谢活动和化学作用的影响，会引起水样某些物理参数及化学组分的变化，不能及时运输或尽快分析时，应根据不同监测项目的要求，放在由性能稳定的材料制作的容器中，采取适宜的保存措施。因此，可采取与此相应的保存方法。

（1）冷藏冷冻法：温度为 2～5℃，有的需要深度冷藏即冷冻至 −20℃ 左右，可抑制细菌繁殖，减缓物理挥发和化学反应速度。

（2）加化学试剂：可以在采样后立即加入化学试剂，也可以事先加到容器中，如 COD 水样加入 $HgCl_2$，可抑制生物的氧化还原作用，测酚的水样要 pH<4，并加硫酸钙抑制苯酚的分解。对保存试剂的要求是有效、方便、经济且对测定无干扰和不良影响。

（3）控制 pH：最常用的是加酸，它能大大抑制和防止微生物的絮凝和沉淀，减少容器表面的吸附，多使 pH<2。

水样的保存期限与多种因素有关，如组分的稳定性、浓度，水样的污染程度等。表 2-2 列出了我国现行保存方法和保存期。

表 2-2　水样保存方法和保存期

测定项目	容器材质	保存方法	保存期	备注
浊度		4℃，暗处	24h	
色度		4℃	48h	
pH 值		4℃	12h	
电导	P 或 G	4℃	24h	尽量现场测定
悬浮物		4℃，避光	7d	
碱度		4℃	24h	
酸度		4℃	24h	
高锰酸盐指数	G	加 H_2SO_4，使 pH<2，4℃	48h	
COD	G	加 H_2SO_4，使 pH<2，4℃	48h	
BOD_5	溶解氧瓶	4℃，避光	6h	最长不超过 24h
DO	（G）	加 $MnSO_4$、碱性 KI-NaN_3 溶液固定，4℃，暗处	24h	尽量现场测定
TOC	G	加硫酸，使 pH<2，4℃	7d	常温下保存 24h
氟化物	P	4℃，避光	14d	
氯化物	P 或 G	4℃，避光	30d	
氰化物	P	加 NaOH，使 pH>12，4℃，暗处	24h	
硫化物		加 NaOH 和 $Zn(Ac)_2$ 溶液固定，避光	24h	
硫酸盐		4℃，避光	7d	
正磷酸盐		4℃	24h	
总磷		加 H_2SO_4，使 pH≤2	24h	
氨氮		加 H_2SO_4，使 pH<2，4℃	24h	
亚硝酸盐		4℃，避光	24h	尽快测定
硝酸盐	P 或 G	4℃，避光	24h	
总氮		加 H_2SO_4，使 pH<2，4℃	24h	
铍		加 HNO_3，使 pH<2；污水加至 1%	14d	
铜、锌、铅、镉		加 HNO_3，使 pH<2；污水加至 1%	14d	
铬（六价）		加 NaOH 溶液，使 pH 值为 8~9	24h	尽快测定
砷		加 H_2SO_4 使 pH<2；污水加至 1%	14d	
汞		加 HNO_3，使 pH≤1；污水加至 1%	14d	
硒		4℃	24h	尽快测定

测定项目	容器材质	保 存 方 法	保存期	备 注
油类		加 HCl，使 pH < 2，4℃	7d	不加酸，24h 内测定
挥发性有机物		加 HCl，使 pH < 2，4℃，避光	24h	
酚类		加 H_3PO_4，使 pH < 2，加抗坏血酸，4℃，避光	24h	
硝基苯类	G	加 H_2SO_4，使 pH 值为 1 ~ 2，4℃	24h	尽快测定
农药类		加抗坏血酸除余氯，4℃，避光	24h	
除草剂类		加抗坏血酸除余氯，4℃，避光	24h	
阴离子表面活性剂	P 或 G	4℃，避光	24h	
微生物		加 $Na_2S_2O_3$ 溶液除余氯，4℃	12h	
生物	G	用甲醛固定，4℃	12h	
微生物		加 $Na_2S_2O_3$ 溶液除余氯，4℃	12h	
生物		加甲醛固定，4℃	12h	

　　注：G 为硬质玻璃瓶；P 为聚乙烯瓶（桶）。

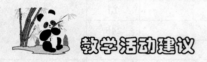

教学活动建议

　　建议此部分引入动画或视频，以便将复杂的文字生动化。

任务 2.3　水样的预处理

　　环境水样所含组分复杂，并且多数污染组分含量低，存在形态各异，所以在分析测定之前往往需要进行预处理，以得到预测组分适合测定方法要求的形态、浓度和消除共存组分干扰的试样体系。在预处理过程中，常因挥发、吸附、污染等原因，造成欲测组分含量的变化，故应对预处理方法进行回收率考核。

2.3.1　水样的消解

　　当测定含有有机物水样的无机元素时，需进行消解处理。消解处理的目的是破坏有机物，溶解悬浮性固体，将各种价态的欲测元素氧化成单一高价态或转变成易于分离的无机化合物。消解后的水样应清澈、透明、无沉淀。消解水样的方法有湿式消解法和干式分解法（干灰化法）。

2.3.1.1　湿式消解法

湿式消解法是利用各种酸或碱进行消解。

A　硝酸消解法

对于较清洁的水样，可用硝酸消解。其方法要点是：取混匀的水样 50 ~ 200mL 于烧杯中，加入 5 ~ 10mL 浓硝酸，在电热板上加热煮沸，蒸发至小体积，试液应清澈透明，呈浅色或无色，否则，应补加硝酸继续消解。蒸至近干，取下烧杯，稍冷后加 2% HNO_3（或 HCl）

20mL，温热溶解可溶盐。若有沉淀，应过滤，滤液冷至室温后于50mL容量瓶中定容，备用。

B　硝酸－高氯酸消解法

硝酸和高氯酸都是强氧化性酸，联合使用可消解含难氧化有机物的水样。方法要点是：取适量水样于烧杯或锥形瓶中，加5～10mL硝酸，在电热板上加热、消解至大部分有机物被分解。取下烧杯，稍冷，加2～5mL高氯酸，继续加热至开始冒白烟，如试液呈深色，再补加硝酸，继续加热至冒浓厚白烟将尽（不可蒸至干涸）。取下烧杯冷却，用2% HNO_3溶解，如有沉淀，应过滤，滤液冷至室温定容备用。因为高氯酸能与羟基化合物反应生成不稳定的高氯酸酯，有发生爆炸的危险，故先加入硝酸，氧化水样中的羟基化合物，稍冷后再加高氯酸处理。

C　硝酸－硫酸消解法

硝酸和硫酸都有较强的氧化能力，其中硝酸沸点低，两硫酸沸点高，两者结合使用可提高消解温度和消解效果。常用的硝酸与硫酸的比例为5:2。消解时，先将硝酸加入水样中，加热蒸发至小体积，稍冷，再加入硫酸、硝酸，继续加热蒸发至冒大量白烟，冷却，加适量水，温热溶解可溶盐，若有沉淀，应过滤。为提高消解效果，常加入少量过氧化氢。

D　硫酸－磷酸消解法

硫酸和磷酸的沸点都比较高，其中硫酸氧化性较强，磷酸能与一些金属离子如Fe^{3+}等络合，故两者结合消解水样，有利于测定时消除Fe^{3+}等离子的干扰。

E　硫酸－高锰酸钾消解法

该方法常用于消解测定汞的水样。高锰酸钾是强氧化剂，在中性、碱性、酸性条件下都可以氧化有机物，其氧化产物多为草酸根，但在酸性介质中还可继续氧化。消解要点是：取适量水样，加适量硫酸和5%高锰酸钾，混匀后加热煮沸，冷却，滴加盐酸羟胺溶液破坏过量的高锰酸钾。

F　多元消解法

为提高消解效果，在某些情况下需要采用三元以上酸或氧化剂消解体系。例如，处理测总铬的水样时，用硫酸、磷酸和高锰酸钾消解。

G　碱分解法

当用酸体系消解水样造成易挥发组分损失时，可改用碱分解法，即在水样中加入氢氧化钠和过氧化氢溶液，或者氨水和过氧化氢溶液，加热煮沸至近干，用水或稀碱溶液温热溶解。

2.3.1.2　干灰化法（干式分解法、高温分解法）

干灰化法又称高温分解法。其处理过程中是：取适量水样于白瓷或石英蒸发皿中，置于水浴上或用红外灯蒸干，移入马弗炉内，于450～550℃灼烧到残渣呈灰白色，使有机物完全分解除去。取出蒸发皿，冷却，用适量2% HNO_3（或HCl）溶解样品灰分，过滤，滤液定容后供测定。

本方法不适用于处理测定易挥发组分（如砷、汞、镉、硒、锡等）的水样。

2.3.2　富集与分离

当水样中的欲测组分含量低于分析方法的检测限时，必须进行富集或浓缩；当有共存干扰组分时，就必须采取分离或掩蔽措施。

富集与分离往往不可分割，需同时进行。常用的方法有过滤、挥发、蒸馏、溶剂萃取、离子交换、吸附、共沉淀、层析、低温浓缩等。

2.3.2.1　气提法

气提、顶空和蒸馏法适用于测定易挥发组分的水样预处理。采用向水样中通入惰性气体或加热方法，将被测组分吹出或蒸出，达到分离和富集的目的。

气提法把惰性气体通入调制好的水样中，将欲测组分吹出，直接送入仪器测定，或导入吸收液吸收富集后再测定。例如，用冷原子荧光法测定水样中的汞时，先将汞离子用氯化亚锡还原为原子态汞，再利用汞易挥发的性质，通入惰性气体将其吹出并送入仪器测定；用分光光度测定水中的硫化物时，先使之在磷酸介质中生成硫化氢，再用惰性气体载入乙酸锌-乙酸钠溶液吸收，达到与母液分离和富集的目的，其分离装置如图 2-7 所示。

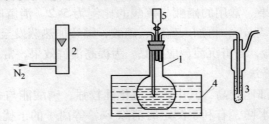

图 2-7　测定硫化物的吹气分离装置

1—500mL 平底烧瓶（内装水样）；2—流量计；3—吸收管；4—50~60℃恒温水浴；5—分液漏斗

2.3.2.2　蒸馏法

蒸馏法是利用水样中各污染组分具有不同的沸点而使其彼此分离的方法，分为常压蒸馏、减压蒸馏、水蒸气蒸馏、分馏法等。测定水样中的挥发酚、氰化物、氟化物时，均需在酸性介质中进行常压蒸馏分离；测定水样中的氨氮时，需在微碱性介质中常压蒸馏分离。在此，蒸馏具有消解、分离和富集三种作用。图 2-8 所示为挥发酚和氰化物蒸馏装置；图 2-9 所示为氟化物水蒸气蒸馏装置。

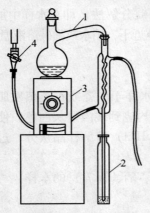

图 2-8　挥发酚、氰化物的蒸馏装置

1—500mL 全玻璃蒸馏器；2—接收瓶；
3—电炉；4—水龙头

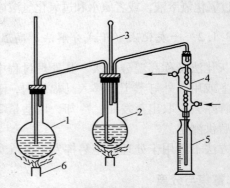

图 2-9　氟化物水蒸气蒸馏装置

1—水蒸气发生瓶；2—烧瓶（内装水样）；3—温度计；
4—冷凝管；5—接收瓶；6—热源

2.3.2.3　萃取法

用于水样预处理的萃取方法有溶剂萃取法、固体萃取法和超临界流体萃取法。

A　溶剂萃取法

溶剂萃取法是基于物质在互不相溶的两种溶剂中分配系数不同，进行组分的分离和富集。欲分离组分在水相 – 有机相中的分配系数 K 用下式表示：

$$K = \frac{\text{有机相中被萃取物浓度}}{\text{水相中欲萃取物浓度}}$$

当水相中某组分的 K 值大时，表明易进入有机相，而 K 值很小的组分仍留在水相中。在恒定温度时，K 值为常数。

分配系数 K 中所指欲分离组分在两相中的存在形式相同，而实际并非如此，故常用分配比 D 表示萃取效果，即

$$D = \frac{\Sigma[A]_{\text{有机相}}}{\Sigma[A]_{\text{水相}}}$$

式中，$\Sigma[A]_{\text{有机相}}$ 表示欲分离组分 A 在有机相中各种存在形式的总浓度；$\Sigma[A]_{\text{水相}}$ 表示组分 A 在水相中各种存在形式的总浓度。

分配比随被萃取组分的浓度、溶液的酸度、萃取剂的浓度及萃取温度等条件变化。只有在简单的萃取体系中，欲萃取组分在两相中存在形式相同时，K 才等于 D。分配比反映萃取体系达到平衡时的实际分配情况，具有较大的实用价值。

被萃取组分在两相中的分配情况还可以用萃取率 E 表示，其表达式为：

$$E = \frac{\text{有机相中被萃取组分的量}}{\text{水相和有机相中被萃取组分的总量}} \times 100\%$$

分配比 D 和萃取率 E 的关系如下：

$$E(\%) = \frac{100D}{D + \dfrac{V_{\text{水}}}{V_{\text{有机}}}}$$

式中，$V_{\text{水}}$ 为水相体积；$V_{\text{有机}}$ 为有机相体积。

当水相和有机相的体积相同时，D 和 E 的关系如图 2 – 10 所示。可见，当 $D = \infty$ 时，$E = 100\%$，一次即可萃取完全；当 $D = 100$ 时，$E = 99\%$，一次萃取不完全；当 $D = 10$ 时，$E = 90\%$，需连续多次萃取才趋于萃取完全；当 $D = 1$ 时，$E = 50\%$，要萃取完全相当困难。

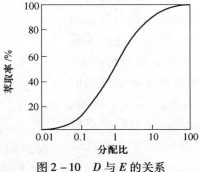

图 2 – 10　D 与 E 的关系

如果同一体系中，欲测组分 A 与干扰组分 B 共存，则只有两者的分配比 D_A 与 D_B 不等时才能分离，并且相差越大，分离效果越好。通常将 D_A 与 D_B 的比值称为分配系数。

由于有机溶剂只能萃取水相中以非离子状态存在的物质（主要是有机物质），而多数无机物质在水相中以水合离子状态存在，故无法用有机溶剂直接萃取。为实现用有机溶剂萃取，需先加入一种试剂，使其与水相中的离子态组分结合，生成一种不带电、易溶于有机溶剂的物质。该试剂与有机相、水相共同构成萃取体系。根据生成可萃取物类型不同，可分为螯合物萃取体系、离子缔合物萃取体系、三元络合物萃取体系和协同萃取体系等。在环境监测中，螯合物萃取体系应用最多。

螯合物萃取体系是指在水中加入螯合剂，与被测金属离子生成易溶于有机剂的中性螯合物，从而被有机溶剂萃取出来。例如，用分光光度法测定水中的 Cd^{2+}，Hg^{2+}，Zn^{2+}，Pb^{2+}，Ni^{2+} 等，二硫腙（螯合剂）能与上述离子生成难溶于水的螯合物，可用三氯甲烷（或四氯化碳）从水中萃取后测定，三者构成二硫腙 – 三氯甲烷 – 水萃取体系。常用的螯合萃取剂还有吡咯烷基二硫代氨基甲酸铵（APDC）、二乙基二硫代氨基甲酸钠（NaDDC）等。常用的有机溶剂还有 4 – 甲基 – 二戊酮（MIBK）、2，6 – 二甲基 – 4 – 庚酮（DIBK）、乙酸丁酯等。

水相中的有机污染物质，可根据"相似相溶"原则，选择适宜的有机溶剂直接进行萃取。例如，用 4 – 氨基安替比林分光光度法测定水样中的挥发酚时，如果酚含量低于 0.05mg/L，则经蒸馏分离后，需再用三氯甲烷萃取；用气相色谱法测定六六六、DDT 时，需先用石油醚萃取；用红外分光光度法测定水样中的石油类物质和动植物油时，需要用四氯化碳萃取等。

为获得满意的萃取效果，必须根据不同的萃取体系选择适宜的萃取条件，如选择效果好的萃取剂和有机溶剂，控制溶液的酸度，采取消除干扰的措施等。

B　固相萃取法（SPE）

固相萃取法的萃取剂是固体，其工作原理为：水样中欲测组分与共存干扰组分在固相萃取剂上作用力强弱不同，使它们彼此分离。固相萃取剂是含 C_{18} 或 C_8、腈基、氨基等基因的特殊填料。例如，C_{18} 键合硅胶是通过在硅胶表面做硅烷化处理而制得的一种颗粒物，将其装载在聚丙烯塑料、玻璃或不锈钢的短管中，即为柱型固相萃取剂。

图 2 – 11 所示为一种膜片型固相萃取剂萃取装置。膜片安装在砂芯漏斗中，在真空抽气条件下，从漏斗加入水样，使其流过膜片，则被测组分保留在膜片上，溶剂和其他不易保留的组分流入承接瓶中，再加入适宜的溶剂，洗去膜片上不需要的已被吸附的组分，最后用洗脱液将保留在膜片上的被测组分淋洗下来，供分析测定。这种方法已逐渐被广泛应用于组分复杂水样的前处理，如测定有机氯（磷）农药、苯二甲酸酯、多氯联苯等污染物水样的前处理。还可以将这种装置装配在流动注射分析仪（FIA）上，进行连续自动测定。

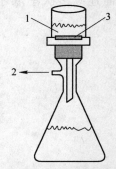

图 2 – 11　膜片型固相萃取剂萃取装置
1—水样；2—抽气；3—萃取膜片

2.3.2.4　离子交换法

该方法是利用离子交换剂与溶液中的离子发生交换反应进行分离的方法。离子交换剂分为无机离子交换剂和有机离子交换剂两大类，广泛应用的是有机离子交换剂，即离子交换树脂。

离子交换树脂是一种具有渗透性的三维网状高分子聚合物小球，在网状结构的骨架上含有可电离的活性基团，与水样中的离子发生交换反应。根据官能团不同，分为阳离子交换树脂、阴离子交换树脂和特殊离子交换树脂。其中，阳离子交换树脂按照所含活性基团酸性强弱，又分为强酸型和弱酸型阳离子交换树脂；阴离子交换树脂按其所含活性基团碱性强弱，又分为强碱性和弱碱性阴离子交换树脂。在水样预处理中，最常用的是强酸型阳离子交换树脂和强碱型阴离子交换树脂。

强酸型阳离子交换树脂含有 $-SO_3H$，$-SO_3Na$ 等活性基因，一般用于富集金属阳离子。强碱性阴离子交换树脂含有 $-N(CH_3)_3^+ X^-$ 基团，其中 X 为 OH^-，Cl^-，NO_3^- 等，能在酸性、碱性和中性溶液中与强酸或弱酸阴离子交换。特殊离子交换树脂含有螯合、氧化还原等活性基因，能与水样中的离子发生螯合或氧化、还原反应，具有良好的选择性吸附能力。

 教学活动建议

建议此部分进行任务驱动教学法，以某地表水水质监测方案的制订为任务，实施教学做一体化教学，技能训练项目见技能训练（2.3.1）。

技能训练（2.3.1）　　样品预处理方案的设计

《环境监测与分析》实训（非实验类）项目任务单

任务序号		项目名称	预处理方案的设计	实训地点	教室
	小组成员				

具体任务：

　　现有一污水样，已知含有微量的汞、铜和微量酚，欲分别测定，请在 20min 时间内小组讨论设计出预处理方案。

学生实作：

小组汇报成果：

任务 2.4　物理性质的检验

水样物理性质的测定主要包括水温、浊度、色度、臭和残渣等的测定。

2.4.1　水温

水的许多物理化学性质与水温有密切关系，如密度、黏度、盐度、pH 值、气体的溶解度、化学和生物化学反应速率以及生物活动等都受水温变化的影响。水温的测量对水体自净、热污染判断及水处理过程的运转控制等都具有重要的意义。

水的温度因水源不同而有很大差异。地下水的温度比较稳定，通常为 8 ~ 12℃；地面水温度随季节和气候变化较大，变化范围约为 0 ~ 30℃；工业废水的温度因工业类型、生产工艺不同有很大差别。

水温测量应在现场进行。常用的测量仪器有水温计、颠倒温度计和热敏电阻温度计。各种温度计应定期校核。

2.4.1.1　水温计法

水温计是安装于金属半圆槽壳内的水银温度表，下端连接一金属贮水杯，温度表水银球部悬于杯中，其顶端的槽壳带一圆环，拴以一定长度的绳子。测温范围通常为 - 6 ~ 41℃，最小分度为 0.2℃。测量时将其插入预定深度的水中，放置 5min 后，迅速提出水面并读数。

2.4.1.2　颠倒温度计法

颠倒温度计（闭式）用于测量深层水温度，一般装在采水器上使用。它由主温表和辅温表组装在厚壁玻璃套管内构成。主温表是双端式水银温度计，用于测量水温；辅温表为普通水银温度计，用于校正因环境温度改变而引起的主温表读数变化。测量时，将装有这种温度计的颠倒采水器沉入预定深度处，感温 10min 后，由"使锤"打开采水器的"撞击开关"，使采水器完成颠倒动作，提出水面，立即读取主、辅温度表的读数，经校正后获得实际水温。

2.4.2　浊度

浊度是反映水中的不溶解物质对光线透过时阻碍程度的指标，通常仅用于天然水和饮用水，而污水和废水中不溶物质含量高，一般要求测定悬浮物。测定浊度的方法有目视比浊法、分光光度法、浊度计法等。

2.4.2.1　目视比浊法

A　方法原理

将水样与用精制的硅藻土（或白陶土）配制的系列浊度标准溶液进行比较，来确定水样的浊度。规定 1000mL 水中含 1mg 一定粒度的硅藻土所产生的浊度为一个浊度单位，简称"度"。

B　测定要点

（1）用通过 0.1mm 筛孔（150 目），并经烘干的硅藻土和蒸馏水配制浊度标准贮备液。

（2）视水样浊度高低，用浊度标准贮备液和具塞比色管或具塞无色玻璃瓶配制系列浊度标准溶液。

（3）取与系列浊度标准溶液等体积的摇匀水样或稀释水样，置于与之同规格的比浊器皿中，与系列浊度标准溶液比较，选出与水样产生视觉效果相近的标准液，即为水样的浊度。如用稀释水样，测得浊度应再乘以稀释倍数。

浊度高低不仅与水中的溶解物质数量、浓度有关，而且与不溶物质颗粒大小、形状、对光散射特性及水样放置时间、水温、pH 值等有关。

2.4.2.2　分光光度法

A　方法原理

以聚合物（由硫酸肼和六次甲基四胺反应而成）配制标准浊度溶液，用分光光度计于 680nm 波长处测其吸光度，与在同样条件下测定水样的吸光度比较，得知其浊度。

B　测定要点

（1）取浓度为 10mg/mL 的硫酸肼 $[(NH_2)_2 \cdot H_2SO_4]$ 溶液和浓度为 100mg/mL 的六次甲基四胺溶液各 5.00mL 于 100mL 容量瓶中，混匀，于（25±3）℃下反应 24h，冷却后用无浊度水稀释至刻度，制得浊度为 400 度的标准贮备液。

（2）用标准贮备液配制系列浊度标准溶液（浊度范围视水样浊度大小决定）。

（3）用分光光度计于 680nm 波长处，以无浊度水作参比，测定系列浊度标准溶液的吸光度，绘制标准曲线。

（4）将水样摇匀，按照测定系列浊度标准溶液方法测其吸光度，并由标准曲线上查得相应浊度。

2.4.2.3　浊度仪法

浊度仪是通过测量水样对一定波长光的透射或散射强度而实现浊度测定的专用仪器，有透射光式浊度仪、散射光式浊度仪和透射光 - 散射光式浊度仪。

透射光式浊度仪测定原理同分光光度法，其连续自动测量式采用双光束（测量光束与参比光束），以消除光源强度等条件变化带来的影响。

散射光式浊度仪测定原理为：当光射入水样时，构成浊度的颗粒物对光发生散射，散射光强度与水样的浊度成正比。按照测量散射光位置不同，这类仪器有两种形式。一种是在与入射光垂直的方向上测量，如根据 ISO7027 国际标准设计的便携式浊度计，以发射高强度 890nm 波长的红外发光二极管为光源，将光电传感器放在与发射光垂直的位置上，用微电脑进行数据处理，可进行自检和直接读出水样的浊度值。另一种是测量水样表面上的散射光，称为表面散射式浊度仪。

透射光 - 散射光式浊度仪同时测量透射光和散射光强度，根据其比值测定浊度。用这种仪器测定浊度，受水样色度影响小。

2.4.3　色度

色度、浊度、透明度、悬浮物都是水质的外观指标。纯水无色透明，天然水中含有泥土、有机质、无机矿物质、浮游生物等，往往呈现一定的颜色。工业废水含有染料、生物色素、有色悬浮物等，是环境水体着色的主要来源。有颜色的水减弱水的透光性，影响水生生物生长和观赏的价值。

水的颜色分为表色和真色。真色指去除悬浮物后的水的颜色，没有去除悬浮物的水具有的颜色称为表色。对于清洁或浊度很低的水，真色和表色相近；对于着色深的工业废水或污水，真色和表色差别较大。水的色度一般是指真色。水的颜色常用以下方法测定。

2.4.3.1　铂钴标准比色法

该方法用氯铂酸钾与氯化钴配成标准色列，与水样进行目视比色确定水样的色度。规定每升水中含 1mg 铂和 0.5mg 钴所具有的颜色为 1 个色度单位，称为 1 度。因氯铂酸钾昂贵，故可用重铬酸钾代替氯铂酸钾，用硫酸钴代替氯化钴，配制标准色列。如果水样浑浊，应放置澄清，也可用离心法或用孔径 0.45 μm 的滤膜过滤除去悬浮物，但不能用滤纸过滤。

该方法适用于清洁的、带有黄色色调的天然水和饮用水的色度测定。如果水样中有泥土或其他分散很细的悬浮物，用澄清、离心等方法处理仍不透明时，则测定表色。

2.4.3.2　稀释倍数法

该方法适用于受工业废水污染的地面水和工业废水颜色的测定。测定时，首先用文字描述水样的颜色种类和深浅程度，如深蓝色、棕黄色、暗黑色等；然后取一定量水样，用蒸馏水稀释到刚好看不到颜色，以稀释倍数表示该水样的色度，单位为倍。

所取水样应无树叶、枯枝等杂物；取样后应尽快测定，否则应冷藏保存。

还可以用国际照明委员会（CIE）制定的分光光度法测定水样的色度，其结果可定量地描述颜色的特征。

2.4.4　臭

清洁的地表水、地下水和生活饮用水都要求不得有异臭、异味，而被污染的水往往会有异臭、异味。水中异臭和异味主要来源于工业废水和生活污水中的污染物、天然物质的分解或与之有关的微生物活动等。

无臭无味的水虽然不能保证不含污染物，但有利于使用者对水质的信任，也是人类对水的美学评价的感官指标。其主要测定方法有定性描述法和臭阈值法。

2.4.4.1　定性描述法

臭检验方法：取 100mL 水样于 250mL 锥形瓶中，检验人员依靠自己的嗅觉，分别在 20℃和煮沸稍冷后闻其气味，用适当的词语描述臭特征，如芳香、氯气、硫化氢、泥土、霉烂等气味或没有任何气味，并按表 2 - 3 划分的等级报告臭强度。

表 2 – 3　臭强度等级

等　级	强　度	说　　　明
0	无	无任何气味
1	微弱	一般人难以察觉，嗅觉灵敏者可以察觉
2	弱	一般人刚能察觉
3	明显	已能明显察觉
4	强	有显著的臭味
5	很强	有强烈的恶臭或异味

只有清洁的水或已确认经口接触对人体健康无害的水样才能进行味的检验。其检验方法是分别取少量 20℃ 和煮沸冷却后的水样放入口中，尝其味道，用适当词语（酸、甜、咸、苦、涩等）描述，并参照表 2 – 3 等级记录味的强度。

2.4.4.2　臭阈值法

用无臭水稀释水样，当稀释到刚能闻出臭味时的稀释倍数称为"臭阈值"，即

$$臭阈值（TON）= \frac{水样体积 + 无臭水体积}{水样体积}$$

检验操作要点：用水样和无臭水在具塞锥瓶中配制系列稀释水样，在水浴上加热至 $60 \pm 1℃$；取下锥瓶，振荡 2 ~ 3 次，去塞，闻其气味，与无臭水比较，确定刚好闻出臭味的稀释水样，计算臭阈值。如水样含余氯，应在脱氯前后各检验一次。

由于不同检验人员嗅的敏感程度有差异，检验结果会不一致，因此，一般选择 5 名以上嗅觉灵敏的检验人员同时检验，取其检验结果的几何平均值作为代表值。此外，要求检臭人员在检臭前避免外来气味的刺激。

一般用自来水通过颗粒状活性炭吸附制取无臭水；自来水中含余氯时，用硫代硫酸钠溶液滴定脱除。也可将蒸馏水煮沸除臭后做无臭水。

2.4.5　残渣

水中的残渣分为总残渣、可滤残渣和不可滤残渣三种。它们是表征水中溶解性物质、不溶解性物质含量的指标。

2.4.5.1　总残渣

总残渣是水或污水样在一定的温度下蒸发、烘干后剩余的物质，包括不可滤残渣和可滤残渣。其测定方法是取适量（如 50mL）振荡均匀的水样于称至恒重的蒸发皿中，在蒸汽浴或水浴上蒸干，移入 103 ~ 105℃ 烘箱内烘至恒重，增加的重量即为总残渣。计算式如下：

$$总残渣 = \frac{(A - B) \times 1000 \times 1000}{V}$$

式中，A 为总残渣和蒸发皿重，g；B 为蒸发皿重，g；V 为水样体积，mL。

2.4.5.2　可滤残渣

可滤残渣量是指将过滤后的水样放在称至恒重的蒸发皿内蒸干，再在一定温度下烘至恒重所增加的重量。一般测定 103 ~ 105℃烘干的可滤残渣，但有时要求测定（180 ± 2）℃烘干的可滤残渣。水样在此温度下烘干，可将吸着水全部赶尽，所得结果与化学分析结果所计算的总矿物质含量较接近。计算方法同总残渣。

2.4.5.3　不可滤残渣（悬浮物，SS）

水样经过滤后留在过滤器上的固体物质，于 103 ~ 105℃烘至恒重得到的物质量称为不可滤残渣量。它包括不溶于水的泥沙、各种污染物、微生物及难溶无机物等。常用的滤器有滤纸、滤膜、石棉坩埚。由于它们的滤孔大小不一致，故报告结果时应注明。石棉坩埚通常用于过滤酸或碱浓度高的水样。

地面水中存在悬浮物，使水体浑浊，透明度降低，影响水生生物呼吸和代谢；工业废水和生活污水含大量无机、有机悬浮物，易堵塞管道，污染环境，因此，为必测指标。

 教学活动建议

建议此部分采用实践教学法，将理论教学与实践技能训练有机结合，提高学生对知识的应用能力、动手能力，技能训练项目见技能训练（2.4.1）~（2.4.4）。

技能训练（2.4.1）　水样浊度的测定（目视比浊法）

A　训练目的

（1）掌握利用目视比浊法测定浊度的原理和操作。

（2）学会浊度标准溶液的配制。

B　方法原理

浊度表现水中悬浮物对光线透过时所发生的阻碍程度。水中含有泥土、粉砂、微细有机物、无机物、浮游动物和其他微生物等悬浮物和胶体物都可使水样呈现浊度。水的浊度大小不仅和水中存在颗粒物含量有关，而且和其粒径大小、形状、颗粒表面对光散射特性有密切关系。

将水样和硅藻土（或白陶土）配制的浊度标准液进行比较。相当于 1mg 一定黏度的硅藻土（或白陶土）在 1000mL 水中所产生的浊度，称为 1 度。

C　仪器与试剂

a　仪器

（1）100mL 具塞比色管。

（2）1L 容量瓶。

（3）750mL 具塞无色玻璃瓶，玻璃质量和直径均需一致。

（4）1L 量筒。

b　试剂

（1）称取 10g 通过 0.1mm 筛孔（150 目）的硅藻土，于研钵中加入少许蒸馏水调成糊状并研细，移至 1000mL 量筒中，加水至刻度。充分搅拌，静置 24h，用虹吸法仔细将上层 800mL 悬浮液移至第二个 1000mL 量筒中。向第二个量筒内加水至 1000mL，充分搅拌后再静置 24h。

虹吸出上层含较细颗粒的 800mL 悬浮液，弃去。下部沉积物加水稀释至 1000mL。充分搅拌后贮于具塞玻璃瓶中，作为浑浊度原液。其中含硅藻土颗粒直径大约为 400μm 左右。

取上述悬浊液 50mL 置于已恒重的蒸发皿中，在水浴上蒸干。于 105℃ 烘箱内烘 2h，置干燥器中冷却 30min，称重。重复以上操作，即烘 1h，冷却，称重，直至恒重。求出每毫升悬浊液中含硅藻土的重量（mg）。

（2）吸取含 250mg 硅藻土的悬浊液，置于 1000mL 容量瓶中，加水至刻度，摇匀。此溶液浊度为 250 度。

（3）吸取浊度为 250 度的标准液 100mL 置于 250mL 容量瓶中，用水稀释至标线，此溶液为浊度为 100 度的标准液。

在上述原液和各标准液中加入 1g 氯化汞，以防菌类生长。

D　测定步骤

a　取样

取样前所有与水样接触的玻璃器皿必须清洁，用盐酸或表面活性剂洗涤，然后用蒸馏水清洗干净。

若需保存，可保存在冷（4℃）暗处，不超过 24h。测试前需激烈振摇并恢复到室温。

b　浊度低于 10 度的水样

（1）吸取浊度为 100 度的标准液 0mL，1.0mL，2.0mL，3.0mL，4.0mL，5.0mL，6.0mL，7.0mL，8.0mL，9.0mL，10.0mL 于 100mL 比色管中，加水稀释至标线，混匀，得浊度依次为 0 度、1.0 度、2.0 度、3.0 度、4.0 度、5.0 度、6.0 度、7.0 度、8.0 度、9.0 度、10.0 度的标准液。

（2）取 100mL 摇匀水样置于 100mL 比色管中，与浊度标准液进行比较。可在黑色底板上，由上往下垂直观察。

c　浊度为 10 度以上的水样

（1）吸取浊度为 250 度的标准液 0mL，10mL，20mL，30mL，40mL，50mL，60mL，70mL，80mL，90mL，100mL 置于 250mL 的容量瓶中，加水稀释至标线，混匀，即得浊度为 0 度、10 度、20 度、30 度、40 度、50 度、60 度、70 度、80 度、90 度、100 度的标准液，移入成套的 250mL 具塞玻璃瓶中，每瓶加入 1g 氯化汞，以防菌类生长，密塞保存。

（2）取 250mL 摇匀水样，置于成套的 250mL 具塞玻璃瓶中，瓶后放一有黑线的白纸作为判别标志，从瓶前向后观察，根据目标清晰程度，选出与水样产生视觉效果相近的标准液，记下其浊度值。

（3）水样浊度超过 100 度时，用水稀释后测定。

E　数据处理

$$\text{浊度} = \frac{A(V + V_s)}{V_s}$$

式中，A 为稀释后水样的浊度，度；V 为稀释水体积，mL；V_s 为水样体积，mL。

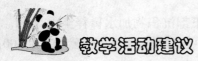

教学活动建议

技能训练（2.4.1）与技能训练（2.4.2）选做其一，在实验过程中，全班分成 2 人一组，按照资讯—决策—计划—实施—检查—评估几个步骤在 1 学时内完成实验。

技能训练（2.4.2）　水样浊度的测定（分光光度法）

A　训练目的

（1）掌握利用分光光度法测定浊度的原理和操作。

（2）学会浊度标准溶液的配制。

B　方法原理

在适当温度下，硫酸肼与六次甲基四胺聚合，形成白色高分子聚合物。以此作为浊度标准液，测定其吸收曲线，在 λ_{max} 下用 3cm 的比色皿测定标准系列及待测液的吸光度，进而计算出浊度。

C　仪器与试剂

a　仪器

50mL 比色管，分光光度计。

b　试剂

（1）无浊度水：将蒸馏水通过 0.2μm 滤膜过滤，收集于用滤过水荡洗两次的烧瓶中。

（2）浊度贮备液。

1）硫酸肼溶液：称取 1.000g 硫酸肼 $[(NH_2)_2SO_4 \cdot H_2SO_4]$ 溶于水中，定容至 100mL。

2）六次甲基四胺溶液：称取 10.00g 六次甲基四胺 $[(CH_2)_6N_4]$ 溶于水中，定容至 100mL。

3）浊度标准溶液：吸取 5.00mL 硫酸肼溶液与 5.00mL 六次甲基四胺溶液于 100mL 容量瓶中，混匀，于（25±3）℃下静置反应 24h。冷却后用水稀释至标线，混匀。此溶液浊度为 400 度，可保存一个月。

D　测定步骤

a　标准曲线的绘制

吸取浊度标准溶液 0mL，0.50mL，1.25mL，2.50mL，5.00mL，10.00mL，12.50mL，置于 50mL 比色管中，加无浊度水至标线。摇匀后即得浊度为 0 度、4 度、10 度、20 度、40 度、80 度、100 度的标准系列。在 680nm 波长下，用 3cm 比色皿，测定吸光度，绘制校准曲线。

b　水样的测定

吸取 50.0mL 摇匀水样（无气泡，如浊度超过 100 度可酌情少取，用无浊度水稀释至50.0mL）于 50mL 比色管中，按绘制校准曲线步骤测定吸光度，由校准曲线上查得水样浊度。

E　数据处理

（1）利用 Excel、标准曲线软件、Mintable 软件作出标准曲线，并判断模型是否可用（详细方法见前述章节）。

（2）将测得的待测溶液的吸光度带入模型，计算出待测溶液的浊度。

$$浊度 = \frac{A(\,+V_s)}{V_s}$$

式中，A 为稀释后水样的浊度，度；V 为稀释水体积，mL；V_s 为水样体积，mL。

 教学活动建议

技能训练（2.4.1）与技能训练（2.4.2）选做其一，在实验过程中，全班分成 2 人一组，按照资讯—决策—计划—实施—检查—评估几个步骤自己设计实验记录表格，利用浊度标准储备液在 1 学时内完成实验。

技能训练（2.4.3）　　水样色度的测定

A　训练目的

（1）掌握铂钴比色法的测定原理和操作；

（2）掌握色度标准溶液的配制。

B　方法原理

水是无色透明的，当水中存在某些物质时，会表现出一定的颜色。溶解性的有机物、部分无机离子和有色悬浮微粒均可使水着色。

pH 值对色度有较大的影响，在测定色度的同时，应测量溶液的 pH 值。

用氯铂酸钾与氯化钴配成标准色列，与水样进行目视比色。每升水中含有 1mg 铂和0.5mg 钴时所具有的颜色，称为 1 度，作为标准色度单位。

如水样浑浊，则放置澄清，亦可用离心法或用孔径为 0.45μm 滤膜过滤以去除悬浮物，但不能用滤纸过滤，因滤纸可吸附部分溶解于水的颜色。

C　仪器和试剂

（1）50mL 具塞比色管，其刻线高度应一致。

（2）铂钴标准溶液：称取 1.246g 氯铂酸钾（K_2PtC_{16}）（相当于 500mg 铂）及 1.000g氯化钴（$COCl_2 \cdot 6H_2O$）（相当于 250mg 钴），溶于 100mL 水中，加 100mL 盐酸，用水定容至 1000mL。此溶液色度为 500 度，保存在密塞玻璃瓶中，存放暗处。

D　测定步骤

（1）标准色列的配制：向 50mL 比色管中加入 0mL，0.50mL，1.00mL，1.50mL，

2.00mL，2.50mL，3.00mL，3.50mL，4.00mL，4.50mL，5.00mL，6.00mL，7.00mL 铂钴标准溶液，用水稀释至标线，混匀。各管的色度依次为 0 度、5 度、10 度、15 度、20 度、25 度、30 度、35 度、40 度、45 度、50 度、60 度、70 度。密塞保存。

（2）水样的测定。

1）分取 50.0mL 澄清透明水样于比色管中，如水样色度较大，可酌情少取水样，用水稀释至 50.0mL。

2）将水样与标准色列进行目视比较。观察时，可将比色管置于白瓷板或白纸上，使光线从管底部向上透过液柱，目光自管口垂直向下观察，记下与水样色度相同的铂钴标准色列的色度。

E　注意事项

（1）可用重铬酸钾代替氯铂酸钾配制标准色列。方法是：称取 0.0437g 重铬酸钾和 1.000g 硫酸钴（$COSO_4 \cdot 7H_2O$），溶于少量水中，加入 0.50mL 硫酸，用水稀释至 500mL。此溶液的色度为 500 度。不宜久存。

（2）如果样品中有泥土或其他分散很细的悬浮物，虽经预处理而得不到透明水样时，则只测其表色。

 教学活动建议

实验过程中，全班分成 2 人一组，按照资讯—决策—计划—实施—检查—评估几个步骤自己设计实验记录表格，利用色度标准储备液在 1 学时内完成实验，并与国家地表水质量标准比较判断某水样是否达标。

技能训练（2.4.4）　　废水中悬浮物的测定（设计实验）

A　训练目的

（1）熟练使用分析天平和烘箱；

（2）巩固称量分析法的操作要点；

（3）掌握污水悬浮物的测定原理和操作。

B　方法原理

悬浮固体是指剩留在滤料上并在 103～105℃下烘至恒重的固体。测定的方法是将水样通过滤料后，烘干固体残留物及滤料，将所称重量减去滤料重量，即为悬浮固体（总不可滤残渣）。

C　仪器与试剂

（1）烘箱。

（2）分析天平。

（3）干燥器。

（4）孔径为 0.45μm 滤膜及相应的滤器或中速定量滤纸。

（5）玻璃漏斗。

（6）内径为 30 ~ 50mm 的称量瓶。

D 测定步骤

（1）将滤膜放在称量瓶中，打开瓶盖，在 103 ~ 105℃下烘干 2h，取出冷却后盖好瓶盖称重，直至恒重（两次称量相差不超过 0.0004g）。

（2）去除漂浮物后振荡水样，量取均匀适量水样（使悬浮物大于 2.5mg），通过上面称至恒重的滤膜过滤；用蒸馏水洗残渣 3 ~ 5 次。如样品中含油脂，用 10mL 石油醚分两次淋洗残渣。

（3）小心取下滤膜，放入原称量瓶内，在 103 ~ 105℃烘箱中，打开瓶盖烘 2h，冷却后盖好盖称重，直至恒重为止。

E 数据处理

$$悬浮固体 = \frac{(A - B) \times 1000 \times 1000}{V}$$

式中，A 为悬浮固体和滤膜及称量瓶重，g；B 为滤膜及称量瓶重，g；V 为水样体积，mL。

教学活动建议

实验过程中，全班分成 4 人一组，根据实验原理，按照资讯—决策—计划—实施—检查—评估几个步骤小组设计实验，锻炼学生根据实验原理进行实验设计的能力。

任务 2.5 金属化合物的测定

水体中的金属元素有些是人体健康必需的常量元素和微量元素，有些是有害于人体健康的，如汞、镉、铬、铅、铜、锌、镍、钡、钒、砷等。受"三废"污染的地面水和工业废水中有害金属化合物的含量往往明显增加。

有害金属侵入人的肌体后，将会使某些酶失去活性而出现不同程度的中毒症状，其毒性大小与金属种类、理化性质、浓度及存在的价态和形态有关。例如，汞、铅、镉、铬（VI）及其化合物是对人体健康产生长远影响的有害金属；汞、铅、砷、锡等金属的有机化合物比相应的无机化合物毒性要强得多；可溶性金属要比颗粒态金属毒性大；六价铬比三价铬毒性大等。下面介绍几种有害金属的测定。

2.5.1 汞

汞及其化合物属于剧毒物质，可在体内蓄积，水体中的无机汞可转变为有机汞，有机汞的毒性更大。有机汞通过食物链进入人体，引起全身中毒。天然水中含汞极少，一般不超过 0.1μg/L，我国饮用水标准限值为 0.001mg/L。

2.5.1.1 二硫腙分光光度法

水样在酸性介质中于 95℃用高锰酸钾和过硫酸钾消解，将无机汞和有机汞转化为二价汞后，用盐酸羟胺还原过剩的氧化剂，加入二硫腙溶液，与汞离子反应生成橙色螯合物，用三氯甲烷或四氯化碳萃取，再加入碱溶液洗去萃取液中过量的二硫腙，于 485nm 波长处测其吸光度，以标准工作曲线法定量。

二硫腙分光光度法适用于工业废水和受汞污染的地表水中汞的测定，测定浓度范围为 $2 \sim 40\mu g/L$。

二硫腙分光光度法对测定条件要求较严格。例如，加盐酸羟胺不能过量；对试剂纯度要求高，特别是二硫腙的纯化，对提高汞螯合物的稳定性和测定准确度极为重要；有色螯合物对光敏感，要求避光或在半暗室内操作等。为消除铜离子等共存金属的干扰，在碱洗脱液中加入 1% (m/V) EDTA – 2Na 盐进行掩蔽。

还应注意，因为汞是极毒物质，测定完毕后应在萃取液中加入浓硫酸，破坏有色螯合物，汞进入水相，用碱溶液将其中和至微碱性，再加硫化钠溶液，使汞沉淀出来予以回收或进行其他处理。有机相经脱酸和脱水后，蒸馏回收三氯甲烷或四氯化碳。

2.5.1.2　冷原子吸收法

A　方法原理

水样经消解后，将各种形态的汞转变成二价汞，再用氯化亚锡将二价汞还原为元素汞。利用汞易挥发的特点，在室温下通入空气或氮气流将其气化，载入冷原子吸收测汞仪，测量对特征波长的吸光度，与汞标准溶液的吸光度进行比较定量。汞原子蒸气对 253.7nm 的紫外光有强烈吸收，并在一定浓度范围内，吸光度与浓度成正比。

图 2 – 12 所示为一种冷原子吸收测汞仪的工作流程。低压汞灯辐射 253.7nm 紫外光，经紫外光滤光片射入吸收池，则部分被试样中还原释放出来的汞蒸气吸收，剩余紫外光经石英透镜聚焦于光电倍增管上，产生的光电流经电子放大系统放大，送入指示表指示或记录仪记录。当指示表刻度用标准样校准后，可直接读出汞浓度。汞蒸气发生气路是：抽气泵将载气（空气或氮气）抽入盛有经预处理的水样和氯化亚锡的还原瓶，在此产生汞蒸气并随载气经装有变色硅胶的 U 形管除水蒸气后进入吸收池测量吸光度，然后经流量计、脱汞瓶排出。

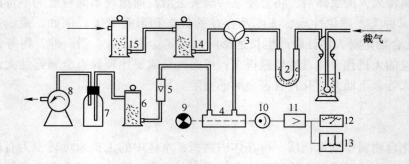

图 2 – 12　冷原子吸收测汞仪工作原理

1—汞还原瓶；2—硅胶管；3—三通阀；4—吸收池；5—流量计；6，14—汞吸收瓶；7—缓冲瓶；
8—抽气泵；9—汞灯；10—光电倍增管；11—放大器；12—指示表；13—记录仪；15—水蒸气吸收瓶

冷原子吸收法适用于各种水体中汞的测定。在最佳条件下，最低检出浓度可达 $0.05\mu g/L$。

B　测定要点

（1）水样预处理：在硫酸－硝酸介质中，加入高锰酸钾和过硫酸钾溶液，于近沸或煮沸状态下消解水样。煮沸法对含有机物、悬浮物较多，组成复杂的废水消解效果比近沸法好。对于清洁地面水、地下水及含有机物较少的污水，可以用溴酸钾－溴化钾混合液在酸性介质中于20℃以上室温消解水样。过剩的氧化剂在临测前用盐酸羟胺溶液还原。

（2）空白试样制备：用无汞蒸馏水代替水样，按照水样制备步骤制备空白试样。

（3）绘制标准曲线：按照水样介质条件，配制系列汞标准溶液。分别吸取适量注入还原瓶内，加入氯化亚锡溶液，迅速通入载气，记录指示表最高读数或记录仪记录的峰高。用同样方法测定空白试样。以扣除空白后的各测量值为纵坐标，相应标准溶液的浓度为横坐标，绘制出标准曲线。

（4）水样测定：取适量处理好的水样于还原瓶中，按照测定标准溶液的方法测其最高读数或峰高，从标准曲线上查得汞的浓度，再乘以水样稀释倍数，即得水样汞的浓度。

2.5.1.3　冷原子荧光法

该方法是将水样中的汞离子还原为基态汞原子蒸气，吸收253.7nm的紫外光后，被激发而发射特征共振荧光，在一定的测量条件下和较低的浓度范围内，荧光强度与汞浓度成正比。

方法最低检出浓度为0.05μg/L，测定上限可达1μg/L，且干扰因素少，适用于地面水、生活污水和工业废水。

冷原子荧光测汞仪的工作原理如图2－13所示。它与冷原子吸收测汞仪相比，不同之处在于后者是测量特征紫外光在吸收池中被汞蒸气吸收后的透射光强，而冷原子荧光测汞仪是测量吸收池中的汞原子蒸气吸收特征紫外光被激发后所发射的特征荧光（波长较紫外光长）强度，其光电倍增管必须放在与吸收池相垂直的方向上。

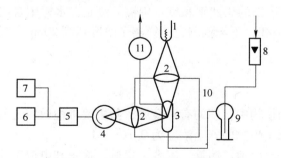

图2－13　冷原子荧光测汞仪工作原理

1—低压汞灯；2—石英聚光镜；3—吸收－激发池；4—光电倍增管；5—放大器；6—指示表；
7—记录仪；8—流量计；9—还原瓶；10—荧光池（铝材发黑处理）；11—抽气泵

2.5.2　镉的测定

镉属剧毒金属，可在人体的肝、肾等组织中蓄积，造成脏器组织损伤，尤以对肾脏损害最为明显。还会导致骨质疏松，诱发癌症。我国生活饮用水卫生标准规定镉的浓度不能超过0.005mg/L。

镉污染主要来源于电镀、采矿、冶炼、颜料、电池等工业排放的废水。

测定镉的主要方法有原子吸收分光光度法、二硫腙分光光度法、阳极溶出伏安法和电感耦合等离发射光谱法（ICP – AES）。

2.5.2.1　原子吸收分光光度法

原子吸收分光光度法也称原子吸收光谱法，简称原子吸收法。该方法可测定 70 多种元素，具有测定快速、准确、干扰少、可用同一试样分别测定多种元素等优点。测定废水和受污染的水中镉、铜、铅、锌等元素时，可采用直接吸入火焰原子吸收法；对于含量低的清洁地面水或地下水，用萃取或离子交换法富集后再用火焰原子吸收法测定，也可以用石墨炉原子吸收法测定，后者测定灵敏度高于前者，但基体干扰较火焰原子化法严重。

将含待测元素的溶液通过原子化系统喷成细雾，随载气进入火焰，并在火焰中解离成基态原子。当空心阴极灯辐射出待测元素的特征波长光通过火焰时，因被火焰中待测元素的基态原子吸收而减弱。在一定实验条件下，特征波长光强的变化与火焰中待测元素基态原子的浓度有定量关系，从而与试样中待测元素的浓度（c）有定量关系，即

$$A = k'c$$

式中，A 为待测元素的吸光度；k' 为与实验条件有关的系数，当实验条件一定时为常数。

可见，只要测得吸光度，就可以求出试样中待测元素的浓度。

2.5.2.2　二硫腙分光光度法

在强碱性介质中，镉离子与二硫腙反应，生成红色螯合物（反应式形式同汞），用三氯甲烷萃取分离后，于 518nm 处测其吸光度，标准曲线法定量，其测定浓度范围为 1 ~ 60μg/L。

该方法适用于受镉污染的天然水和废水中镉的测定。水样中含铅 20mg/L、锌 30mg/L、铜 40mg/L、锰和铁 4mg/L，不干扰测定；镁离子浓度达到 20mg/L 时，需要多加酒石酸钾钠掩蔽。

2.5.3　铅的测定

铅是可在人体和动植物中蓄积的有毒金属，其主要毒性效应是导致贫血、神经机能失调和肾损伤等。铅对水生生物的安全浓度为 0.16mg/L。

铅的主要污染源是蓄电池、冶炼、五金、机械、涂料和电镀工业等部门排放的废水。

测定水体中铅的方法与测定镉的方法相同，广泛采用原子吸收分光光度法和二硫腙分光光度法，也可以用阳极溶出伏安法、示波极谱法和电感耦合等离子体发射光谱法（ICP – AES）。

二硫腙分光光度法基于在 pH 值为 8.5 ~ 9.5 的氨性柠檬酸盐 – 氰化物的还原介质中，铅与二硫腙反应生成红色螯合物，用三氯甲烷（或四氯化碳）萃取后于 510nm 波长处比色测定。该法适用于地面水和废水中痕量铅的测定。

测定时，要特别注意器皿、试剂及去离子水是否含痕量铅，这是能否获得准确结果的关键。Bi^{3+}、Sn^{2+} 等干扰测定，可预先在 pH 值为 2 ~ 3 时用二硫腙三氯甲烷溶液萃取分

离。为防止二硫腙被一些氧化物质如 Fe^{3+} 等氧化，在氨性介质中加入了盐酸羟胺。

当使用 10mm 比色皿，取水样 100mL，用 10mL 二硫腙三氯甲烷溶液萃取时，最低检测浓度可达 0.01mg/L，测定上限为 0.3mg/L。

2.5.4　铜的测定

铜是人体所必需的微量元素，缺铜会发生贫血、腹泻等病症，但过量摄入铜亦会产生危害。铜对水生生物的危害较大，有人认为铜对鱼类的毒性浓度始于 0.002mg/L，但一般认为水体含铜 0.01mg/L 对鱼类是安全的。铜对水生生物的毒性与其形态有关，游离铅离子的毒性比络合态铜大得多。

铜的主要污染源是电镀、五金加工、矿山开采、石油化工和化学工业等部门排放的废水。

测定水中铜的方法主要有原子吸收分光光度法、二乙氨基二硫代甲酸钠萃取分光光度法和新亚铜灵萃取分光光度法，还可以用阳极溶出伏安法、示波极谱法、ICP - AES 法。

当水样中含铜较高时，可加入明胶、阿拉伯胶等胶体保护剂，在水相中直接进行分光光度测定。

2.5.4.1　二乙氨基二硫代甲酸钠（DDTC）萃取分光光度法

二乙氨基二硫代甲酸钠萃取分光光度法原理为：在 pH 值为 9 ~ 10 的氨性溶液中，铜离子与二乙氨基二硫代甲酸钠（铜试剂，简写为 DDTC）作用，生成摩尔比为 1:2 的黄棕色胶体络合物，该络合物可被四氯化碳或三氯甲烷萃取，其最大吸收波长为 440nm。在测定条件下，有色络合物可以稳定 1h，但当水样中含铁、锰、镍、钴和铋等离子时，也与DDTC 生成有色络合物，干扰铜的测定。除铋外，均可用 EDTA 和柠檬酸铵掩蔽消除。铋干扰可以通过加入氰化钠予以消除。

此法最低检测浓度为 0.01mg/L，测定上限可达 2.0mg/L，已用于地面水和工业废水中铜的测定。

2.5.4.2　新亚铜灵萃取分光光度法

用新亚铜灵测定铜，具有灵敏度高，选择性好等优点，适用于地面水、生活污水和工业废水的测定。

新亚铜灵萃取分光光度法原理为：将水样中的二价铜离子用盐酸羟胺还原为亚铜离子，在中性或微酸性介质中，亚铜离子与新亚铜灵反应，生成黄色络合物，用三氯甲烷 - 甲醛混合溶剂萃取，于 457nm 处测吸光度。

如用 10mm 比色皿，该方法最低检出浓度为 0.06mg/L，测定上限为 3mg/L。

测定时注意对干扰物（Be^{2+}、Cr^{6+}、Sn^{4+}、氰化物、硫化物、有机物）进行掩蔽。

2.5.5　锌的测定

锌也是人体必不可少的有益元素，每升水含数毫克锌对人体和温血动物无害，但对鱼类和其他水生生物影响较大。锌对鱼类的安全浓度约为 0.1mg/L。此外，锌对水体的自净过程有一定抑制作用。锌的主要污染源是电镀、冶金、颜料及化工等部门排放的废水。

原子吸收分光光度法测定锌、灵敏度较高，干扰少，适用于各种水体。此外，还可选用二硫腙分光光度法、阳极溶出伏安法或示波极谱法、ICP - AES 法。对于锌含量较高的废（污）水，为了避免高倍稀释引入的误差，可选用二硫腙分光光度法；对于高盐度的废水和海水中微量锌的测定，可选用阳极溶出伏安法或示波极谱法。

二硫腙分光光度法的原理为：在 pH 值为 4.0 ~ 5.5 的乙酸缓冲介质中，锌离子与二硫腙反应生成红色螯合物，用四氯化碳或三氯甲烷萃取后，于其最大吸收波长 535nm 处，以四氯化碳作参比，测其经空白校正后的吸光度，用标准曲线法定量。

水中存在少量铋、镉、钴、铜、汞、镍、亚锡等离子均产生干扰，采用硫代硫酸钠掩蔽剂和控制溶液的 pH 值来消除。三价铁、余氯和其他氧化剂会使二硫腙变成棕黄色。由于锌普遍存在于环境中，与二硫腙反应又非常灵敏，因此需要特别注意防止污染。

当使用 20mm 比色皿，试样体积 100mL 时，锌的最低检出浓度为 0.005mg/L。二硫腙分光光度法适用于天然水和轻度污染的地面水中锌的测定。

2.5.6　铬的测定

铬的化合物常见价态有三价和六价。在水体中，六价铬一般以 CrO_4^{2-}、$HCr_2O_7^-$、$Cr_2O_7^{2-}$ 三种阴离子形式存在，受水体 pH 值、温度、氧化还原物质、有机物等因素影响，三价铬和六价铬化合物可以互相转化。

铬是生物体所必需的微量元素之一。铬的毒性与其存在价态有关，六价铬具有强毒性，为致癌物质，并易被人体吸收而在体内蓄积。通常认为六价铬的毒性比三价铬大 100 倍。但是，对鱼类来说，三价铬化合物的毒性比六价铬大。当水中六价铬浓度达 1mg/L 时，水呈黄色并有涩味；三价铬浓度达 1mg/L 时，水的浊度明显增加。陆地天然水中一般不含铬；海水中铬的平均浓度为 0.05μg/L；饮用水中更低。

铬的工业污染源主要来自铬矿石加工、金属表面处理、皮革鞣制、印染等行业的废水。

水中铬的测定方法主要有二苯碳酰二肼分光光度法、原子吸收分光光度法、等离子体发射光谱法和硫酸亚铁铵滴定法。分光光度法是国内外的标准方法；滴定法适用于含铬量较高的水样。

2.5.6.1　二苯碳酰二肼分光光度法

A　六价铬的测定

在酸性介质中，六价铬与二苯碳酰二肼（DPC）反应，生成紫红色络合物，于 540nm 波长处进行比色测定。

该方法最低检出浓度为 0.004mg/L，使用 10mm 比色皿，测定上限为 1mg/L。其测定要点如下：

（1）对于清洁水样可直接测定；对于色度不大的水样，可用丙酮代替显色剂的空白水样作参比测定；对浑浊、色度较深的水样，以氢氧化锌做共沉淀剂，调节溶液 pH 值至8 ~ 9，此时 Cr^{3+}，Fe^{3+}，Cu^{2+} 均形成氢氧化物沉淀，可被过滤除去，与水样中 Cr^{6+} 分离；存在亚硫酸盐、二价铁等还原性物质和次氯酸盐等氧化性物质时，也应采取相应消除干扰措施。

（2）取适量清洁水样或经过预处理的水样，加酸、显色、定容，以水作参比测其吸光度并做空白校正，从标准曲线上查得并计算水样中六价铬含量。

（3）配制系列铬标准溶液，按照水样测定步骤操作。将测得的吸光度经空白校正后，绘制吸光度对六价铬含量的标准曲线。

B　总铬的测定

在酸性溶液中，首先，将水样中的三价铬用高锰酸钾氧化成六价铬，过量的高锰酸钾用亚硝酸钠分解，过量的亚硝酸钠用尿素分解；然后，加入二苯碳酰二肼显色，于 540nm 处进行分光光度测定。其最低检测浓度同六价铬。

清洁地面水可直接用高锰酸钾氧化后测定；水样中含大量有机物时，用硝酸 – 硫酸消解。

2.5.6.2　火焰原子吸收法测定总铬

A　方法原理

将经消解处理的水样喷入空气 – 乙炔富燃（黄色）火焰、铬的化合物被原子化，于 357.9nm 波长处测其吸光度，用标准曲线法进行定量。

共存元素的干扰受火焰状态和观测高度的影响大，要特别注意保持仪器工作条件的稳定性。铬的化合物在火焰中易生成难于熔融和原子化的氧化物，可在试液中加入适当的助熔剂和干扰元素的抑制剂，如加入 NH_4Cl 可增加火焰中的氯离子，使铬生成易于挥发和原子化的氯化物；NH_4Cl 还能抑制 Fe，Co，Ni，V，Al，Pb，Mg 的干扰。

B　测定要点

（1）使用 $NHO_3 – H_2O_2$ 消解水样，加入适量 NH_4Cl 和盐酸后定容。

（2）配制铬标准贮备液、系列铬标准溶液和试剂空白溶液，测量后两者的吸光度，绘制标准曲线。

（3）按相同方法测量试液的吸光度，减去试剂空白吸光度后，从标准曲线上求出铬含量。

火焰原子吸收法适用于地表水和废（污）水中总铬的测定，最佳测定量范围为 0.1～5mg/L，最低检测限为 0.03mg/L。

2.5.6.3　硫酸亚铁铵滴定法

该法适用于总铬浓度大于 1mg/L 的废水。其原理为在酸性介质中，以银盐作催化剂，用过硫酸铵将三价铬氧化成六价格。加少量氯化钠并煮沸，除去过量的过硫酸铵和反应中产生的氯气。以苯基代邻氨基苯甲酸作指示剂，用硫酸亚铁铵标准溶液滴定，至溶液呈亮绿色。其滴定反应式如下：

$$6Fe(NH_4)_2(SO_4)_2 + K_2Cr_2O_7 + 7H_2SO_4 \Longrightarrow 3Fe_2(SO_4)_3 +$$
$$Cr_2(SO_4)_3 + K_2SO_4 + 6(NH_4)_2SO_4 + 7H_2O$$

根据硫酸亚铁铵溶液的浓度和进行试剂空白校正后的用量，可计算出水样中总铬的含量。

技能训练（2.5.1）　　实验室废液中六价铬的测定

A　目的

（1）掌握六价铬的测定原理和操作。

（2）熟练运用所学采样知识采集代表性的水样。

（3）进一步熟练分光光度计的使用。

B　原理

在酸性溶液中，六价铬离子与二苯碳酰二肼反应，生成紫红色化合物，其最大吸收波长为40nm，吸光度与浓度的关系符合比尔定律。如果测定总铬，需先用高锰酸钾将水样中的三价铬氧化为六价，再用本法测定。

C　仪器和试剂

（1）容量瓶：500mL；1000mL。

（2）分光光度计。

（3）丙酮。

（4）硫酸溶液：1+1的硫酸溶液。

（5）磷酸溶液：1+1，将磷酸（H_3PO_4，优级纯$\rho = 1.69g/mL$）与水等体积混合。

（6）氢氧化钠溶液：4g/L。

（7）氢氧化锌共沉淀剂：用时将100mL 80g/L硫酸锌（$ZnSO_4 7H_2O$）溶液和120mL 20g/L氢氧化钠溶液混合。

（8）高锰酸钾溶液：40g/L，称取高锰酸钾（$KMnO_4$）4g，在加热和搅拌下溶于水，最后稀释至100mL。

（9）铬标准储备液：称取于110℃干燥2h的重铬酸钾（$K_2Cr_2O_7$，优级纯）（0.2829 ± 0.0001）g，用水溶解后，移入1000mL容量瓶中，用水稀释至标线，摇匀。此溶液1mL含0.10mg六价铬。

（10）铬标准溶液A：吸取5.00mL铬标准储备液置于500mL容量瓶中，用水稀释至标线，摇匀。此溶液1mL含1.00μg六价铬。使用时当天配制。

（11）铬标准溶液B：吸取25.00mL铬标准储备液置于500mL容量瓶中，用水稀释至标线，摇匀。此溶液1mL含5.00μg六价铬。使用当天配制此溶液。

（12）尿素溶液：200g/L，将尿素［$(NH_2)_2CO$]20g溶于水并稀释至100mL。

（13）亚硝酸钠溶液：20g/L，将亚硝酸钠（$NaNO_2$）2g溶于水并稀释至100mL。

（14）显色剂A：称取二苯碳酰二肼（$C_{13}N_{14}H_4O$）0.2g，溶于50mL丙酮中，加水稀释到100mL，摇匀，贮于棕色瓶，置冰箱中（色变深后，不能使用）。

（15）显色剂B：称取二苯碳酰二肼2g，溶于50mL丙酮中，加水稀释到100mL，摇匀，贮于棕色瓶，置冰箱中（色变深后，不能使用）。

D　操作步骤

a　采样

用玻璃瓶按采样方法采集具有代表性的水样。采样时，加入氢氧化钠，调节pH值约为8。

　　b　样品的预处理

（1）样品中不含悬浮物，低色度的清洁地表水可直接测定，不需预处理。

（2）色度校正。当样品有色但不太深时，另取一份试样，以 2mL 丙酮代替显色剂，其他步骤同步骤（4）。试样测得的吸光度扣除此色度校正吸光度后，再行计算。

（3）对混浊、色度较深的样品可用锌盐沉淀分离法进行前处理。取适量试样（含六价铬少于 100μg）于 150mL 烧杯中，加水至 50mL。滴加氢氧化钠溶液，调节溶液 pH 值为 7~8。在不断搅拌下，滴加氢氧化锌共沉淀剂至溶液 pH 值为 8~9。将此溶液转移至 100mL 容量瓶中，用水稀释至标线。用慢速滤纸过滤，弃去 10~20mL 初滤液，取其中 50.0mL 滤液供测定。

（4）二价铁、亚硫酸盐、硫代硫酸盐等还原性物质的消除。取适量样品（含六价铬少于 50μg）于 50mL 比色管中，用水稀释至标线，加入 4mL 显色剂 B 混匀，放置 5min 后，加入 1mL 硫酸溶液摇匀。5~10min 后，在 540nm 波长处，用 10mm 或 30mm 光程的比色皿，以水做参比，测定吸光度。扣除空白试验测得的吸光度后，从标准曲线查得六价铬含量。用同样方法做标准曲线。

（5）次氯酸盐等氧化性物质的消除。取适量样品（含六价铬少于 50μg）于 50mL 比色管中，用水稀释至标线，加入 0.50mL 硫酸溶液、0.50mL 磷酸溶液、1.00mL 尿素溶液，摇匀，逐滴加入 1mL 亚硝酸钠溶液，边加边摇，以除去由过量的亚硝酸钠与尿素反应生成的气泡，待气泡除尽后，以下步骤同步骤（4）（免去加硫酸溶液和磷酸溶液）。

　　c　空白试验

按同水样完全相同的上述处理步骤进行空白试验，用 50mL 水代替水样。

　　d　测定

取适量（含六价铬少于 50μg）无色透明水样，置于 50mL 比色管中。加入 0.5mL 硫酸溶液和 0.5mL 磷酸溶液，摇匀。加入 2mL 显色剂 A，用水稀释至标线，摇匀放置 5~10min 后，在 540nm 波长处，用 10mm 或 30mm 的比色皿，以水做参比，测定吸光度，扣除空白试验测得的吸光度后，从标准曲线上查得六价铬含量（如经锌盐沉淀分离、高锰酸钾氧化法处理的样品，可直接加入显色剂测定）。

　　e　标准曲线绘制

向一系列 50mL 比色管中分别加入 0mL，0.20mL，0.50mL，1.00mL，2.00mL，4.00mL，6.00mL，8.00mL，10.00mL 铬标准溶液 A 或铬标准溶液 B（如经锌盐沉淀分离法前处理，则应加倍吸取），用水稀释至标线；然后按照测定试样的步骤（4）进行处理。将测得的吸光度减去空白试验的吸光度后，绘制六价铬的量对吸光度的曲线。

　　E　数据处理

（1）利用 Excel、标准曲线软件、Mintable 软件作出标准曲线，并判断模型是否可用（详细方法见前述章节）。

（2）将测得的待测溶液的吸光度带入模型，计算出待测溶液的六价铬的含量。

$$六价铬含量 = m/V_s$$

式中，m 为由标准曲线查得的试样含六价铬质量，μg；V_s 为水样的体积，mL。

　　F　注意事项

（1）采样后尽快测定，放置不超过 24h。

（2）玻璃仪器不能用 $K_2Cr_2O_7$ 洗液洗涤，用 HNO_3 和 H_2SO_4 混合液洗涤。

 **教学活动建议**

实验过程中，全班分成 4 人一组，按照资讯—决策—计划—实施—检查—评估几个步骤，小组共同在 2 学时内完成实验，并分析实验室废液中铬的来源与危害，制订出废液处理方案。

任务 2.6　非金属无机物测定

2.6.1　pH 值的测定

pH 值是最常用的水质指标之一。天然水的 pH 值多在 6~9 范围内；饮用水 pH 值要求在 6.5~8.5 之间；工业用水的 pH 值必须保持在 7.0~8.5 之间，以防止金属设备和管道被腐蚀。此外，pH 值在废水生化处理，评价有毒物质的毒性等方面也具用指导意义。

pH 值和酸度、碱度既有联系又有区别。pH 值表示水的酸碱性的强弱，而酸度或碱度是水中所含酸或碱物质的含量。同样酸度的溶液，如 0.1mol 盐酸和 0.1mol 乙酸，两者的酸度都是 100mmol/L，但其中 pH 值却大不相同。盐酸是强酸，在水中几乎 100% 电离，但 pH 为 1；而乙酸是弱酸，在水中的电离度只有 1.3%，其 pH 值为 2.9。

测定水的 pH 值的方法有玻璃电极法和比色法。

比色法基于各种酸碱指示剂在不同 pH 值的水溶液中显示不同的颜色，而每种指示剂都有一定的变色范围。将系列已知 pH 值的缓冲溶液加入适当的指示剂制成标准色液并封装在小安瓿瓶内，测定时取与缓冲溶液同量的水样，加入与标准系列相同的指示剂，然后进行比较，以确定水样的 pH 值。

比色法不适用于有色、浑浊或含较高游离氯、氧化剂、还原剂的水样。如果粗略地测定水样 pH 值，可使用 pH 试纸。

玻璃电极法（电位法）测定 pH 值是以 pH 玻璃电极为指示电极，饱和甘汞电极为参比电极，将两者与被测溶液组成原电池（如图 2-14 所示），其电动势为：

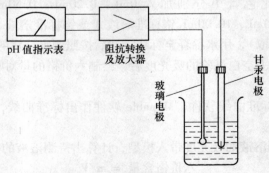

图 2-14　pH 值测量示意图

$$E_{电池} = \Phi_{甘汞} - \Phi_{玻璃}$$

式中，$\Phi_{甘汞}$ 为饱和甘汞的电极电位，不随被测溶液中氢离子活度（a_H^+）变化，可视为定值；$\Phi_{玻璃}$为 pH 玻璃电极的电极电位，随被测溶液中氢离子活度变化。

$\Phi_{玻璃}$可用能斯特方程式表达，故上式表示为（25℃时）：

$$E_{电池} = \Phi_{甘汞} - (\Phi_0 + 0.059 \lg a_H^+) = K + 0.059 pH$$

可见，只要测知 $E_{电池}$，就能求出被测溶液 pH 值。在实际测定中，准确求得 K 值比较困难，故不采用计算方法，而以已知 pH 值的溶液作标准进行校准，用 pH 计直接测出被测溶液 pH 值。

设 pH 标准溶液和被测溶液的 pH 值分别为 pH_s 和 pH_x，其相应原电池的电动势分别为 E_s 和 E_x，则 25℃时：

$$E_s = K + 0.059 pH_s$$
$$E_x = K + 0.059 pH_x$$

两式相减并移项得：

$$pH_x = pH_s + \frac{E_x - E_s}{0.059}$$

可见，pH_x 是以标准溶液的 pH_s 为基准，并通过比较 E_x 与 E_s 的差值确定的。25℃条件下，两者之差每变化 59mV，则相应变化 1pH。pH 计的种类虽多，操作方法也不尽相同，但都是依据上述原理测定溶液 pH 值的。

pH 玻璃电极的内阻一般高达几十到几百兆欧，所以与之匹配的 pH 计都是高阻抗输入的晶体管毫伏计或电子电位差计。为校正温度对 pH 值测定的影响，pH 计上都设有温度补偿装置。为简化操作，使用方便和适于现场使用，已广泛使用复合 pH 电极，制成多种袖珍式和笔式 pH 计。

玻璃电极测定法准确、快速，受水体色度、浊度、胶体物质、氧化剂、还原剂及盐度等因素的干扰程度小。

2.6.2　氟化物的测定

氟是人体必需的微量元素之一，缺氟易患龋齿病。饮用水中含氟的适宜浓度为 0.5 ~ 1.0mg/L（F^-）。当长期饮用含氟高于 1.5mg/L 的水时，则易患斑齿病。如水中含氟高于 4mg/L 时，则可导致氟骨病。

氟化物广泛存在于天然水中。有色冶金、钢铁和铝加工、玻璃、磷肥、电镀、陶瓷、农药等行业排放的废水和含氟矿物废水是氟化物的人为污染源。

测定水中氟化物的方法有离子色谱法、氟离子选择电极法、氟试剂分光光度法、茜素黄酸锆目视比色法和硝酸钍滴定法。离子色谱法已被国内外普遍使用，方法简便、测定快速、干扰较小；电极法选择性好，适用浓度范围宽，可测定浑浊、有颜色的水样；目视比色法测定误差较大；氟化物含量大于 5mg/L 时，用硝酸钍滴定法。

对于污染严重的生活污水和工业废水以及含氟硼酸盐的水均要进行预蒸馏。清洁的地表水、地下水可直接取样测定。

2.6.2.1　离子色谱法

A　方法原理

离子色谱（IC）法是利用离子交换原理，连续对共存多种阴离子或阳离子进行分离后，导入检测装置进行定性分析和定量测定的方法；其仪器由洗提液贮罐、输液泵、进样阀、分离柱、抑制柱、电导测量装置和数据处理器、记录仪等组成，图2-15所示为其典型分析流程。分离柱内填充低容量离子交换树脂，由于液体流过时阻力大，故需使用高压输液泵；抑制柱内填充另一类型高容量离子交换树脂，其作用是削减洗提液造成的本底电导和提高被测组分的电导；除电导型检测器外，还有紫外-可见光度型、荧光型和安培型等检测器，用非电导型检测器一般不需使用抑制柱。

分析阴离子时，分离柱填充低容量阴离子交换树脂，抑制柱填充强酸性阳离子交换树脂，洗提液用氢氧化钠稀溶液或碳酸钠-碳酸氢钠溶液。当将水样注入洗提液并流经分离柱时，基于不同阴离子对低容量阴离子交换树脂的亲和力不同而彼此分开，在不同时间随洗提液进入抑制柱，转换成高电导型酸，而洗提液被中和转为低电导的水或碳酸，使水样中的阴离子得以依次进入电导测量装置测定，根据电导峰的峰高（或峰面积），与混合标准溶液相应阴离子的峰高（或峰面积）比较，即可得知水样中各阴离子的浓度。

B F^-，Cl^-，NO_2^-，PO_4^{3-}，Br^-，NO_3^-，SO_4^{2-} 的测定

用离子色谱法测定水样中 F^-，Cl^-，NO_2^-，PO_4^{3-}，Br^-，NO_3^-，SO_4^{2-} 的色谱图如图2-16所示。在此，分离柱选用 $R-N^+HCO_3^-$ 型阴离子交换树脂，抑制柱选用 RSO_3H 型阳离子交换树脂，以 0.0024mol/L 碳酸钠与 0.0031mol/L 碳酸氢钠混合溶液为洗提液。水样采集后应经 0.45μm 微孔滤膜过滤再测定；对于污染严重的水样，可在分离柱前安装预处理柱，去除所含油溶性有机物和重金属离子；水样中含有不被交换柱保留或弱保留的阴离子时，干扰 F^- 或 Cl^- 的测定，如乙酸与 F^- 产生共洗提，可改用弱洗提液（如稀 $Na_2B_4O_7$ 溶液）。

离子色谱法适用于地表水、地下水、降水中无机阴离子的测定，其测定下限一般为 0.1mg/L。

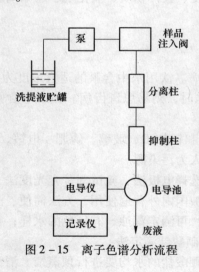

图2-15 离子色谱分析流程

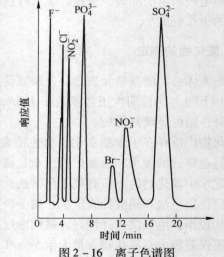

图2-16 离子色谱图

2.6.2.2 离子选择电极法

氟离子选择电极是一种以氟化镧（LaF_3）单晶片为敏感膜的传感器。由于单晶结构对能进入晶格交换的离子有严格的限制，故有良好的选择性。这种电极的结构如图2-17所示。测量时，它与外参比电极、被测溶液组成下列原电池：

Ag，AgCl｜Cl⁻（0.3mol/L）LaF₃‖待测液‖KCl（饱和）溶液｜Hg₂Cl₂，Hg

$$F^-（0.001mol/L）$$

原电池的电动势（E）随溶液中氟离子的浓度的变化而改变，即

$$E = K - \frac{2.303RT}{F}\lg a_{F^-}$$

式中，K 与内、外参比电极，内参比溶液中 F⁻ 活度有关，当实验条件一定时为常数。

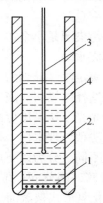

图 2-17　F⁻ 选择电极

1—LaF₃ 单晶膜；2—内参比溶液（0.3mol/L，Cl⁻：0.001mol/L，F⁻）；

3—Ag-AgCl（内参比）电极；4—电极管

用晶体管毫伏计或电位计测量上述原电池的电动势，并与用氟离子标准溶液测得的电动势相比较，即可求得水样中氟化物的浓度。如果用专用离子计测量，经校准后，可以直接显示被测溶液中 F⁻ 的浓度。对基体复杂的样品，宜采取标准加入法。

某些高价阳离子（如 Al³⁺，Fe³⁺）及氢离子能与氟离子络合而干扰测定；在碱性溶液中，氢氧根离子浓度大于氟离子浓度的 1/10 时也有干扰，常采用加入总离子强度调节剂（TISAB）的方法消除氢氧根离子。TISAB 是一种含有强电解质、络合剂、pH 缓冲剂的溶液，其作用是：消除标准溶液与被测溶液的离子强度差异，使离子活度系数保持一致；络合干扰离子，使络合态的氟离子释放出来；缓冲 pH 变化，保持溶液有合适的 pH 值范围（5~8）。

氟离子选择电极法具有测定简便、快速、灵敏、选择性好、可测定浑浊、有色水样等优点。最低检出浓度为 0.05mg/L（以 F⁻ 计）；测定上限可达 1900mg/L（以 F⁻ 计）。适用于地表水、地下水和工业废水中氟化物的测定。

2.6.2.3　氟试剂分光光度法

氟试剂即茜素络合剂（ALC），在 pH 值为 4.1 的乙酸盐缓冲介质中，它与氟离子和硝酸镧反应，生成蓝色的三元络合物，颜色深度与氟离子浓度成正比，于 620nm 波长处比色定量。根据反应原理，凡是对 La-ALC-F 三元体系的任何一个组分存在竞争反应的离子，均产生干扰。如 Pb²⁺，Zn²⁺，Cu²⁺，Co²⁺，Cd²⁺ 等能与 ALC 反应生成红色螯合物；Al³⁺，Be²⁺ 等与 F⁻ 生成稳定的络离子；大量 PO₄³⁻，SO₄²⁻ 能与 La³⁺ 反应等。当这些离子超过允许浓度时，水样应进行预蒸馏。

该方法最低检出浓度为 0.05mg/L（F⁻）；测定上限为 1.08mg/L。如果用含有有机胺的醇溶

液萃取后测定，检测浓度可低至 5μg/L。适用于地面水、地下水和工业废水中氟化物的测定。

2.6.3　氰化物的测定

氰化物包括简单氰化物、络合氰化物和有机氰化物（腈）。简单氰化物易溶于水、毒性大；络合氰化物在水体中受 pH 值、水温和光照等影响离解为毒性强的简单氰化物。

氰化物进入人体后，主要与高铁细胞色素氧化酶结合，生成氰化高铁细胞色素氧化酶而失去传递氧的作用，引起组织缺氧窒息。

地面水一般不含氰化物，其主要污染源是小金矿开采、冶炼、电镀、焦化、造气、选矿、有机化工、有机玻璃制造等工业废水。

水中氰化物的测定方法有硝酸银滴定法、异烟酸－吡唑啉酮分光光度法、异烟酸－巴比妥分光光度法、催化快速法和离子选择电极法。滴定法适用于高浓度水样；电极法不稳定，已较少使用；异烟酸－巴比妥分光光度法灵敏度高，是易于推广应用的方法。

通常采用在酸性介质中蒸馏的方法预处理水样，把能形成氰化氢的氰化物蒸出，使之与干扰组分分离。根据蒸馏介质酸度不同，分为以下两种情况。

（1）向水样中加入酒石酸和硝酸锌，调节 pH 值为 4，加热蒸馏，则简单氰化物及部分络合氰化物 ［如 $Zn(CN)_4^{2-}$］ 以氰化氢形式被蒸馏出来，用氢氧化钠溶液吸收。取此蒸馏液测得的氰化物为易释放的氰化物。

（2）向水样中加入磷酸和 EDTA，在 pH 值小于 2 的条件下加热蒸馏，此时可将全部简单氰化物和除钴氰络合物外的绝大部分络合氰化物以氰化氢的形式蒸馏出来，用氢氧化钠溶液吸收。取该蒸馏液测得的结果为总氰化物。

2.6.3.1　硝酸银滴定法

取一定体积水样预蒸馏溶液，调节至 pH 值为 11 以上，以试银灵作指示剂，用硝酸银标准溶液滴定，则氰离子与银离子生成银氰络合物 ［$Ag(CN)_2$］$^-$，稍过量的银离子与试银灵反应，使溶液由黄色变为橙红色，即为终点。

另取与水样预蒸馏液同体积空白试验馏出液，按水样测定方法进行空白试验。根据两者消耗硝酸银标准溶液体积，按下式计算水样中氰化物浓度：

$$\text{氰化物}(CN^-)\text{浓度} = \frac{(V_A - V_B)c \times 52.04}{V_1} \times \frac{V_2}{V_3} \times 1000$$

式中，V_A 为滴定水样消耗硝酸银标准溶液量，mL；V_B 为滴定空白馏出液消耗硝酸银标准溶液量，mL；c 为硝酸银标准溶液浓度，mol/L；V_1 为水样体积，mL；V_2 为馏出液总体积，mL；V_3 为测定时所取馏出液体积，mL；52.04 为氰离子（$2CN^-$）的摩尔质量，g/mol。

该方法适用于氰化物含量大于 1mg/L 的水样，测定上限为 100mg/L，适用于地表水和废（污）水。

2.6.3.2　分光光度法

A　异烟酸－吡唑啉酮分光光度法

取一定体积水样预蒸馏溶液，调节 pH 至中性，加入氯胺 T 溶液，则氰离子被氯胺 T 氧化生成氯化氰（CNCl）；再加入异烟酸－吡唑啉酮溶液，氯化氰与异烟酸作用，经水解生成戊烯二醛，与吡唑啉酮进行缩合反应，生成蓝色染料，在 638nm 波长下，进行吸光度测定，用标准曲线法定量。

水样中氰化物浓度按下式计算：

$$氰化物（CN^-）浓度 = \frac{m_a - m_b}{V} \cdot \frac{V_1}{V_2}$$

式中，m_a 为从标准曲线上查出的试样的氰化物含量，μg；m_b 为从标准曲线上查出的空白试样的氰化物含量，μg；V 为预蒸馏所取水样的体积，mL；V_1 为水样预蒸馏馏出液的体积，mL；V_2 为显色测定所取馏出液的体积，mL。

应当注意，当氰化物以 HCN 形式存在时易挥发。因此，从加缓冲溶液后，每一步骤都要迅速操作，并随时盖严塞子。当预蒸馏所用氢氧化钠吸收液的浓度较高时，加缓冲溶液前应以酚酞为指示剂，滴加盐酸至红色褪去，并与标准试液氢氧化钠浓度一样。

该方法适用于饮用水、地面水、生活污水和工业废水，其最低检测浓度为 0.004mg/L，测定上限为 0.25mg/L（以 CN^- 计）。

B　异烟酸 - 巴比妥酸分光光度法

在弱酸性条件下，水样中的氰化物与氯胺 T 作用生成氯化氰；氯化氰与异烟酸作用，其生成物经水解生成戊烯二醛；戊烯二醛再与巴比妥酸作用生成紫蓝色染料；在一定浓度范围内，颜色深度与氰化物含量成正比，在分光光度计上于 600nm 波长处测量吸光度，与系列标准溶液的吸光度比较确定其氰化物的含量。

该方法最低检出浓度为 0.001mg/L，适用于饮用水、地表水和废（污）水中氰化物的测定。

2.6.4　含氮化合物的测定

人们对水和废水中关注的几种形态的氮是氨氮、亚硝酸盐氮、硝酸盐氮、有机氮和总氮。前四者之间通过生物化学作用可以相互转化。测定各种形态的含氮化合物，有助于评价水体被污染和自净状况。地表水中氮、磷物质超标时，微生物大量繁殖，浮游植物生长旺盛，出现富营养化状态。

2.6.4.1　氨氮

水中的氨氮是指以游离氨（或称非离子氨，NH_3）和离子氨（NH_4^+）形式存在的氮，两者的组成比决定于水的 pH 值。对地面水，常要求测定非离子氨。

水中氨氮主要来源于生活污水中含氮有机物受微生物作用的分解产物，焦化、合成氨等工业废水，以及农田排水等。氨氮含量较高时，对鱼类具有毒害作用，对人体也有不同程度的危害。

测定水中氨氮的方法有纳氏试剂分光光度法、水杨酸 - 次氯酸盐分光光度法、气相分子吸收光谱法、电极法和滴定法。两种分光光度法具有灵敏、稳定等特点，但水样有色、浑浊和含钙、镁、铁等金属离子及硫化物、醛和酮类等均干扰测定，需做相应的预处理。电极法通常不需要对水样进行预处理，但再现性和电极寿命尚存在一些问题。气相分子吸收光谱法比较简单，使用专用仪器或原子吸收分光光度计测定均可获得良好效果。滴定法用于氨氮含量较高的水样。

A　纳氏试剂分光光度法

在经絮凝沉淀或蒸馏法预处理的水样中，加入碘化汞和碘化钾的强碱溶液（纳氏试剂），则与氨反应生成黄棕色胶态化合物，此颜色在较宽的波长范围内具有强烈吸收，通常使用 410～425nm 范围波长光比色定量。反应式如下：

$$2K_2[HgI_4] + 3KOH + NH_3 \longrightarrow NH_2Hg_2IO + 7KI + 2H_2O \quad （黄棕色）$$

该法最低检出浓度为 0.025mg/L，测定上限为 2mg/L。采用目视比色法，最低检出浓度为 0.02mg/L。适用于地表水、地下水和废（污）水中氨氮的测定。

B　水杨酸 – 次氯酸盐分光光度法

在硝普钠存在下，氨与水杨酸和次氯酸反应生成蓝色化合物，于其最大吸收波长 697nm 处比色定量。该方法测定浓度范围为 0.01～1mg/L。

C　气相分子吸收光谱法

水样中加入次溴酸钠，将氨及铵盐氧化成亚硝酸盐，再加入盐酸和乙醇溶液，则亚硝酸盐迅速分解，生成二氧化氮，用空气载入气相分子吸收光谱仪的吸光管，测量该气体对锌空心阴极灯发射的 213.9nm 特征波长光的吸光度，以标准曲线法定量。专用气相分子吸收光谱仪安装有微型计算机，经用试剂空白溶液校零和用系列标准溶液绘制标准曲线后，即可根据水样吸光度值及水样体积，自动计算出分析结果。

图 2 – 18 所示为气相分子吸收光谱仪的组成。水样中氨氮在装置 5 中转化成二氧化氮，被由空气泵输送来的净化空气载带入仪器内的吸光管，吸收锌空心阴极发射的特征波长光，其吸光度用光电测量系统测量。可见，如果在原子吸收分光光度计的原子化系统附加吸光管，并配以氨氮转化及气液分离装置，就是一台气相分子吸收光谱仪。

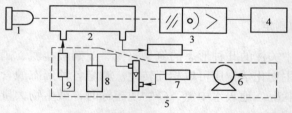

图 2 – 18　气相分子吸收光谱仪组成示意图
1—空心阴极灯；2—吸光管；3—分光及光电测量系统；4—数据处理系统；
5—水样中氨氮转化及气液分离装置；6—空气泵；7—净化管；8—反应瓶；9—干燥管

如果水样中含有亚硝酸盐，应事先测定其含量进行扣除。次溴酸钠可将有机胺氧化成亚硝酸盐，故水样含有有机胺时，先进行蒸馏分离。

该方法最低检出浓度为 0.005mg/L，测定上限为 100mg/L，可用于地表水、地下水、海水等水中氨氮的测定。

D　滴定法

取一定体积水样，将其 pH 值调至 6.0～7.4，加入氧化镁使呈微碱性。加热蒸馏，释出的氨用硼酸溶液吸收。取全部吸收液，以甲基红 – 亚甲蓝为指示剂，用硫酸标准溶液滴定至绿色转变成淡紫色，根据硫酸标准溶液消耗量和水样体积计算氨氮含量。

2.6.4.2　亚硝酸盐氮

亚硝酸盐氮（$NO_2^- - N$）是氮循环的中间产物。在氧和微生物的作用下，可被氧化成硝酸盐；在缺氧条件下也可被还原为氨。亚硝酸盐进入人体后，可将低铁血红蛋白氧化成高铁血红蛋白，使之失去输送氧的能力，还可与仲胺类反应生成具致癌性的亚硝胺类物质。亚硝酸盐很不稳定，一般天然水中含量不会超过 0.1mg/L。

水中亚硝酸盐氮常用的测定方法有离子色谱法、气相分子吸收法和 N-(1-萘基)-乙二胺分光光度法。前两种方法简便、快速，干扰较少；光度法灵敏度较高，选择性较强。

A　N-(1-萘基)-乙二胺分光光度法

在 pH 值为 1.8±0.3 的酸性介质中，亚硝酸盐与对氨基苯磺酰胺反应，生成重氮盐，再与 N-(1-萘基)-乙二胺偶联生成红色染料，于 540nm 处进行比色测定。氯胺、氯、硫代硫盐、聚磷酸钠和高铁离子有明显干扰；水样有色或浑浊，可加氢氧化铝悬浮液并过滤消除之。

该方法最低检出浓度为 0.003mg/L，测定上限为 0.20mg/L，适用于各种水中亚硝酸盐氮的测定。

B　离子色谱法

见氟化物测定方法。

C　气相分子吸收光谱法

在 0.15～0.3mol/L 柠檬酸介质中，加入无水乙醇，将水样中亚硝酸盐迅速分解，生成二氧化氮，用空气载入气相分子吸收光谱仪，测其对特征波长光的吸光度，与标准溶液的吸光度比较定量。该方法最低检出浓度为 0.0005mg/L，测定上限达 2000mg/L。低浓度用锌空心阴极灯（213.9nm），高浓度用铅空心阴极灯（283.3nm）。所用仪器见氨氮测定。

2.6.4.3　硝酸盐氮

硝酸盐是在有氧环境中最稳定的含氮化合物，也是含氮有机化合物经无机化作用最终阶段的分解产物。清洁的地面水中硝酸盐氮（$NO_3^- - N$）含量较低，受污染水体和一些深层地下水中硝酸盐氮（$NO_3^- - N$）含量较高。制革、酸洗废水，某些生化处理设施的出水及农田排水中常含大量硝酸盐。人体摄入硝酸盐后，经肠道中微生物作用转化成亚硝酸盐而呈现毒性作用。

水中硝酸盐氮的测定方法有酚二磺酸分光光度法、镉柱还原法、戴氏合金还原法、离子色谱法、紫外分光光度法、离子选择电极法和气相分子吸收光谱法等。酚二磺酸法显色稳定，测定范围较宽；紫外分光光度法和离子选择电极法可进行在线快速测定；镉柱还原法和戴氏合金还原法操作较复杂，较少应用。

A　酚二磺酸分光光度法

硝酸盐在无水存在情况下与酚二磺酸反应，生成硝基二磺酸酚，于碱性溶液中又生成黄色的硝基酚二磺酸三钾盐，于 410nm 处测其吸光度，并与标准溶液比色定量。

水样中共存氯化物、亚硝酸盐、铵盐、有机物和碳酸盐时，产生干扰，应做适当的前处理。如加入硫酸银溶液，使氯化物生成沉淀，过滤除去之；滴加高锰酸钾溶液，使亚硝酸盐氧化为硝酸盐，最后从硝酸盐氮测定结果中减去亚硝酸盐氮量等。水样浑浊、有色时，可加入少量氢氧化铝悬浮液，吸附、过滤除去。

该方法测定浓度范围大，显色稳定，适用于测定饮用水、地下水和清洁地面水中的硝酸盐氮，最低检出浓度为 0.02mg/L，测定上限为 2.0mg/L。

B 气相分子吸收光谱法

水样中的硝酸盐在 2.5～5mol/L 盐酸介质中，于（70±2）℃温度下，用还原剂快速还原分解，生成一氧化氮气体，被空气载入气相分子吸收光谱仪的吸光管中，测量其对镉空心阴极灯发射的 214.4nm 特征波长光的吸光度，与硝酸盐氮标准溶液的吸光度比较，确定水样中硝酸盐含量。

NO_2^-、SO_3^{2-} 及 $S_2O_3^{2-}$ 对测定产生明显干扰。NO_2^- 可在加酸前用氨基磺酸还原成 N_2 除去；SO_3^{2-} 及 $S_2O_3^{2-}$ 可用氧化剂将其氧化成 SO_4^{2-}；如含挥发性有机物，可用活性炭吸附除去。

气相分子吸收光谱仪工作原理参阅氨氮测定。

该法最低检出浓度为 0.005mg/L，测定上限为 10mg/L，适用于各种水中硝酸盐氮的测定。

C 紫外分光光度法

该法原理为：硝酸根离子对 220nm 波长光有特征吸收，与其标准溶液对该波长光的吸收程度比较定量。因为溶解性有机物在 220nm 处也有吸收，故根据实践，一般引入一个经验校正值。该校正值为在 275nm 处（硝酸根离子在此没有吸收）测得吸光度的两倍。在 220nm 处的吸光度减去经验校正值即为净硝酸根离子的吸光度。这种经验校正值大小与有机物的性质和浓度有关，不宜分析对有机物吸光度需做准确校正的样品。

该方法适用于清洁地表水和未受明显污染的地下水中硝酸盐氮的测定，其最低检出浓度为 0.08mg/L，测定上限为 4mg/L。该方法简便、快速，但对含有机物、表面活性剂、亚硝酸盐、六价铬、溴化物、碳酸氢盐和碳酸盐的水样，需进行预处理，如用氢氧化铝絮凝共沉淀和大孔中型吸附树脂可除去浊度、高价铁、六价铬和大部分常见有机物。

D 其他方法

离子色谱法见氟化物的测定。离子选择电极法多用于在线自监测中。

2.6.4.4 凯氏氮

凯氏氮是指以基耶达（Kjeldahl）法测得的含氮量。它包括氨氮和在此条件下能转化为铵盐而被测定的有机氮化合物。此类有机氮化合物主要有蛋白质、氨基酸、肽、胨、核酸、尿素以及合成的氮为负三价形态的有机氮化合物，但不包括叠氮化合物，硝基化合物等。由于一般水中存在的有机氮化合物多为前者，故可用凯氏氮与氨氮的差值表示有机氮含量。

凯氏氮的测定要点是取适量水样于凯氏烧瓶中，加入浓硫酸和催化剂（K_2SO_4），加热消解，将有机氮转变成氨氮，然后在碱性介质中蒸馏出氨，用硼酸溶液吸收，以分光光度法或滴定法测定氨氮含量，即为水样中的凯氏氮含量。直接测定有机氮时，可将水样先进行预蒸馏除去氨氮，再以凯氏法测定。

凯氏氮在评价湖泊、水库等水的富营养化时，是一个有意义的指标。

2.6.4.5 总氮

水中的总氮含量是衡量水质的重要指标之一。其测定方法通常采用过硫酸钾氧化，使有机氮和无机氮化合物转变为硝酸盐，用紫外分光光度法或离子色谱法、气相分子吸收光谱法测定。

（1）加和法：分别测定有机氮、氨氮、亚硝酸盐氮和硝酸盐氮的量，然后加和。

（2）过硫酸钾氧化－紫外分光光度法：在水样中加入碱性过硫酸钾溶液，于过热水蒸气中将大部分有机氮化合物及氨氮、亚硝酸盐氮氧化成硝酸盐，再用紫外分光光度法测定硝酸盐氮含量，即为总氮含量。

（3）仪器测定法（燃烧法）：在专门总氮测定仪中进行，快速方便。

2.6.5　磷的测定

在天然水和废（污）水中，磷主要以各种磷酸盐和有机磷（如磷脂等）形式存在，也存在于腐殖质粒子和水生生物中。磷是生物生长必需元素之一，但水体中磷含量过高，会导致富营养化，使水质恶化。环境中的磷主要来源于化肥、冶炼、合成洗涤剂等行业的废水和生活污水。

当需要测定总磷、溶解性正磷酸盐和总溶解性磷形式的磷时，可按图 2－19 所示预处理方法转变成正磷酸盐分别测定。正磷酸盐的测定方法有离子色谱法、钼锑抗分光光度法、孔雀绿－磷钼杂多酸分光光度法、罗丹明 6G 荧光分光光度法、气相色谱（FPD）法等。

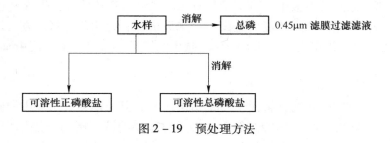

图 2－19　预处理方法

2.6.5.1　钼锑抗分光光度法

在酸性条件下，正磷酸盐与钼酸铵、酒石酸锑氧钾 $[K(SbO)C_4H_4O_6 \cdot 1/2H_2O]$ 反应，生成磷钼杂多酸，再被抗坏血酸还原，生成蓝色络合物（磷钼蓝），于 700nm 波长处测量吸光度，用标准曲线法定量。

该方法最低检出浓度为 0.01mg/L，测定上限为 0.6mg/L，适用于地表水和废水。

2.6.5.2　孔雀绿－磷钼杂多酸分光光度法、

在酸性条件下，正磷酸盐与钼酸铵－孔雀绿显色剂反应生成绿色离子缔合物，并以聚乙烯醇稳定显色液，于 620nm 波长处测量吸光度，用标准曲线法定量。

该方法最低检出浓度为 1μg/L，适用浓度范围为 0～0.3mg/L；用于江河、湖泊等地表水及地下水中痕量磷的测定。

离子色谱法见氟化物的测定。

根据水体类型和功能不同，对水质的要求也不同，还可能要求测定其他非金属化合物，如氯化物、碘化物、硫酸盐、余氯、硼、二氧化硅等。

2.6.6　硫化物的测定

地下水（特别是温泉水）及生活污水常含有硫化物，其中一部分是在厌氧条件下，由于微生物的作用，使硫酸盐还原或含硫有机物分解而产生的。焦化、造气、选矿、造纸、印染、制革等工业废水中亦含有硫化物。

水中硫化物包含溶解性的 H_2S、HS^- 和 S^{2-}，酸溶性的金属硫化物，以及不溶性的硫化物和有机硫化物。通常所测定的硫化物系指溶解性的及酸溶性的硫化物。硫化氢毒性很大，可危害细胞色素氧化酶，造成细胞组织缺氧，甚至危及生命；它还腐蚀金属设备和管道，并可被微生物氧化成硫酸，加剧腐蚀性，因此，是水体污染的重要指标。

测定水中硫化物的主要方法有对氨基二甲基苯胺分光光度法、碘量法、气相分子吸收光谱法、间接原子吸收法、离子选择电极法等。

水样有色，含悬浮物、某些还原物质（如亚硫酸盐、硫代硫酸钠等）及溶解的有机物均对碘量法或光度法测定有干扰，需进行预处理。常用的预处理方法有乙酸锌沉淀－过滤法、酸化－吹气法或过滤－酸化－吹气法，视水样具体状况选择。

2.6.6.1　对氨基二甲基苯胺分光光度法

在含高铁离子的酸性溶液中，硫离子与对氨基二甲基苯胺反应，生成蓝色的亚甲蓝染料，颜色深度与水样中硫离子浓度成正比，于 665nm 波长处比色定量。方法最低检出浓度为 0.02mg/L（S^{2-}）；测定上限为 0.8mg/L。减少取样量，测定上限可达 4mg/L。

2.6.6.2　碘量法

碘量法适用于测定硫化物含量大于 1mg/L 的水样，其原理为：水样中的硫化物与乙酸锌生成白色硫化锌沉淀，将其用酸溶解后，加入过量碘溶液，则碘与硫化物反应析出硫，用硫代硫酸钠标准溶液滴定剩余的碘，根据硫代硫酸钠溶液消耗量和水样体积，按下式计算测定结果：

$$硫化物(S^{2-})浓度 = \frac{(V_0 - V_1)c \times 16.03 \times 1000}{V}$$

式中，V_0 为空白试验硫代硫酸钠标准溶液用量，mL；V_1 为滴定水样消耗硫代硫酸钠标准溶液量，mL；V 为水样体积，mL；c 为硫代硫酸钠标准溶液浓度，mol/L；16.03 为硫离子（$1/2S^{2-}$）摩尔质量，g/mol。

该方法适用于含硫化物在 1mg/L 以上的水和废（污）水。

2.6.7　溶解氧的测定

溶解于水中的分子态氧称为溶解氧。水中溶解氧的含量与大气压力、水温及含盐量等因素有关。大气压力下降、水温升高、含盐量增加，都会导致溶解氧含量降低。

清洁地表水溶解氧接近饱和。当有大量藻类繁殖时，溶解氧可能过饱和；当水体受到有机物质、无机还原物质污染时，会使溶解氧含量降低，甚至趋于零，此时厌氧细菌繁殖活跃，水质恶化。水中溶解氧低于 3～4mg/L 时，许多鱼类呼吸困难；继续减少，则会窒息死亡。一般规定水体中的溶解氧至少在 4mg/L 以上。在废水生化处理过程中，溶解氧也是一项重要控制指标。

测定水中溶解氧的方法有碘量法及其修正法和氧电极法。清洁水可用碘量法；受污染的地面水和工业废水必须用修正的碘量法或氧电极法。

2.6.7.1　碘量法

在水样中加入硫酸锰和碱性碘化钾，水中的溶解氧将二价锰氧化成四价锰，并生成氢氧化物沉淀。加酸后，沉淀溶解，四价锰又可氧化碘离子而释放出与溶解氧量相当的游离碘。以淀粉为指示剂，用硫代硫酸钠标准溶液滴定释放出的碘，可计算出溶解氧含量。反应式如下：

$$MnSO_4 + 2NaOH \Longrightarrow Na_2SO_4 + Mn(OH)_2 \downarrow$$
$$2Mn(OH)_2 + O_2 \Longrightarrow 2MnO(OH)_2 \downarrow （棕色沉淀）$$
$$MnO(OH)_2 + 2H_2SO_4 \Longrightarrow Mn(SO_4)_2 + 3H_2O$$
$$Mn(SO_4)_2 + 2KI \Longrightarrow MnSO_4 + K_2SO_4 + I_2$$
$$2Na_2S_2O_3 + I_2 \Longrightarrow Na_2S_4O_6 + 2NaI$$

当水中含有氧化性物质、还原性物质及有机物时，会干扰测定，应预先消除并根据不同的干扰物质采用修正的碘量法。

2.6.7.2　修正的碘量法

A　叠氮化钠修正法

水样中含有亚硝酸盐会干扰碘量法测定溶解氧，可用叠氮化钠将亚硝酸盐分解后再用碘量法测定。分解亚硝酸盐的反应如下：

$$2NaN_3 + H_2SO_4 \Longrightarrow 2HN_3 + Na_2SO_4$$
$$HNO_2 + HN_3 \Longrightarrow N_2O + N_2 + H_2O$$

亚硝酸盐主要存在于经生化处理的废水和河水中，它能与碘化钾作用释放出游离碘而产生正干扰，即

$$2HNO_2 + 2KI + H_2SO_4 \Longrightarrow K_2SO_4 + 2H_2O + N_2O_2 + I_2$$

如果反应到此为止，引入误差尚不大；但当水样和空气接触时，新溶入的氧将和 N_2O_2 作用，再形成亚硝酸盐：

$$2N_2O_2 + 2H_2O + O_2 \Longrightarrow 4HNO_2$$

如此循环，不断地释放出碘，将会引入相当大的误差。

当水样中三价铁离子含量较高时会干扰测定，可加入氟化钾或用磷酸代替硫酸酸化来消除。

测定结果按下式计算：

$$DO(O_2) \text{ 浓度} = \frac{MV \times 8 \times 1000}{V_{水}}$$

式中，M 为硫代硫酸钠标准溶液浓度，mol/L；V 为滴定消耗硫代硫酸钠标准溶液体积，mL；$V_{水}$ 为水样体积，mL；8 为氧换算值，g。

$$溶解氧饱和度 = \frac{水中溶解氧含量}{采样水温和气压下饱和溶解氧含量} \times 100\%$$

应当注意，叠氮化钠是剧毒、易爆试剂，不能将碱性碘化钾－叠氮化钠溶液直接酸化，以免产生有毒的叠氮酸雾。

B　高锰酸钾修正法

该方法适用于含大量亚铁离子，不含其他还原剂及有机物的水样。用高锰酸钾氧化亚铁离子，消除干扰，过量的高锰酸钾用草酸钠溶液除去，生成的高价铁离子用氟化钾掩蔽。其他同碘量法。

教学活动建议

建议此部分采用实践教学法，将理论教学与实践技能训练有机结合，提高学生对知识的应用能力、动手能力，技能训练项目见技能训练（2.6.1）~技能训练（2.6.9）。

技能训练（2.6.1）　　pH值的测定

pH为水中氢离子活度的负对数：

$$pH = -\log_{10}\alpha(H^+)$$

pH值可间接地表示水的酸碱强度，是水化学中常用和最重要的检验项目之一。

本次训练采用玻璃电极法。

A　仪器

酸度计（带复合电极）、250mL塑料烧杯。

B　试剂

pH成套袋装缓冲剂（邻苯二甲酸氢钾、混合磷酸盐、硼砂）

温度/℃	pH值		
	0.05M 邻苯二甲酸氢钾	0.025M 混合磷酸盐	0.01M 硼砂
0	4.01	6.98	9.46
5	1.00	6.95	9.39
10	4.00	6.92	9.28
15	4.00	6.90	9.23
20	4.00	6.88	9.18
25	4.00	6.86	9.14
30	4.01	6.85	9.10
35	4.02	6.84	9.07
40	4.03	6.83	9.04
45	4.04	6.83	9.02

C　实验步骤

（1）缓冲溶液的配制。剪开塑料袋，将粉末倒入250mL容量瓶中，以少量无二氧化碳水冲洗塑料袋内壁，稀释到刻度摇匀备用。

（2）仪器（pHS－2C酸度计）的校准。

1）仪器插上电极，将选择开关置于 pH 挡，斜率调节在 100% 处；

2）选择两种缓冲溶液（被测溶液 pH 在两者之间）；

3）把电极放入第一种缓冲液中，调节温度调节器，使所指示的温度与溶液均匀。

4）待读数稳定后，调节定位调节器至上表所示该温度下的 pH 值；

5）然后放入第二种缓冲液中，混匀，调节斜率调节器至上表所示该温度下的 pH 值。

（3）样品测定。如果样品温度与校准的温度相同，则直接将校准后的电极放入样品中，摇匀，待读数稳定，即为样品的 pH 值；如果温度不同，则用温度计量出样品温度，调节温度调节器，指示该温度，"定位"保持不变，将电极插入，摇匀，稳定后读数。

D　注意事项

（1）电极短时间不用时，浸泡在蒸馏水中；如长时间不用，则在电极帽内加少许电极液，盖上电极帽。

（2）及时补充电极液，复合电极的外参比补充液为 3M 氯化钾溶液。

（3）电极的玻璃球泡不与硬物接触，以免损坏。

（4）每次测完水样，都要用蒸馏水冲洗电极头部，并用滤纸吸干。

技能训练（2.6.2）　　溶解氧的测定

A　原理

水样中加入硫酸锰和碱性碘化钾，水中的溶解氧将低价锰氧化成高价锰，生成四价锰的氢氧化物沉淀。加酸后，氢氧化物沉淀溶解并于碘离子反应而释放出碘。以淀粉作指示剂，用硫代硫酸钠滴定碘，可计算溶解氧的含量。

B　仪器

250~300mL 溶解氧瓶。

C　试剂

（1）硫酸锰溶液。称取 240g 硫酸锰（$MnSO_4 \cdot 4H_2O$ 或 $182gMnSO_4 \cdot H_2O$）溶于水，稀至 500mL。

（2）碱性碘化钾溶液。称取 250g 氢氧化钠溶于 200mL 水中；称取 75g 碘化钾溶于 100mL 水中，待氢氧化钠冷却后，将两溶液混合，稀至 500mL。如有沉淀，则放置过夜，倾出上清液，贮于棕色瓶中，用橡胶塞塞紧，避光保存。

（3）1+5 的硫酸溶液。1 份硫酸加上 5 份水。

（4）1% 的淀粉溶液。称取 1g 可溶性淀粉，用少量水调成糊状，用刚煮沸的水冲稀至 100mL。冷却后，加入 0.4g 氯化锌防腐。

（5）0.02500mol/L（$1/6K_2Cr_2O_7$）：称取于 105~110℃ 烘干 2h 并冷却的重铬酸钾 1.2258g，溶于水，移入 1000mL 的容量瓶中，稀至标线，混匀。

（6）硫代硫酸钠溶液。称取 6.2g 的硫代硫酸钠（$Na_2S_2O_3 \cdot 5H_2O$）溶于煮沸放冷的水中，用水稀至 1000，贮于棕色瓶中。用前用 0.02500mol/L 的重铬酸钾标定，即于 250mL 碘量瓶中，加入 100mL 水和 1g 碘化钾，加入 10.00mL 0.02500mol/L 重铬酸钾标液，5mL 1+5 的硫酸溶液密塞，摇匀。暗处静置 5min 后，用硫代硫酸钠滴定至溶液呈淡黄色，加入 1mL 淀粉溶液，继续滴定至蓝色刚好褪去。记录用量。

$$M = \frac{10.00 \times 0.02500}{V}$$

式中，M 为硫代硫酸钠溶液的浓度，mol/L；V 为滴定时消耗硫代硫酸钠的量，mL。

（7）浓硫酸。

D　实验步骤

（1）溶解氧的固定（取样现场固定）。

1）用吸管插入液面下，加入 1mL 硫酸锰、2mL 碱性碘化钾；

2）盖好瓶盖，颠倒混合数次，静置。

3）待沉淀物降至瓶内一半，再颠倒混合一次，待沉淀物降到瓶底。

（2）析出碘。轻轻打开瓶塞，立即将吸管插入液面下加入 2.0mL 浓硫酸，盖好瓶塞，颠倒混合，至沉淀物全部溶解，暗处放置 5min。

（3）滴定。吸取 100.0mL 上述溶液于 250mL 锥形瓶中，用硫代硫酸钠滴定至淡黄色，加入 1mL 淀粉溶液，继续滴定至蓝色刚好褪去即为终点，记录用量。

$$溶解氧（O_2）浓度 = \frac{MV \times 8 \times 1000}{100}$$

式中，M 为硫代硫酸钠溶液的浓度，mol/L；V 为滴定时消耗硫代硫酸钠的量，mL。

技能训练（2.6.3）　硫化物的测定

水中的硫化物包括溶解性的 H_2S、HS^-、S^{2-}，存在于悬浮物中的可溶性硫化物、酸可溶性金属硫化物以及未电离的有机、无机类硫化物。硫化氢易从水中逸散于空气，产生臭味，且毒性很大，它可与人体内的细胞色素、氧化酶及该类物质中的二硫键（—S—S—）作用，影响细胞氧化过程，造成细胞组织缺氧，危及生命。

在厌氧工艺中，硫化物会对厌氧菌产生毒性，抑制污泥产甲烷活性，使反应器处理能力降低，出水水质恶劣。

在厌氧工艺中，一般采用碘量法测硫化物。

A　原理

硫化物在酸性条件下，与过量的碘作用，剩余的碘用硫代硫酸钠滴定。由硫代硫酸钠溶液所消耗的量，间接求出硫化物的含量。

B　干扰及消除

还原或氧化性物质干扰测定。水中悬浮物或浑浊度高时，对测定可溶态的硫化物有干扰。

C　适用范围

本法适用于含硫化物在 1mg/L 以上的水样的测定。

D　仪器

恒温水浴锅、500mL 平底烧瓶、流量计、250mL 锥形瓶、分液漏斗、氮气瓶、250mL 碘量瓶、中速定量滤纸、50mL 棕色滴定管。

E　试剂

（1）碘化钾。

（2）1 + 1 磷酸。

（3）载气：氮气（ > 99.9% ）。

（4）1mol/L 乙酸锌溶液：溶解 220g 乙酸锌于水中，用水稀释至 1000mL。

（5）1% 淀粉指示剂：称取 1g 淀粉用少量水调成糊状，用刚煮沸的水冲洗至 100mL。

（6）1 + 1 盐酸。

（7）0.1mol/L(1/2I$_2$) 碘标准溶液：准确称取 12.70g 碘于 500mL 的烧杯中，加入 40g 碘化钾，加适量水溶解，转移至 1000mL 容量瓶中，稀释至标线。

（8）0.01mol/L(1/2I$_2$)：移取 10.00mL 碘标液于 100mL 棕色容量瓶中，稀释至标线。

（9）0.1000mol/L(1/6K$_2$Cr$_2$O$_7$ = 0.05mol/L)：称取 105℃ 烘干 2h 的基准或优级纯重铬酸钾 4.9030g 溶于水中，稀释至 1000mL。

（10）0.1mol/L 硫代硫酸钠标准贮备溶液：称取 24.5g 硫代硫酸钠（Na$_2$S$_2$O$_3$·5H$_2$O）和 0.2g 无水碳酸钠溶于水中，稀释至 1000mL，保存于棕色瓶中。

标定：向 250mL 碘量瓶中，加入 1g 碘化钾和 50mL 水，加入 0.1mol/L 的重铬酸钾标准溶液 15.00mL，加入 1 + 1 盐酸 5mL，密塞混匀。置暗处静置 5min，用待标定的硫代硫酸钠滴定至溶液呈淡黄色时，加入 1mL 淀粉指示剂，继续滴定至蓝色刚好消失，记录用量 V_1（同时做空白滴定，记录用量 V_2）。

$$C(\text{Na}_2\text{S}_2\text{O}_3) = \frac{15.00}{(V_1 - V_2)} \times 0.1000$$

（11）0.01mol/L 硫代硫酸钠标准滴定液：移取 10.00mL 上述标液于 100mL 棕色容量瓶中，稀释至标线，摇匀。

（12）1 + 1 乙酸。

F　水样的采集与保存

采样时，应先在瓶底加入一定量的乙酸锌溶液，再加水样，然后滴加适量的氢氧化钠溶液，使呈碱性生成硫化锌沉淀。通常情况下，每 100mL 水样加 0.3mL 1mol/L 的乙酸锌溶液和 0.6mL 1mol/L 的氢氧化钠溶液，使水样 pH 值在 10 ~ 12 之间。遇碱性水样时，先小心滴加乙酸锌溶液调至中性，再如上操作。硫化物含量高时，可酌情多加固定剂，直至沉淀完全。水样充满后立即密塞保存，注意不留气泡，然后倒转，充分混匀，固定硫化物。样品采集后应立即分析，否则应在 4℃ 避光保存，尽快分析。

G　步骤

（1）水样的预处理。

1）按图连接好装置，通载气检查各部位是否漏气。完毕后，关闭气源。

2）向两个吸收瓶加入 2.5mL 乙酸锌溶液，用水稀释至 50mL。

3）向 500mL 平底烧瓶中加入现场已固定并混匀水样适量（硫化物含量 0.5 ~ 20mg），加水至 200mL，放入水浴锅中，装好导气管和分液漏斗。开启气源，以连续冒泡的流速（由转子流量计控制流速）吹气 5 ~ 10min（驱除装置内空气，并再次检查各部位是否漏气），关闭气源。

4）向分液漏斗中加入 1 + 1 磷酸 20mL，开启分液漏斗活塞，待磷酸全部流入烧瓶后，迅速关闭活塞。

5）开启气源，水浴温度控制在 65 ~ 80℃，以 75 ~ 100mL/min 的流速吹气 20min，然后以300mL/min 流速吹气10min，再以400mL/min 流速吹气5min，赶尽残留在装置中的硫化氢气体。将导气管和吸收瓶取下，关闭气源。按碘量法测定两个吸收瓶中硫化物的含量。

（2）测定。于上述两个吸收瓶中，加入10.00mL 0.01mol/L 碘标准溶液，再加入5mL盐酸溶液，密塞混匀。在暗处放置10min，用硫代硫酸钠标准溶液滴定至溶液呈淡黄色时，加入1mL 淀粉指示液，继续滴定至蓝色刚好消失为止。记录用量。

（3）空白试验。以水代替试样，加入与测定试样时相同的试剂，进行同步操作。

（4）计算。预处理二级吸收的硫化物的含量 c_i（mg/L）表示如下：

$$c_i = \frac{c(V_0 - V_i) \times 16.03 \times 1000}{V} \quad (i = 1,2)$$

式中，V_0 为空白试验中硫代硫酸钠标准溶液的用量，mL；V_i 为滴定硫化物时，硫代硫酸钠标准溶液的用量，mL；V 为试样体积，mL；16.03 为硫离子（$1/2S^{2-}$）的摩尔质量，g/mol；c 为硫代硫酸钠标准溶液浓度，mol/L。

试样中硫化物含量　　　　　　　　$c = c_1 + c_2$

式中，c_1 为级吸收硫化物的含量，mg/L；c_2 为二级吸收硫化物的含量，mg/L。

H　注意事项

（1）若水样中 SO_3^{2-} 浓度较高，需将水样用中速定量滤纸过滤，并将硫化物沉淀连同滤纸转入反应瓶中，用玻璃棒捣碎，加水200mL，进行预处理。

（2）当加入碘标液后溶液为无色，说明硫化物含量较高，应补加适量碘标液，使呈淡黄色为止。空白试验应加入相同量的碘标液。

技能训练（2.6.4）　氨氮（$NH_3 - N$）的测定

氨氮以游离氨（NH_3）或铵盐（NH_4^+）的形式存在于水中，两者的组成比取决于水的pH 值。pH 值偏高时，游离氨比例较高，反之，铵盐比例较高。

在无氧条件下，亚硝酸盐受微生物作用还原为氨；在有氧条件下水中的氨亦可转变为亚硝酸盐，继续转变为硝酸盐。

测定氨氮的方法主要为纳氏比色法和蒸馏－酸滴定法。

水样应保存在聚乙烯瓶或玻璃瓶中，尽快分析。水样带色或浑浊时要进行水样的预处理，对污染严重的要进行蒸馏。

A　预处理

a　絮凝沉淀法

加适量硫酸锌于水样中，并加氢氧化钠使成碱性，生成氢氧化锌沉淀，经过滤除去颜色和浑浊。

（1）仪器：100mL 容量瓶。

（2）试剂：

1）10%（m/V）硫酸锌溶液。称取10g 硫酸锌溶于水，稀至100mL。

2）25%氢氧化钠溶液。25g 氢氧化钠溶于水，稀至100mL，贮于聚乙烯瓶中。

3）浓硫酸。

（3）步骤：取100mL水样于容量瓶中，加入1mL 10%硫酸锌和0.1~0.2mL 25%氢氧化钠，混匀，放置使沉淀，用中速滤纸过滤，弃去20mL初滤液。

b　蒸馏预处理

调节水样pH值在6.0~7.4的范围，加入适量氧化镁使呈微碱性，蒸馏释出氨，吸收于硼酸溶液，采用纳氏试剂或酸滴定法测定。

（1）仪器：带氮球的定氮蒸馏装置（500mL凯氏烧瓶、氮球、直形冷凝管、橡胶导管（6×9）、锥形瓶、电炉）。

（2）试剂：

1）1mol/L盐酸溶液。吸取83mL浓盐酸加入200mL水中，稀至1000mL。

2）1mol/L氢氧化钠。称取40g氢氧化钠溶于水，稀至1000mL。

3）轻质氧化镁（MgO）。氧化镁于500℃在马弗炉中加热0.5h。

4）0.05%溴百里酚蓝指示液（pH=6.0~7.6）。将0.05g溴百里酚蓝溶于100mL水中。

5）硼酸吸收液。称取20g硼酸溶于水，稀至1L。

（3）步骤：

1）装置预处理。加入250mL水于凯氏烧瓶中，加约0.25g氧化镁和数粒玻璃珠，加热蒸馏出约200mL，弃去瓶内残液。

2）水样的蒸馏。

①取250mL水样移入凯氏烧瓶中，加数滴溴百里酚蓝；

②用氢氧化钠或盐酸调节至pH值为7左右；

③加入0.25g氧化镁和3~5粒玻璃珠；

④立即连接氮球和冷凝管，导管下端插入50mL硼酸吸收液面下；

⑤加热蒸馏，至馏出液达200mL时，停止蒸馏，定容至250mL。

⑥采用纳氏试剂或酸滴定法测定。

（4）注意事项：

1）蒸馏时不要发生暴沸和产生泡沫，造成氨吸收不完全。

2）蒸馏前一定要先打开冷凝水；蒸馏完毕后，先移走吸收液再关闭电炉，以防发生倒吸。

B　纳氏试剂比色法

a　原理

碘化汞和碘化钾的碱性溶液与氨反应生成黄色胶态化合物，此颜色在较宽波长范围内具强烈吸收，通常在410~425nm范围内。

b　干扰

水中的颜色和浑浊影响比色，用预处理去除。

c　适用范围

本方法最低检出浓度为0.025mg/L，测定上限为2mg/L，水样预处理后，可适用于工业废水和生活污水。

d　仪器

722分光光度计、50mL比色管。

e　试剂

（1）纳氏试剂：称取 16g 氢氧化钠溶于 50mL 水中，充分冷却至室温；另称取 7g 碘化钾和 10g 碘化汞溶于水，然后将此溶液在搅拌下徐徐注入氢氧化钠溶液中，用水稀至100mL，贮于聚乙烯瓶中，避光保存。

（2）酒石酸钾钠：称取 50g 酒石酸钾钠溶于 100mL 水中，加热煮沸以除去氨，放冷，定容至 100mL。

（3）氨标准贮备液：称取 3.819g 经 100℃ 干燥过的氯化铵溶于水中，移入 1000mL 容量瓶中，稀释至标线此溶液每毫升含 1.00mg 氨氮。

（4）氨标准使用液：移取 5.00mL 氨标准贮备液于 500mL 容量瓶中，用水稀至标线。此溶液每毫升含 0.010mg 氨氮。

f　实验步骤

（1）校准曲线的绘制。

1）吸取 0mL，0.50mL，1.00mL，3.00mL，5.00mL，7.00mL 和 10.0mL 氨标准使用液于 50mL 比色管中，加水至标线；

2）向比色管加入 1.0mL 酒石酸钾钠溶液，再加入 1.5mL 纳氏试剂，混匀，放置 10min。

3）在波长 420nm 处，用光程 20mm 比色皿，以水为参比，测量吸光度，绘制工作曲线。

（2）水样的测定。取适量（预处理后）水样，加入 50mL 比色管中，用蒸馏水稀释至标线，加入 1.0mL 酒石酸钾钠溶液，再加入 1.5mL 纳氏试剂，混匀，放置 10min。同校准曲线步骤测量吸光度。

g　计算

$$c = \frac{(A - A_0 - a)}{bV} \cdot d$$

式中，A 为水样的吸光度；a 为截距；b 为斜率；A_0 为空白吸光度；d 为稀释倍数；V 为取样体积。

h　注意事项

（1）蒸馏预处理后水样，要加入一定量 1mol/L 的氢氧化钠中和硼酸。

（2）纳氏试剂中碘化汞和碘化钾的比例对显色影响很大，静置后生成的沉淀应除去。

（3）纳氏试剂有毒性，应尽量避免接触皮肤。

C　滴定法测氨氮

a　概述

滴定法仅适用于进行蒸馏预处理的水样，调节水样 pH 值在 6.0～7.4 范围，加入氧化镁使呈微碱性，加热蒸馏，释出的氨吸收于硼酸溶液中，以甲基红 - 亚甲蓝为指示剂，用酸标液滴定馏出的氨。

b　试剂

（1）混合指示剂。称取 200mg 甲基红溶于 100mL 95% 的乙醇中；另称取 100mg 亚甲蓝溶于 50mL 95% 的乙醇中。以两份甲基红与一份亚甲蓝溶液混合后供用，一月配一次。

（2）0.05% 甲基橙指示液。0.05g 甲基橙溶于 100mL 水中。

（3）硫酸标准溶液（$1/2H_2SO_4 = 0.020mol/L$）。

1）先配制（1+9）的硫酸溶液，取 5.6mL 于 1000mL 的容量瓶中，稀至标线，混匀标定；

2）称取经 180℃ 干燥的基准无水碳酸钠约 0.5g（称准至 0.0001g），溶于新煮沸放冷的水中，移入 500mL 容量瓶中，稀至标线。

移取 25mL 碳酸钠溶液于 250mL 锥形瓶中，加 25mL 水，加 1 滴 0.05% 的甲基橙指示液，用硫酸滴定至淡橙红色。记录用量。

$$硫酸溶液浓度\left(\frac{1}{2}H_2SO_4\right) = \frac{W \times 1000}{V \times 52.995} \times \frac{25}{500}$$

式中，W 为碳酸钠的质量，g；V 为消耗硫酸溶液的体积，mL。

c　水样测定

（1）在以硼酸溶液为吸收液的馏出液中，加入 2 滴混合指示剂，用硫酸标液标定至绿色转变为淡紫色为止，记录用量。

（2）以蒸馏水代替水样，做空白试验。

d　计算

$$氨氮(N)浓度 = \frac{(A - B)M \times 14 \times 1000}{V}$$

式中，A 为滴定水样时消耗硫酸溶液的量，mL；B 为空白试验消耗硫酸溶液的量（一般视为 0）；M 为硫酸溶液的浓度，mol/L；V 为水样的体积，mL；14 为氨氮（N）的摩尔质量。

e　备注

对于氨氮含量较低的可采用比色法，如生活污水、经过稀释后的工业污水，但不要有颜色干扰。氨氮含量在 50mg/L 以上时就要进行稀释。

技能训练（2.6.5）　亚硝酸盐氮的测定

亚硝酸盐氮是氮循环的中间产物，不稳定。在水环境不同的条件下，可氧化成硝酸盐氮，也可被还原成氨。

亚硝酸盐氮在水中可受微生物作用很不稳定，采集后应立即分析或冷藏抑制生物影响。

本次技能训练采用 N-（1-萘基）-乙二胺光度法。

A　原理

在磷酸介质中，pH 值为 1.8±0.3 时，亚硝酸盐与对氨基苯磺酰胺（简称磺胺）反应，生成重氮盐，再与 N-（1-萘基）-乙二胺偶联生成红色染料，在波长 540nm 处有最大吸收。

B　干扰及消除

水样呈碱性（pH≥11）时，可加酚酞指示剂，滴加磷酸溶液至红色消失；水样有颜色或悬浮物时，加氢氧化铝悬浮液并过滤。

C　适用范围

本法适用于饮用水、地面水、生活污水、工业废水中亚硝酸盐的测定，最低检出浓度为 0.003mg/L，测定上限为 0.20mg/L。

　　D　仪器

分光光度计、G-3 玻璃砂心漏斗。

　　E　试剂

（1）显色剂。于 500mL 烧杯中加入 250mL 水和 50mL 磷酸，加入 20.0g 对氨基苯磺酰胺；再将 1.00gN-（1-萘基）-乙二胺二盐酸盐溶于上述溶液中，转移至 500mL 容量瓶中，用水稀至标线。

（2）磷酸（$\rho = 1.70g/mL$）。

（3）高锰酸钾标准溶液$\left(\frac{1}{5}K_2MnO_4,\ 0.050mol/L\right)$。溶解 1.6g 高锰酸钾于 1200mL 水中，煮沸 0.5~1h，使体积减少到 1000mL 左右放置过夜，用 G-3 玻璃砂心漏斗过滤后，贮于棕色试剂瓶中避光保存，待标定。

（4）草酸钠标准溶液$\left(\frac{1}{2}Na_2C_2O_4,\ 0.0500mol/L\right)$。溶解经 105℃烘干 2h 的优级纯或基准试无水草酸钠 3.350g 于 750mL 水中，移入 1000mL 容量瓶中，稀至标线。

（5）亚硝酸盐氮标准贮备液。称取 1.232g 亚硝酸钠溶于 150mL 水中，移至 1000mL 容量瓶中，稀释到标线。每毫升约含 0.25mg 亚硝酸盐氮。本溶液加入 1mL 三氯甲烷，保存一个月。标定：在 300mL 具塞锥形瓶中，移入 50.00mL 0.050mol/L 高锰酸钾溶液、5mL 浓硫酸，插入高锰酸钾液面下加入 50.00mL 亚硝酸钠标准贮备液，轻轻摇匀，在水浴上加热至 70~80℃，按每次 10.00mL 的量加入足够的草酸钠标准溶液，使红色褪去并过量，记录草酸钠标液的用量（V_2）。然后用高锰酸钾标液滴定过量的草酸钠至溶液呈微红色，记录高锰酸钾标液的总用量（V_1）。

用 50mL 水代替亚硝酸盐氮标准贮备液，如上操作，用草酸钠标液标定高锰酸钾的浓度（c_1，mol/L）。

$$c_1\left(\frac{1}{5}K_2MnO_4\right) = \frac{0.0500V_4}{V_3}$$

亚硝酸盐氮的浓度（c，mg/L）

$$c(N) = \frac{(V_1c_1 - 0.0500V_2) \times 7.00 \times 1000}{50.00}$$

$$= 140V_1c_1 - 7.00V_2$$

式中，c_1 为经标定的高锰酸钾溶液的浓度，mol/L；V_1 为滴定亚硝酸盐氮贮备液时，加入高锰酸钾溶液的总量，mL；V_2 为滴定亚硝酸盐氮贮备液时，加入草酸钠溶液的量，mL；V_3 为滴定水时，加入高锰酸钾标液的总量，mL；V_4 为滴定水时，加入草酸钠标液的总量，mL；7.00 为亚硝酸盐氮$\left(\frac{1}{2}N\right)$的摩尔质量，g/mol；50.00 为亚硝酸盐标准贮备液体积，mL；0.0500 为草酸钠标准溶液$\left(\frac{1}{2}Na_2C_2O_4\right)$的浓度，mol/L。

（6）亚硝酸盐氮标准中间液。分取适量亚硝酸盐标准贮备液（使含 12.5mg 亚硝酸盐氮），置于 250mL 棕色容量瓶中，稀至标线，可保存一周。此溶液每毫升含 50μg 亚硝酸盐氮。

（7）亚硝酸盐氮标准使用液。取 10.00mL 中间液，置于 500mL 容量瓶中，稀至标线。每毫升含 1.00μg 亚硝酸盐氮。

（8）氢氧化铝悬浮液。溶解 125g 硫酸铝钾［$KAl(SO_4)_2 \cdot 12H_2O$］于 1000mL 水中，加热至 60℃，在不断搅拌下，徐徐加入 55mL 氨水，放置约 1h 后，移入 1000mL 的量筒中，用水反复洗涤沉淀数次，澄清后，把上清液全部倾出，只留稠的悬浮物，最后加入 300mL 水，使用前振荡混匀。

F　实验步骤

（1）校准曲线的绘制。在一组 6 支 50mL 的比色管中，分别加入 0mL，1.00mL，3.00mL，5.00mL，7.00mL 和 10.0mL 亚硝酸盐标准使用液，用水稀至标线，加入 1.0mL 显色剂，密塞混匀。静置 20min 后，在 2h 内，于波长 540nm 处，用光程长 10mm 的比色皿，以水为参比，测量吸光度。从测定的吸光度，减去空白吸光度后，获得校正吸光度，绘制工作曲线。

（2）水样的测定。当水样 pH≥11 时，加入 1 滴酚酞指示剂，边搅拌边逐滴加入（1+9）磷酸溶液，至红色消失。水样如有颜色或悬浮物，可向每 100mL 水中加入 2mL 氢氧化铝悬浮液，搅拌，静置，过滤弃去 25mL 初滤液。取适量水样按校准曲线的相同步骤测量吸光度，计算亚硝酸盐氮的含量。

$$c = \frac{(A - A_0 - a)}{bV} \cdot d$$

式中，A 为水样的吸光度；a 为截距；b 为斜率；A_0 为空白吸光度；d 为稀释倍数；V 为取样体积，mL。

G　注意事项

（1）显色剂有毒，避免与皮肤接触或吸入体内。

（2）测得水样的吸光度值，不得大于校准曲线的最大吸光度值，否则水样要预先进行稀释。

技能训练（2.6.6）　　硝酸盐氮的测定

水中硝酸盐氮是在有氧环境下各种形态含氮化合物中最稳定的氮化合物，亦是含氮有机物经无机化作用最终分解产物。亚硝酸盐经氧化生成硝酸盐，硝酸盐在无氧条件下，亦可受微生物作用还原为亚硝酸盐。

制革废水、酸洗废水、某些生化出水可含大量硝酸盐。

本技能训练采用酚二磺酸光度法。

A　原理

硝酸盐在无水情况下与酚二磺酸反应，生成硝基二磺酸酚，在碱性溶液中生成黄色化合物，进行定量测定。

B　干扰

水中的氯化物、亚硝酸盐、铵盐、有机物和碳酸盐可产生干扰，测定前应做预处理。

C　适用范围

本法适用于饮用水、地下水和清洁地面水中的硝酸盐氮。最低检出浓度为 0.02mg/L，测定上限为 2.0mg/L。

D　仪器

分光光度计、瓷蒸发皿（75～100mL）。

E　试剂

（1）酚二磺酸。称取 25g 苯酚（C_6H_5OH）置于 500mL 锥形瓶中，加 150mL 浓硫酸使之溶解，再加 75mL（含 13% SO_3）的发烟硫酸，充分混合。瓶口插一漏斗，小心置瓶于沸水浴中加热 2h，得淡棕色稠液，贮于棕色瓶中，密塞保存。发烟硫酸亦可用浓硫酸代替，增加沸水浴至 6h。

（2）氨水。

（3）硝酸盐标准贮备液。称取 0.7218g 经 105～110℃ 干燥 2h 的硝酸钾溶于水，移入 1000mL 容量瓶中，稀至标线，混匀。加 2mL 三氯甲烷作保存剂，每毫升含 0.100mg 硝酸盐氮。

（4）硝酸盐标准使用液。吸取 50.00mL 贮备液，置蒸发皿内，加 0.1mol/L 氢氧化钠溶液调节 pH 值为 8，在水浴上蒸发至干；加 2mL 酚二磺酸，用玻璃棒研磨蒸发皿内壁，使残渣与试剂充分混合，放置片刻，再研磨一次，放置 10min，加入少量水，移入 500mL 棕色容量瓶中，稀至标线。保存 6 个月。每毫升含 0.010mg 硝酸盐氮。

（5）硫酸银溶液。称取 4.397g 硫酸银溶于水，移至 1000mL 容量瓶中，稀至标线。1.00mL 溶液可去除 1.00mg 氯离子。

（6）氢氧化铝悬浮液。同亚硝酸盐氮。

（7）高锰酸钾溶液。称取 3.16g 高锰酸钾溶于水，稀至 1L。

F　实验步骤

a　校准曲线的绘制

于 10 支 50mL 比色管中，按下表所示加入硝酸盐氮标准使用液，加水至约 40mL，加入 3mL 氨水使成碱性，稀至标线，混匀。在波长 410nm 处，选用不同的比色皿，以水为参比，测量吸光度。

分别计算不同比色皿光程长的吸光度对硝酸盐氮含量的校准曲线。

标液体积/mL	硝酸盐氮含量/μg	比色皿光程长/mm
0	0	10 或 30
0.10	1.00	30
0.30	3.00	30
0.50	5.00	30
0.70	7.00	30
1.00	10.0	10 或 30
3.00	30.0	10
5.00	50.00	10
7.00	70.0	10
10.0	100.0	10

b　水样的测定

（1）干扰的消除。

1）水样浑浊或带色时，可在 100mL 水样中加入 2mL 氢氧化铝悬浮液，密塞振摇，静置数分钟，弃去 20mL 初滤液。

2）若含有氯离子，可向水样中滴加硫酸银溶液，充分混合，至不再出现沉淀为止，过滤，弃去 20mL 初滤液。

3）亚硝酸盐的干扰：当亚硝酸盐氮含量超过 0.2mg/L 时，向 100mL 水样中加入 1mL 0.5mol/L 硫酸，混匀后，滴加高锰酸钾至淡红色保持 15min 不褪为止。

（2）测定。取 50.0mL 水样于蒸发皿中，调节至微碱性（pH＝8），置水浴上蒸发至干。加入 1.0mL 酚二磺酸，用玻璃棒研磨，使试剂与蒸发皿充分接触，放置片刻，再研磨一次，放置 10min，加入约 10mL 水。

在搅拌下加入 3~4mL 氨水，使颜色最深，将溶液移入 50mL 比色管中，稀释至标线，混匀。在波长 410nm 处，选用 10mm 或 30mm 的比色皿，以水为参比，测量吸光度。

根据校准曲线的回归方程，计算含量。

$$c = \frac{(A - A_0 - a)}{bV} \cdot d$$

式中，A 为水样的吸光度；a 为截距；b 为斜率；A_0 为空白吸光度；d 为稀释倍数；V 为取样体积，mL。

G　注意事项

（1）如果吸光度超出校准曲线范围，可将显色液进行信量稀释，然后测量吸光度，计算时乘以稀释倍数。

（2）市售发烟硫酸含 SO_3 超过 13%，应以浓硫酸稀释至 13%。

技能训练（2.6.7）　凯氏氮（KTN）的测定

凯氏氮是以凯氏法测得的含氮量，它包括氨氮和有机氮，但不包括硝酸盐氮、亚硝酸盐氮，也不包括叠氮化合物、联氮、偶氮、腙、硝基、亚硝基等含氮化合物。

A　原理

水样中加入硫酸并加热消解，使有机物中的胺基氮转变为硫酸氢铵，游离氨和铵盐也转变为硫酸氢铵。消解时加入适量硫酸氢钾以提高沸腾速度，增加消解速率，并加硫酸铜为催化剂，以缩短消解时间。消解后的液体，加氢氧化钠使成碱性蒸馏出氨，以纳氏比色法或滴定法测定。

B　仪器

同氨氮的测定。

C　试剂

（1）浓硫酸。

（2）硫酸钾。

（3）硫酸铜溶液。称取 5g 五水硫酸铜溶于水，稀释至 100mL。

（4）氢氧化钠溶液。称取 500g 氢氧化钠溶于水，稀释至 1L。

（5）硼酸溶液。称取 20g 硼酸溶于水。

其他试剂同氨氮的测定。

D　实验步骤

（1）确定取样体积，见下表。

水样中的凯氏氮含量/mg · L^{-1}	取样体积/mL	水样中的凯氏氮含量/mg · L^{-1}	取样体积/mL
<10	250	20 ~ 50	50.0
10 ~ 20	100	50 ~ 100	25.0

（2）消解。分取适量水样于 500mL 凯氏瓶中，加入 10mL 浓硫酸、2mL 硫酸铜溶液、6g 硫酸钾和数粒玻璃珠，混匀。置通风橱内加热煮沸，至冒三氧化硫白烟，并使溶液变清（无色或淡黄色），调节热源保持沸腾 30min，放冷，加 250mL 水，混匀。

（3）蒸馏。将凯氏烧瓶成 45°斜置，缓缓沿壁加入 40mL 氢氧化钠溶液，使在瓶底形成碱液层，连接氮球和冷凝管，以 50mL 硼酸溶液为吸收液，导管尖插入液面下。加热蒸馏，收集馏出液达 200mL 时，停止蒸馏。

（4）测定。同氨氮的测定。

E　注意事项

（1）蒸馏时避免暴沸，防止倒吸。

（2）蒸馏时保持溶液为碱性，必要时添加氢氧化钠溶液。

技能训练（2.6.8）　总氮（TN）的测定

氮类可以引起水体中生物和微生物大量繁殖，消耗水中的溶解氧，使水体恶化，出现富营养化。

总氮是衡量水质的重要指标之一。总氮的测定方法如下：

（1）有机氮和无机氮（氨氮、硝酸盐氮和亚硝酸盐氮）加和得之。

（2）采用过硫酸钾氧化 - 紫外分光光度法。

水样保存方面需注意要在 24h 内测定。

本技能训练采用过硫酸钾 - 紫外分光光度法。

A　原理

水样在 60℃以上的水溶液中按下式反应，生成氢离子和氧：

$$K_2S_2O_8 + H_2O \longrightarrow 2KHSO_4 + 1/2O_2$$

$$KHSO_4 \longrightarrow K^+ + HSO_4^-$$

$$HSO_4^- \longrightarrow H^+ + SO_4^{2-}$$

加入氢氧化钠用以中和氢离子，使过硫酸钾分解完全。

在 120 ~ 124℃的碱性介质中，用过硫酸钾作氧化剂，不仅可将水中的氨氮和亚硝酸盐氮转化为硝酸盐，同时也将大部分有机氮转化为硝酸盐，而后用紫外分光光度计分别于波长 220nm 和 275nm 处测吸光度，其摩尔吸光系数为 1.47×10^3：

$$A = A_{220} - 2A_{275}$$

从而计算总氮的含量。

B　仪器

（1）紫外分光光度计。

（2）压力蒸汽消毒器或家用压力锅。

（3）25mL 具塞磨口比色管。

C　试剂

（1）碱性过硫酸钾。称取 40g 过硫酸钾、15g 氢氧化钠，溶于水中，稀释至 1000mL，贮于聚乙烯瓶中，保存一周。

（2）1 + 9 盐酸。

（3）硝酸钾标准贮备液。称取 0.7218g 经 105～110℃ 烘干 4h 硝酸钾溶于水中，移入 1000mL 容量瓶中，定容。此溶液每毫升含 100μg 硝酸盐氮。加入 2mL 三氯甲烷为保护剂，稳定 6 个月。

（4）硝酸钾标准使用液。吸取 10mL 贮备液定容至 100mL 既得。此溶液每毫升含 10μg 硝酸盐氮。

D　实验步骤

（1）校准曲线的绘制。

1）分别吸取 0mL，0.50mL，1.00mL，2.00mL，3.00mL，5.00mL，7.00mL，8.00mL 硝酸钾标准使用液于 25mL 比色管中，稀释至 10mL。

2）加入 5mL 碱性过硫酸钾溶液，塞紧磨口塞，用纱布扎住，以防塞子蹦出。

3）将比色管放入蒸汽压力消毒器内或家用压力锅中，加热 0.5h，放气使压力指针回零，然后升温至 120～124℃，开始计时，0.5h 后关闭。家用压力锅从顶压阀放气时开始计时。

4）自然冷却，开阀放气，移去外盖，取出比色管放冷。

5）加入 1 + 9 盐酸 1mL，稀释至 25mL。

6）在紫外分光光度计上，以水为参比，用 10mm 石英比色皿分别在 220nm 和 275nm 波长处测吸光度，绘制校准曲线。

（2）水样的测定。取适量水样于 25mL 比色管中，按与校准曲线相同的步骤 2）～6）操作，测得吸光度，按曲线方程（$y = bx + a$）计算总氮含量。

$$总氮含量 = \frac{(A_{220} - 2A_{275} - A_0 - a)}{bV} \cdot d$$

式中，a 为截距；b 为斜率；A_0 为空白吸光度；d 为稀释倍数。

E　注意事项

（1）（A_{275}/A_{220}）×100% 应小于 20%，否则予以鉴别。

（2）玻璃器皿可用 10% 盐酸浸泡，然后用蒸馏水冲洗。

（3）过硫酸钾氧化后可能出现沉淀，可取上清液进行比色。

（4）使用民用高压锅时，在顶压阀放气后，注意把火焰调低。如用电炉加热，则电炉功率 W 应满足：1000W < W < 2000W。

技能训练（2.6.9）   磷（总磷、磷酸盐）的测定

磷几乎都以磷酸盐的形式存在，它们分为正磷酸盐、缩合磷酸盐（焦磷酸盐、偏磷酸盐和多磷酸盐）和有机结合的磷酸盐。

水中的磷含量过高可造成藻类大量繁殖，水体富营养化。

水中总磷的测定需要对水样进行消解，而磷酸盐的测定则不需要，直接测定。

本技能训练采用钼锑抗分光光度法。

A   原理

在酸性条件下，正磷酸盐与钼酸铵、酒石酸锑氧钾反应，生成磷钼杂多酸，被还原剂抗坏血酸还原，则变成蓝色络合物，称磷钼蓝。

B   适用范围

最低检出浓度为 0.01mg/L，测定上限为 0.6mg/L。可用于地面水、生活污水及日化、磷肥、农药等工业废水中磷酸盐的测定。

C   仪器

（1）分光光度计。

（2）医用手提式高压蒸汽消毒器（1～1.5kg/m³，带调压器）或民用压力锅。

（3）50mL 比色管、纱布、细绳。

D   试剂

（1）5%（m/V）过硫酸钾溶液。溶解 5g 过硫酸钾于水中，稀至 100mL。

（2）1+1 硫酸。

（3）10% 抗坏血酸溶液。溶解 10g 抗坏血酸于水中，稀释至 100mL。贮于棕色瓶中，冷处存放。如颜色变黄，弃去重配。

（4）钼酸盐溶液。溶解 13g 钼酸铵 $[(NH_4)_6Mo_7O_{24} \cdot 4H_2O]$ 于 100mL 水中；溶解 0.35g 酒石酸锑氧钾 $[K(SbO)C_4H_4O_6 \cdot 1/2H_2O]$ 于 100mL 水中。在搅拌下，将钼酸铵溶液缓缓倒入 300mL(1+1) 硫酸中，再加入酒石酸锑钾溶液混合均匀。试剂贮存在棕色瓶中，稳定 2 个月。

（5）磷酸盐贮备液。称取在 110℃ 下干燥 2h 的磷酸二氢钾 0.217g 溶于水，移入 1000mL 容量瓶中，加（1+1）硫酸 5mL，用水稀释至标线。此溶液每毫升含 50.0μg 磷。

（6）磷酸盐标准使用液。吸取 10.00mL 贮备液于 250mL 容量瓶中，用水稀释至标线。此溶液每毫升含 2.00μg 磷。

E   实验步骤

（1）消解。从 50mL 比色管中，取适量水样，加水至 25mL，加入 4mL 过硫酸钾溶液，加塞后用纱布扎紧，将比色管放入高压消毒器中，待放气阀放气时，关闭放气阀，待锅内压力达到 1.1kg/m²（相应温度为 120℃）时，调节调压器保持此压力 30min，停止加热，待指针回零后，取出放冷。

（2）校准曲线的绘制。

1）取 7 支 50mL 的比色管，分别加入磷酸盐标准使用液 0mL，0.50mL，1.00mL，3.00mL，5.00mL，10.0mL，15.0mL，如果测总磷，则加水至 25mL，加 4mL 过硫酸钾进

行消解，取出放冷后，稀释至 50mL；如果测定磷酸盐，则直接稀释至 50mL。

2）显色。向比色管中加入 1mL 抗坏血酸，30s 后加入 2mL 钼酸盐溶液混匀，放置 15min。

3）测量。用 10mm 或 30mm 的比色皿，于波长 700nm 处，以水为参比，测量吸光度。

（3）样品的测定：取适量水样同校准曲线的步骤进行测定。根据曲线方程 $y = bx + a$ 计算，总磷含量。

$$总磷（P）含量 = \frac{(A - A_0 - a)}{bV} \cdot d$$

式中，a 为截距；b 为斜率；A_0 为空白吸光度；d 为稀释倍数。

F　注意事项

（1）水样如用酸固定，则加入过硫酸钾前应将水样调至中性。

（2）使用民用压力锅，当顶压阀冒气时，锅内温度约为 120℃。

（3）操作用的玻璃仪器，可用 1＋5 的盐酸浸泡 2h。

（4）比色皿用后可用稀硝酸或铬酸洗液浸泡片刻，以除去吸附的钼蓝呈色物。

任务 2.7　有机化合物的测定

水体中除含有无机污染物外，更大量的是有机污染物，它们以毒性和使水中溶解氧减少的形式对生态系统产生影响，危害人体健康。已经查明，绝大多数致癌物质是有毒有机物，所以，有机污染物指标是一类评价水体污染状况的极为重要的指标。

目前多以化学需氧量（COD）、生化需氧量（BOD），总有机碳（TOC）等综合指标，或挥发酚类、石油类、硝基苯类等类别有机物指标，来表征有机物质含量。但是，许多痕量有毒有机物质对上述指标贡献极小，其危害或潜在威胁却很大，因此，随着分析测试技术和仪器的不断发展和完善，正在加大对危害大、影响面宽的有机污染物的监测力度，如我国最近出版的《水和废水监测分析方法》（第 4 版）中有机污染物监测项目与第 3 版（1989 年出版）比较，有了大幅度增加；美国新推出的《水和废水标准检验方法》（第 20 版，1998 年出版）中，可测定的有机污染物达 175 项，重点是有毒有机物质。

2.7.1　化学需氧量（COD）的测定

化学需氧量是指在一定条件下，氧化 1L 水样中还原性物质所消耗的氧化剂的量，以氧的 mg/L 表示。水中还原性物质包括有机物和亚硝酸盐、硫化物、亚铁盐等无机物。化学需氧量反映了水中受还原性物质污染的程度。基于水体被有机物污染是很普遍的现象，该指标也作为有机物相对含量的综合指标之一，但只能反映能被氧化剂氧化的有机污染物。

测定废（污）水的化学需氧量，我国规定用重铬酸钾法。其他方法有恒电流库仑法、快速密闭催化消解法、氯气校正法等。

2.7.1.1　重铬酸钾法

在强酸溶液中，用一定量的重铬酸钾氧化水样中的还原性物质，过量的重铬酸钾以试铁灵作指示剂，用硫酸亚铁铵标准溶液回滴，根据其用量计算水样中还原性物质的需氧量。氧化水样中还原性物质使用带 250mL 锥形瓶的全玻璃回流装置，如图 2－20 所示。

用 0.1mol/L $(NH_4)_2Fe(SO_4)_2$ 标准溶液滴定，终点由蓝绿色变成红棕色，记录标准溶液用量。再以蒸馏水代替水样，按同法测定试剂空白溶液，记录硫酸亚铁铵标准溶液消耗量，按下式计算 COD_{Cr} 值：

$$COD_{Cr}(O_2) = \frac{(V_0 - V_1) \cdot c \times 8 \times 1000}{V}$$

式中，V_0 为滴定空白时消耗硫酸亚铁铵标准溶液体积，mL；V_1 为滴定水样消耗硫酸亚铁铵标准溶液体积，mL；V 为水样体积，mL；c 为硫酸亚铁铵标准溶液浓度，mol/L；8 为氧 $\left(\frac{1}{2}O\right)$ 的摩尔质量，g/mol。

图 2－20　氧化回流装置

重铬酸钾氧化性很强，可将大部分有机物氧化，但吡啶不被氧化，芳香族有机化合物不易被氧化；挥发性直链脂肪族化合物、苯等存在于蒸气相中，不能与氧化剂液体接触，氧化不明显。氯离子能被重铬酸钾氧化，并与硫酸银作用生成沉淀，可加入适量硫酸汞络合氯离子。

用 0.25mol/L 的重铬酸钾溶液可测定大于 50mg/L 的 COD 值；用 0.025mol/L 重铬酸钾溶液可测定 5～50mg/L 的 COD 值，但准确度较差。

2.7.1.2　恒电流库仑法

恒电流库仑法是一种建立在电解基础上的分析方法，其原理为在试液中加入适当物质，以一定强度的恒定电流进行电解，使之在工作电极（阳极或阴极）上电解产生一种试剂（称滴定剂），该试剂与被测物质进行定量反应，反应终点可通过电化学等方法指示。依据电解消耗的电量和法拉第电解定律可计算被测物质的含量。法拉第电解定律的数学表达式为：

$$W = \frac{It}{96500} \frac{M}{n}$$

式中，W 为电极反应物的质量，g；I 为电解电流，A；t 为电解时间，s；96500 为法拉第常数，C/mol；M 为电极反应物的摩尔质量，g；n 为每克分子电极反应物的电子转移数。

库仑滴定式 COD 测定仪的工作原理如图 2－21 所示。其由库仑滴定池、电路系统和电磁搅拌器等组成。库仑池由工作电极对、指示电极对及电解液组成，其中，工作电极对为双铂片工作阴极和铂丝辅助阳极（置于充 3mol/L H_2SO_4，底部具有液络部的玻璃管内），用于电解产生滴定剂；指示电极对为铂片指示电极（正极）和钨棒参比电极（负极，置于充饱和硫酸钾溶液，底部具有液络部的玻璃管中），以其电位的变化指示库仑滴定终点。电解液为 10.2mol/L 硫酸、重铬酸钾和硫酸铁混合液。电路系统由终点微分电路、电解电流变换电路、频率变换积分电路、数字显示逻辑运算电路等组成，用于控制库仑滴定终点，变换和显示电解电流，将电解电流进行频率转换、积分，并根据电解定律进行逻辑运算，直接显示水样的 COD 值。

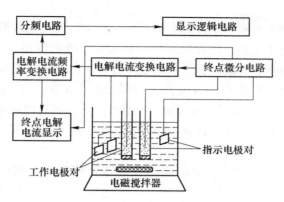

图 2-21　库仑滴定式 COD 测定仪工作原理

使用库仑滴定式 COD 测定仪测定水样 COD 值的要点是：在空白溶液（蒸馏水加硫酸）和样品溶液（水样加硫酸）中加入同量的重铬酸钾溶液，分别进行回流消解 15min，冷却后各加入等量的硫酸铁溶液，于搅拌状态下进行库仑电解滴定，即 Fe^{3+} 在工作阴极上还原为 Fe^{2+}（滴定剂）去滴定（还原）$Cr_2O_7^{2-}$。库仑滴定空白溶液中 $Cr_2O_7^{2-}$ 得到的结果为加入重铬酸钾的总氧化量（以 O_2 计）；库仑滴定样品溶液中 $Cr_2O_7^{2-}$ 得到的结果为剩余重铬酸钾的氧化量（以 O_2 计）。设前者需电解时间为 t_0，后者需电解时间为 t，则据法拉第电解定律可得

$$W = \frac{I(t_0 - t_1)}{96500} \cdot \frac{M}{n}$$

式中，W 为被测物质的质量，即水样消耗的重铬酸钾相当于氧的克数；I 为电解电流，A；M 为氧的分子量（32）；n 为氧的得失电子数（4）；96500 为法拉第常数，C/mol。

设水样 COD 值为 c_x(mg/L)；水样体积为 V(mL)，则 $W = \frac{V}{1000} \cdot c_x$，代入上式，经整理后得

$$c_x = \frac{I(t_0 - t_1)}{96500} \times \frac{8000}{V}$$

库仑滴定法简便、快速，试剂用量少，不需标定滴定溶液，尤其适合于工业废水的控制分析。当用 3mL 0.05mol/L 重铬酸钾溶液进行标定值测定时，最低检出浓度为 3mg/L，测定上限为 100mg/L。但是，只有严格控制消解条件一致和注意经常清洗电极，防止沾污，才能获得较好的重现性。

2.7.1.3　快速密闭消解（滴定法或光度法）

该方法是在经典重铬酸钾-硫酸消解体系中加入助催化剂硫酸铝与钼酸铵，于具密封塞的加热管中，放在 165℃ 的恒温加热器内快速消解，消解好的试液用硫酸亚铁铵标准溶液滴定，同时做空白试验。计算方法同重铬酸钾法。若消解后的试液清亮，可于 600nm 处用分光光度法测定。

2.7.1.4　氯气校正法

在水样中加入已知量的重铬酸钾标准溶液及硫酸汞溶液、硫酸银 - 硫酸溶液，于回流吸收装置的插管式锥瓶中加热至沸并回流 2h，同时从锥瓶插管通入 N_2 气，将水样中未络合而被氧化的那部分氯离子生成的氯气从回流冷凝管上口导出，用氢氧化钠溶液吸收；消解好的水样按重铬酸钾法测其 COD，为表观 COD；在吸收液中加入碘化钾，调节 pH 值约为 2～3，以淀粉为指示剂，用硫代硫酸钠标准溶液滴定，将其消耗量换算成消耗氧的质量浓度，即为氯离子影响校正值；表观 COD 与氯离子校正值之差，即为被测水样的实际 COD。

该方法适用于氯离子含量大于 1000mg/L、小于 20000mg/L 的高氯废水 COD 的测定，检出限为 30mg/L。

2.7.2　高锰酸盐指数的滴定

以高锰酸钾溶液为氧化剂测得的化学需氧量，称高锰酸盐指数，以氧的含量表示。水中的亚硝酸盐、亚铁盐、硫化物等还原性无机物和在此条件下可被氧化的有机物，均可消耗高锰酸钾。因此，该指数常被作为地表水受有机物和还原性无机物污染程度的综合指标。为避免 Cr(Ⅵ) 的二次污染，日、德等国也用高锰酸盐作为氧化剂测定废水的化学需氧量，但相应的排放标准也偏严。

按测定溶液的介质不同，分为酸性高锰酸钾法和碱性高锰酸钾法。因为在碱性条件下高锰酸钾的氧化能力比酸性条件下稍弱，此时不能氧化水中的氯离子，故常用于测定氯离子浓度较高的水样。

酸性高锰酸钾法适用于氯离子含量不超过 300mg/L 的水样。当高锰酸盐指数超过 10mg/L 时，应少取水样并经稀释后再测定。

记录高锰酸钾标准溶液消耗量，按下式计算：

水样不稀释时

$$高锰酸盐指数(O_2) = \frac{[(10 + V_1)K - 10] \cdot M \times 8 \times 1000}{100}$$

式中，V_1 为滴定水样消耗高锰酸钾标准溶液量，mL；K 为校正系数（每毫升高锰酸钾标准溶液相当于草酸钠标准溶液的毫升数）；M 为草酸钠标准溶液 $\left(\frac{1}{2}Na_2C_2O_4\right)$ 浓度，mol/L；8 为氧 $\left(\frac{1}{2}O\right)$ 的摩尔质量，g/mol；100 为取水样体积，mL。

水样经稀释时

$$高锰酸盐指数(O_2) = \frac{\{[(10 + V_1)K - 10] - [(10 + V_0)K - 10]f\} \cdot M \times 8 \times 1000}{V_2}$$

式中，V_0 为空白试验中高锰酸钾标准溶液消耗量，mL；V_2 为取原水样体积，mL；f 为稀释水样中含稀释水的比值（如 10.0mL 水样稀释至 100mL，则 $f = 0.90$）；其他物理量符号意义同前。

化学需氧量（COD_{Cr}）和高锰酸盐指数是采用不同的氧化剂在各自的氧化条件下测定

的，难以找出明显的相关关系。一般来说，重铬酸钾法的氧化率可达 90%，而高锰酸钾法的氧化率为 50% 左右，两者均未完全氧化，因而都只是一个相对参考数据。

2.7.3　生化需氧量（BOD）的测定

生化需氧量是指在有溶解氧的条件下，好氧微生物在分解水中有机物的生物化学氧化过程中所消耗的溶解氧量。同时亦包括如硫化物、亚铁等还原性无机物质氧化所消耗的氧量，但这部分通常占很小比例。

有机物在微生物作用下，好氧分解大体分两个阶段。第一阶段为含碳物质氧化阶段，主要是含碳有机物氧化为二氧化碳和水；第二阶段为硝化阶段，主要是含氮有机化合物在硝化菌的作用下分解为亚硝酸盐和硝酸盐。然而这两个阶段并非截然分开，而是各有主次。对生活污水及性质与其接近的工业废水，消化阶段大约在 5 ~ 7 日甚至 10 日以后才显著进行，故目前国内外广泛采用的 20℃ 五天培养法（BOD_5 法）测定 BOD 值一般不包括硝化阶段。测定 BOD 的方法还有微生物电极法、库仑法、测压法等。

BOD 是反映水体被有机物污染程度的综合指标，也是研究废水的可生化降解性和生化处理效果以及生化处理废水工艺设计和动力学研究中的重要参数。

2.7.3.1　五天培养法

五天培养法也称标准稀释法或稀释接种法。其测定原理是：水样经稀释后，在（20 ± 1）℃ 条件下培养 5 天，求出培养前后水样中溶解氧含量，两者的差值为 BOD_5。如果水样五日生化需氧量未超过 7mg/L，则不必进行稀释，可直接测定。很多较清洁的河水就属于这一类水。溶解氧测定方法一般用叠氮化钠修正法。

对于不含或少含微生物的工业废水，如酸性废水、碱性废水、高温废水或经过氯化处理的废水，在测定 BOD_5 时应进行接种，以引入能降解废水中有机物的微生物。当废水中存在着难被一般生活污水中的微生物以正常速度降解的有机物或有剧毒物质时，应将驯化后的微生物引入水样中进行接种。

对于污染的地面水和大多数工业废水，因含较多的有机物，需要稀释后再培养测定，以保证在培养过程中有充足的溶解氧。其稀释程度应使培养中所消耗的溶解氧大于 2mg/L，而剩余溶解氧在 1mg/L 以上。

稀释水一般用蒸馏水配制，先通入经活性炭吸附及水洗处理的空气，曝气 2 ~ 8h，使水中溶解氧接近饱和，然后再在 20℃ 下放置数小时。临用前加入少量氯化钙、氯化铁、硫酸镁等营养盐溶液及磷酸盐缓冲溶液，混匀备用。稀释水的 pH 值应为 7.2，BOD_5 应小于 0.2mg/L。

如水样中无微生物，则应于稀释水中接种微生物，即在每升稀释水中加入生活污水上层清夜 1 ~ 10mL，或表层土壤浸出液 20 ~ 30mL，或河水、湖水 10 ~ 100mL。这种水称为接种稀释水。为检查接种稀释水的质量及分析人员的操作水平，可将每升含葡萄糖和谷氨酸各 150mg 的标准溶液，用接种稀释水按 1:50 稀释比稀释，与水样同步测定 BOD_5，测得值应在 180 ~ 230mg/L 之间；否则，应检查原因，予以纠正。

水样稀释倍数可根据实践经验估算。对地表水，由高锰酸盐指数与一定系数乘积求得（见表 2 - 4）。工业废水的稀释倍数由 COD_{Cr} 值分别乘以系数 0.075，0.15，0.25 获得。通常同时做三个稀释比的水样。

表 2 – 4 由高锰酸盐指数估算稀释倍数乘以的系数

高锰酸盐指数/mg·L⁻¹	系 数	高锰酸盐指数/mg·L⁻¹	系 数
<5	—	10 ~ 20	0.4, 0.6
5 ~ 10	0.2, 0.3	>20	0.5, 0.7, 1.0

测定结果分别按以下两式计算：

（1）对不经稀释直接培养的水样：

$$BOD_5 = c_1 - c_2$$

式中，c_1 为水样在培养前溶解氧的浓度，mg/L；c_2 为水样经 5 天培养后，剩余溶解氧浓度，mg/L。

（2）对稀释后培养的水样：

$$BOD_5 = \frac{(c_1 - c_2) - (B_1 - B_2)f_1}{f_2}$$

式中，B_1 为稀释水（或接种稀释水）在培养前的溶解氧的浓度，mg/L；B_2 为稀释水（或接种稀释水）在培养后的溶解氧的浓度，mg/L；f_1 为稀释水（或接种稀释水）在培养液中所占比例；f_2 为水样在培养液中所占比例。

水样含有铜、铅、镉、铬、砷、氰等有毒物质时，对微生物活性有抑制，可使用经驯化微生物接种的稀释水，或提高稀释倍数，以减小毒物的影响。如含少量氯，一般放置 1 ~ 2h 可自行消散；对游离氯短时间不能消散的水样，可加入亚硫酸钠除去之，加入量由实验确定。

五天培养法适用于测定 BOD_5 大于或等于 2mg/L、最大不超过 6000mg/L 的水样；大于 6000mg/L，会因稀释带来更大误差。

2.7.3.2 微生物电极法

微生物电极是一种将微生物技术与电化学检测技术相结合的传感器，其结构如图 2 – 22 所示。微生物电极主要由溶解氧电极和紧贴其透气膜表面的固定化微生物膜组成。相应 BOD 物质的原理是：当将其插入恒温、溶解氧浓度一定的不含 BOD 物质的底液时，由于微生物的呼吸活性一定，底液中的溶解氧分子通过微生物膜扩散进入氧电极的速率一定，微生物电极输出一稳态电流；如果将 BOD 物质加入底液中，则该物质的分子与氧分子一起扩散进入微生物膜，因为膜中的微生物对 BOD 物质发生同化作用而耗氧，导致进入氧电极的氧分子减少，即扩散进入的速率降低，使电极输出电流减小，并在几分钟内降至新的稳态值。在适宜的 BOD 物质浓度范围内，电极输出电流降低值与 BOD 物质浓度之间呈线性关系，而 BOD 物质浓度又和 BOD 值之间有定量关系。

微生物膜电极 BOD 测定仪的工作原理如图 2 – 23 所示。该测定仪由测量池（装有微生物膜电极、鼓气管及被测水样）、恒温水浴、恒电压源、控温器、鼓气泵及信号转换和测量系统组成。恒电压源输出 0.72V 电压，加于 Ag – AgCl 电极（正极）和黄金电极（负极）上。黄金电极因被测溶液 BOD 物质浓度不同产生的极化电流变化送至阻抗转换和微电流放大电路，经放大的微电流再送至 A – D 转换电路，或 A – V 转换电路，转换后的信号进行数字显示或记录仪记录。仪器经用标准 BOD 物质溶液校准后，可直接显示被测溶液的 BOD 值，并在 20min 内完成一个水样的测定。微生物膜电极 BOD 测定仪适用于多种易降解废水的 BOD 监测。

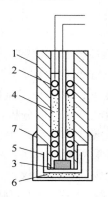

图 2 - 22　微生物电极结构

1—塑料管；2—Ag - AgCl 电极；3—黄金片电极；
4—KCl 内充液；5—聚四氟乙烯薄膜；6—微生物膜；7—压帽

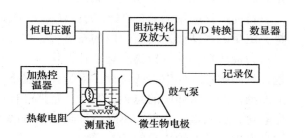

图 2 - 23　微生物膜电极 BOD
测定仪工作原理

2.7.3.3　其他方法

测定 BOD 的方法还有库仑法、测压法、活性污泥曝气降解法等。

库仑法测定原理如图 2 - 24 所示。密闭培养瓶内的水样在恒温条件下用电磁搅拌器搅拌。当水样中的溶解氧因微生物降解有机物被消耗时，则培养瓶内空间的氧溶解进入水样，生成的二氧化碳从水中逸出被置于瓶内上部的吸附剂吸收，使瓶内的氧分压和总气压下降。用电极式压力计检出下降量，并转换成电信号，经放大送入继电器电路接通恒流电源及同步电机，电解瓶内（装有中性硫酸铜溶液和电解电极）便自动电解产生氧气供给培养瓶，待瓶内气压回升至原压力时，继电器断开，电解电极和同步电机停止工作。此过程反复进行，使培养瓶内空间始终保持恒压状态。根据法拉第定律，由恒电流电解所消耗的电量便可计算耗氧量。仪器能自动显示测定结果，记录生化需氧量曲线。

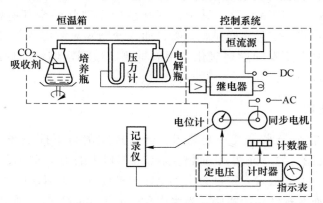

图 2 - 24　库仑法 BOD 测定仪工作原理

测压法的原理是：在密闭培养瓶中，水样中溶解氧由于微生物降解有机物而被消耗，产生与耗氧量相当的 CO_2 被吸收后，使密闭系统的压力降低，用压力计测出此压降，即可求出水样的 BOD 值。在实际测定中，先以标准葡萄糖 – 谷氨酸溶液的 BOD 值和相应的压差作关系曲线，然后以此曲线校准仪器刻度，便可直接读出水样的 BOD 值。

2.7.4　总有机碳（TOC）的测定

总有机碳是以碳的含量表示水体中有机物质总量的综合指标。由于 TOC 的测定采用燃烧法，因此能将有机物全部氧化，它比 BOD_5 或 COD 更能反映有机物的总量。

目前广泛应用的测定 TOC 的方法是燃烧氧化 – 非色散红外吸收法。其测定原理是：将一定量的水样注入高温炉内的石英管，在 900 ~ 950℃温度下，以铂和三氧化钴或三氧化二铬为催化剂，使有机物燃烧裂解转化为二氧化碳，然后用红外线气体分析仪测定 CO_2 含量，从而确定水样中碳的含量。因为在高温下，水样中的碳酸盐也分解产生二氧化碳，故上面测得的为水样中的总碳（TC）。为获得有机碳含量，可采用两种方法：一是将水样预先酸化，通入氮气曝气，驱除各种碳酸盐分解生成的二氧化碳后再注入仪器测定，一是使用高温炉和低温炉皆有的 TOC 测定仪，将同一等量水样分别注入高温炉（900℃）和低温炉（150℃），则水样中的有机碳和无机碳均转化为 CO_2，而低温炉的石英管中装有磷酸浸渍的玻璃棉，能使无机碳酸盐在 150℃分解为 CO_2，有机物却不能被分解氧化。将高、低温炉中生成的 CO_2 依次导入非色散红外气体分析仪，分别测得总碳（TC）和无机碳（IC），两者之差即为总有机碳（TOC）。测定流程如图 2 – 25 所示。该方法最低检出浓度为 0.5mg/L。

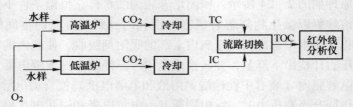

图 2 – 25　TOC 分析仪流程

反映水中有机物含量的综合指标还有总需氧量（TOD）、活性炭吸附 – 氯仿萃取物（CCE）和紫外吸收值（UVA）等。其中，TOD 值能反映几乎全部有机物燃烧需要的氧量，其测定方法是：将一定量水样注燃烧管，通入含已知氧浓度的载气（氮气），则水样中的还原性物质在高温下瞬间燃烧氧化，用氧量测定仪测定燃烧前后载气中氧浓度减少量，计算水样的需氧量。

2.7.5　挥发酚的测定

根据酚类物质能否与水蒸气一起蒸出，分为挥发酚与不挥发酚。通常认为沸点在 230℃以下的为挥发酚（属一元酚），而沸点在 230℃以上的为不挥发酚。

酚属高毒物质，人体摄入一定量会出现急性中毒症状；长期饮用被酚污染的水，可引起头昏、瘙痒、贫血及神经系统障碍。当水中含酚大于 5mg/L 时，就会使鱼中毒死亡。

酚的主要污染源是炼油、焦化、煤气发生站，木材防腐及某些化工（如酚醛树脂）等工业废水。

酚的主要分析方法有滴定法、分光光度法、色谱法等。目前各国普遍采用的是 4 – 氨基安替吡林分光光度法；高浓度含酚废水可采用溴化滴定法。无论溴化滴定法还是分光光度法，当水样中存在氧化剂、还原剂、油类及某些金属离子时，均应设法消除并进行预蒸馏。如对游离氯加入硫酸亚铁还原；对硫化物加入硫酸铜使之沉淀，或者在酸性条件下使其以硫化氢形式逸出；对油类用有机溶剂萃取除去等。蒸馏的作用有二：一是分离出挥发酚；二是消除颜色、浑浊和金属离子等的干扰。

2.7.5.1　4-氨基安替吡林分光光度法

酚类化合物在 pH = 10.0 ± 0.2 的介质中，在铁氰化钾存在的条件下，与 4-氨基安替吡林（4-AAP）反应，生成橙红色的吲哚酚安替比林染料，在 510nm 波长处有最大吸收，用比色法定量。

显色反应受酚环上取代基的种类、位置、数目等影响，如对位被烷基、芳香基、酯、硝基、苯酰、亚硝基或醛基取代，而邻位未被取代的酚类，与 4-氨基安替吡林不产生显色反应。这是因为上述基团阻止酚类氧化成醌型结构所致，但对位被卤素、磺酸、羟基或甲氧基所取代的酚类与 4-氨基安替吡林发生显色反应。邻位硝基酚和间位硝基酚与 4-氨基安替吡林发生的反应又不相同，前者反应无色，后者反应有点颜色。所以该法测定的酚类不是总酚，而仅仅是与 4-氨基安替吡林反应显色的酚，并以苯酚为标准，结果以苯酚计算含量。

用 20mm 比色皿测定，该方法最低检出浓度为 0.1mg/L。如果显色后用三氯甲烷萃取，于 460nm 波长处测定，其最低检出浓度可达 0.002mg/L，测定上限为 0.12mg/L。此外，在直接光度法中，有色络合物不够稳定，应立即测定；氯仿萃取法有色络合物可稳定 3h。

2.7.5.2　溴化滴定法

在含过量溴（由溴酸钾和溴化钾产生）的溶液中，酚与溴反应生成三溴酚，并进一步生成溴代三溴酚。剩余的溴与碘化钾作用释放出游离碘。与此同时，溴代三溴酚也与碘化钾反应置换出游离碘。用硫代硫酸钠标准溶液滴定释出的游离碘，并根据其消耗量，计算出以苯酚计的挥发酚含量。反应如下：

$$KBrO_3 + 5KBr + 6HCl \longrightarrow 3Br_2 + 6KCl + 3H_2O$$
$$C_6H_5OH + 3Br_2 \longrightarrow C_6H_2Br_3OH + 3HBr$$
$$C_6H_2Br_3OH + Br_2 \longrightarrow C_6H_2Br_3OBr + HBr$$
$$Br_2 + 2KI \longrightarrow 2KBr + I_2$$
$$C_6H_2Br_3OBr + 2KI + 2HCl \longrightarrow C_6H_2Br_3OH + 2KCl + HBr + I_2$$
$$2Na_2S_2O_3 + I_2 \longrightarrow 2NaI + Na_2S_4O_6$$

结果按下式计算：

$$挥发酚(以苯酚计)含量 = \frac{(V_1 - V_2)c \times 15.68 \times 1000}{V}$$

式中，V_1 为空白（以蒸馏水代替水样，加同体积溴酸钾-溴化钾溶液）试验滴定时硫代硫酸钠标准溶液用量，mL；V_2 为水样滴定时硫代硫酸钠标准溶液用量，mL；c 为硫代硫酸钠标准溶液的浓度，mol/L；V 为水样体积，mL；15.68 为苯酚 $\left(\dfrac{1}{6}C_6H_5OH\right)$ 摩尔质量，g/mol。

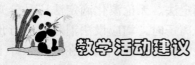

建议此部分采用实践教学法，将理论教学与实践技能训练有机结合，提高学生对知识的应用能力、动手能力，技能训练项目见技能训练（2.7.1）和技能训练（2.7.2）。

技能训练（2.7.1）　化学需氧量的测定

化学需氧量是指在一定条件下，用强氧化剂处理水样时所消耗氧化剂的量，用氧的含量（以 mg/L 计）表示。

化学需氧量反映了水中受还原性物质污染的程度。这些还原性物质包括有机物、亚硝酸盐、亚铁盐、硫化物等。化学需氧量是水中有机物相对含量的指标之一。

本技能训练采用重铬酸钾法。

A　原理

在强酸性溶液中，一定量的重铬酸钾氧化（以 Ag^+ 作此反应的催化剂）水样中的还原性物质（有机物），过量的重铬酸钾以试亚铁灵作指示剂，用硫酸亚铁铵溶液回滴。根据用量计算出水样中还原性物质消耗氧的量。

B　干扰及消除

氯离子能被重铬酸盐氧化，并且能与硫酸银作用产生沉淀，影响测定结果，故在回流前向水样中加入硫酸汞，使氯离子成为络合物以消除其干扰。

C　仪器

（1）回流装置。带 250mL 锥形瓶的全玻璃回流装置，包括磨口锥形瓶、冷凝管、电炉或电热板、橡胶管。

（2）50mL 酸式滴定管。

D　试剂

（1）重铬酸钾溶液（$\frac{1}{6}K_2Cr_2O_7 = 0.2500mol/L$）。称取预先在 120℃ 下烘干 2h 的基准或优级纯重铬酸钾 12.258g 溶于水中，移入 1000mL 的容量瓶中，稀至标线。

（2）试亚铁灵指示液。称取 1.485g 邻菲啰啉（$C_{12}H_8N_2 \cdot H_2O$）、0.695g 硫酸亚铁溶于水中，稀至 100mL，贮于棕色瓶中。

（3）硫酸亚铁铵标准溶液 $[(NH_4)_2Fe(SO4)_2 \cdot 6H_2O \approx 0.1mol/L]$。称取 39.5g 硫酸亚铁铵溶于水中，边搅拌边缓慢加入 20mL 浓硫酸，冷却后移入 1000mL 的容量瓶中，稀至标线，摇匀。用前，用重铬酸钾标定。标定方法：准确吸取 10.00mL 重铬酸钾标液于 250mL 锥形瓶中，加水稀至 110mL 左右，缓慢加入 30mL 浓硫酸，混匀。冷却后，加入 3 滴试亚铁灵指示液，用硫酸亚铁铵溶液滴定，溶液颜色由黄色经蓝绿至红褐色即为终点。

$$c[(NH_4)_2Fe(SO_4)_2] = \frac{0.25 \times 10.00}{V}$$

式中，c 为硫酸亚铁铵标准溶液的浓度，mol/L；V 为硫酸亚铁铵标准溶液的用量，mL。

（4）硫酸 – 硫酸银。在 500mL 浓硫酸中加入 5g 硫酸银，放置 1～2 天使溶解。

（5）硫酸汞。结晶或粉末。

E 实验步骤

（1）取 20mL 混匀水样置于回流锥形瓶中；

（2）加入约 0.4g 硫酸汞；

（3）准确加入 10.00mL 重铬酸钾标液和小玻璃珠；

（4）缓慢加入 30mL 硫酸 – 硫酸银溶液；

（5）摇匀，连接冷凝管，加热沸腾回流 2h；

（6）冷却后，从冷凝管加入 90mL 蒸馏水；

（7）取下锥形瓶，加入 3 滴试亚铁灵指示液，用硫酸亚铁铵标液滴定由黄色经蓝绿色至红褐色为终点，记录硫酸亚铁铵标液的用量。

F 计算

$$COD_{Cr} = \frac{(V_0 - V_1)c \times 8 \times 1000}{V} \cdot d$$

式中，V 为取样的体积，mL；C 为硫酸亚铁铵的浓度，mol/L；V_0 为滴定空白时消耗硫酸亚铁铵的量，mL；V_1 为滴定水样时消耗硫酸亚铁铵的量，mL；8 为 1/2 氧的摩尔质量，g/mol；d 为稀释倍数。

G 注意事项

（1）加入 $H_2SO_4 - AgSO_4$ 前，一定要加玻璃珠，以免引起暴沸。

（2）COD 的结果要保留三位有效数字。

（3）在 COD 大于 500 时，要进行稀释，大致见下表。

COD 值	800	1500～2500	3000～15000	>20000
稀释倍数	2	3～6	10～50	>100

注：表中稀释倍数仅供参考。

（4）用邻苯二甲酸氢钾标准溶液检查试剂的质量和操作水平，由于每克邻苯二甲酸氢钾的理论 COD 值为 1.176g，所以溶解 0.4251g 干燥过的邻苯二甲酸氢钾（$HOOCC_6H_4COOK$）于重蒸馏水中，转入 1000mL 容量瓶中，稀释至标线，使之成为 500mg/LCOD_{Cr} 标准溶液。

（5）回流装置也可用 COD 恒温加热器代替，以空气冷凝代替水冷凝。

（6）也可用 COD 速测仪进行比色测定。

（7）有关资料介绍。水样中 20～80mg/L 的亚硝酸盐会使 COD 按常规的方法无法准确测定，一般可采用氨磺酸和氨磺酸铵来消除干扰，主要是里面的氨基起作用：

$$NH_2SO_3H + HNO_2 \longrightarrow H_2SO_4 + H_2O + N_2$$
$$NH_4SO_3NH_2 + HNO_2 \longrightarrow NH_4HSO_4 + H_2O + N_2$$

上述反应在室温或在加热的条件下即可发生，放出氨气，从而达到去除 NO_2^- 的目的。

实验研究表明：10mg 掩蔽剂几乎可以完全掩蔽 1mg 的 NO_2^-；掩蔽剂对空白在 0～15mg 范围内影响不大，超过 15mg 时，对测定影响较大。

技能训练（2.7.2）　　五日生化需氧量（BOD$_5$）的测定

生活污水与工业废水含有大量有机物，这些有机物在水体中分解时要消耗大量溶解氧，从而破坏水体中氧的平衡，使水质恶化。

生化需氧量是水中有机物在一定条件下所消耗的氧，是用来表示水体中有机物含量的一个重要指标。

生化需氧量的经典测定方法是稀释接种法。

本技能训练采用稀释接种法。

A　方法原理

生化需氧量是指在一定条件下，微生物分解存在水中的某些可氧化物质、特别是有机物所进行的生物化学过程消耗溶解氧的量。

样品在恒温培养箱内于（20±1）℃下培养 5 天，分别测定样品培养前后的溶解氧，两者之差即为 BOD$_5$ 值，以氧的含量（以 mg/L 计）表示。

本方法适用于测定 BOD$_5$ 的范围为 2～6000mg/L，当 BOD$_5$ >6000mg/L 时，会因稀释带来误差。

B　仪器

（1）恒温培养箱。

（2）5～20L 细口玻璃瓶。

（3）1000～2000mL 量筒。

（4）玻璃棒：50mL，棒的底端固定一个 10 号的带有几个小孔的橡胶塞。

（5）溶解氧瓶（碘量瓶）：250～300mL。

C　试剂

（1）磷酸盐缓冲溶液。将 8.5g 磷酸二氢钾（KH$_2$PO$_4$）、21.75g 磷酸氢二钾（K$_2$HPO$_4$）、33.4g 七水合磷酸氢二钠（Na$_2$HPO$_4$·7H$_2$O）和 1.7g 氯化铵（NH$_4$Cl）溶于水中，稀至 1000mL。此溶液 pH 值为 7.2。

（2）硫酸镁溶液。将 22.5g 七水合硫酸镁（MgSO$_4$·7H$_2$O）溶于水中，稀至 1000mL。

（3）氯化钙溶液。将 27.5g 无水氯化钙溶于水中，稀至 1000mL。

（4）氯化铁溶液。将 0.25g 六水合氯化铁（FeCl$_3$·6H$_2$O）溶于水中，稀至 1000mL。

（5）盐酸溶液（0.5mol/L）。将 40mL 浓盐酸溶于水，稀至 1000mL。

（6）氢氧化钠溶液（0.5mol/L）。将 20g 氢氧化钠溶于水，稀至 1000mL。

（7）葡萄糖－谷氨酸标准溶液。将葡萄糖和谷氨酸在 103℃下干燥 1h 后，各称取 150mg 溶于水中，移入 1000mL 容量瓶中稀至标线，临用前配制。

（8）稀释水。在 5～20L 玻璃瓶中装入一定量的水，控制水温在 20℃左右，用曝气机曝气 2～8h，使稀释水中的溶解氧接近饱和。瓶口盖以两层纱布，置于 20℃培养箱内放置数小时，使水中溶解氧含量达到 8mg/L 左右。临用前向每升水中加入氯化钙、硫酸镁、氯化铁、磷酸缓冲液各 1mL，混匀。

（9）接种液。可选用以下几种：

1）一般生活用水，放置一昼夜，取上清液。

2）表层土壤水，取 100g 花园或植物生长土壤，加 1L 水，静置 10min，取上清液。

3）污水厂出水。

4）含有城市污水的河水或湖水。

（10）接种稀释水。每升稀释水中接种的加入量：生活污水 1~10mL；表层土壤水 20~30mL；河水或湖水 10~100mL。

接种稀释水 pH 值为 7.2，配制后应立即使用。

D　水样的测定

（1）不经稀释的水样的测定：

1）将混匀水样转移入两个溶解氧瓶中（转移中不要出现气泡），溢出少许，加塞。瓶内不应留气泡。

2）其中一瓶随即测定溶解氧，另一瓶口水封后放入培养箱，在（20±1）℃下培养 5 天。

3）5 天后，测定溶解氧。

4）计算。

$$BOD_5 = c_1 - c_2$$

式中，c_1 为水样在培养前的溶解氧浓度，mg/L；c_2 为水样在培养后的溶解氧浓度，mg/L。

（2）经稀释水样的测定（见下表，采用一般稀释法）：

水样类型	参考值	稀释系数		备　注
地面水	高锰酸盐指数	<5	—	高锰酸盐与一定系数的乘积为稀释倍数。使用稀释水时，由 COD 值乘以系数，即为稀释倍数，使用接种稀释水时则只乘以系数
		5~10	0.2，0.3	
		10~20	0.4，0.6	
		>20	0.5，0.7，1.0	
工业废水	重铬酸钾法	稀释水	0.075，0.15，0.225	
		接种稀释水	0.075，0.15，0.25	

1）按选定的稀释比例，在 1000mL 量筒内引入部分稀释水。

2）加入需要量的混匀水样，再引入稀释水（或接种稀释水）至 800mL。

3）用带胶板的玻璃棒上下搅匀。搅拌时胶板不要露出水面，防止产生气泡。

4）将水样装入两个溶解氧瓶内，测定当天溶解氧和培养 5 天后的溶解氧。

5）稀释水同样培养做空白试验，测定 5 天前后的溶解氧。

6）计算。

$$BOD_5 = \frac{(c_1 - c_2) - (B_1 - B_2)f_1}{f_2}$$

式中，c_1 为水样在培养前的溶解氧浓度，mg/L；c_2 为水样在培养后的溶解氧浓度，mg/L；B_1 为稀释水在培养前的溶解氧浓度，mg/L；B_2 为稀释水在培养后的溶解氧浓度，mg/L；f_1 为稀释水在培养液中占的比例；f_2 为水样在培养液中占的比例。如果培养液的稀释比为 3%，即 3 份水样，97 份稀释水，则 $f_1 = 0.97$，$f_2 = 0.03$。BOD_5 测定中，一般采用叠氮化钠改良法测定溶解氧。

E　注意事项

（1）水样 pH 值应在 6.5~7.5 范围内，若超出可用盐酸或氢氧化钠调节 pH 值接近 7。

（2）水样在采集和保存及操作过程中不要出现气泡。

（3）水样稀释倍数超过 100 时，要预先在容量瓶中用蒸馏水稀释，再取适量进行稀释培养。

（4）检查稀释水和接种液的质量和化验人员的水平，可将 20mL 葡萄糖－谷氨酸标液用稀释水稀至 1000mL，按 BOD 的步骤操作，测得的值应在 180~230mg/L 之间，否则，应找出原因所在。

（5）在培养过程中注意及时添加封口水。

任务 2.8　底质监测

底质是指江、河、湖、库、海等水体底部表层沉积物质。它是矿物、岩石、土壤的自然侵蚀和废（污）水排出物沉积及生物活动、物质之间物理、化学反应等过程的产物。

2.8.1　底质监测的意义和目的

水、底质和生物组成了完整的水环境体系。通过底质监测，可以了解水环境污染现状，追溯水环境污染历史，研究污染物的沉积、迁移转化规律和对水生生物特别是底栖生物的影响，并对评价水体质量，预测水质变化趋势和沉积污染物对水体的潜在危险提供依据。

2.8.2　样品采集

底质监测断面的位置应与水质监测断面重合，采样点在水质采样点垂线的正下方，以便于与水质监测情况进行比较；当正下方无法采样时，可略做移动。湖（库）底质采样点一般应设在主要河流及污染源水进入后与湖（库）水混合均匀处。采样点应避开底质沉积不稳定、易受搅动和水表层水草茂盛之处。

由于底质受水文、气象条件影响较小，比较稳定，一般每年枯水期采样测定一次，必要时可在丰水期增采一次。

底质采样量视监测项目、目的而定，通常为 1~2kg，一次采样量不够时，可在采样点周围采集，并将样品混匀。样品中的砾石、贝壳、动植物残体等杂质应予以剔除。

在较深水域采集表层底质，一般用掘式采泥器。采集供测定污染物垂直分布情况的底质样品，用管式泥芯采样器采集柱状样品。在浅水或干涸河段，用长柄塑料勺或金属铲采集即可。样品尽量沥去水分后，装入玻璃瓶或塑料袋内，贴好标签，填写好采样记录表。

底质采样一般与水质采样同时或紧接进行，样品的保存与运输方法与水样相同。

2.8.3　样品的制备、分解和提取

底质样品送交实验室后，应尽快处理和分析，如放置时间较长，应放于 -20~ -40℃ 的冷冻柜中保存。在处理过程中应尽量避免沾污和污染物损失。

2.8.3.1　制备

A　脱水

底质中含有大量水分,必须用适当的方法除去,不可直接在日光下曝晒或高温烘干。常用脱水方法有:在阴凉、通风处自然风干(适于待测组分稳定的样品),离心分离(适于待测组分易挥发或易发生变化的样品),真空冷冻干燥(适用于各种类型样品,特别是测定对光、热、空气不稳定组分的样品),无水硫酸钠脱水(适于测定油类等有机污染物的样品)。

B　筛分

将脱水干燥后的底质样品平铺于硬质白纸板上,用玻璃棒等压散(勿破坏自然粒径)。剔除砾石及动植物残体等杂物,使其通过 20 目筛。筛下样品用四分法缩分至所需量。用玛瑙研钵(或玛瑙碎样机)研磨至全部通过 80~200 目筛,装入棕色广口瓶中,贴上标签备用。但测定汞、砷等易挥发元素及低价铁、硫化物等时,不能用碎样机粉碎,且仅通过80 目筛。测定金属元素的试样,使用尼龙材质网筛;测定有机物的试样,使用铜材质网筛。

对于用管式泥芯采样器采集的柱状样品,尽量不要使分层状态破坏,经干燥后,用不锈钢小刀刮去样柱表层,然后按上述表层底质方法处理。如欲了解各沉积阶段污染物质的成分和含量变化,可沿横断面截取不同部位样品分别处理和测定。

2.8.3.2　分解或浸取

底质样品的分解方法随监测目的和监测项目不同而异,常用的分解方法有以下几种。

A　硝酸－氢氟酸－高氯酸(或王水－氢氟酸－高氯酸)分解法

该方法也称全量分解法,其分解过程是:称取一定量样品于聚四氟乙烯烧杯中,加硝酸(或王水)在低温电热板上加热分解有机质;取下稍冷,加适量氢氟酸煮沸(或加高氯酸继续加热分解并蒸发至约剩 0.5mL 残液);再取下冷却,加入适量高氯酸,继续加热分解并蒸发至近干(或加氢氟酸加热挥发除硅后,再加少量高氯酸蒸发至近干)。最后,用 1% 硝酸煮沸溶解残渣,定容、备用。这样处理得到的试液可测定全量 Cu,Pb,Zn,Cd,Ni,Cr 等。

B　硝酸分解法

该方法能溶解出由于水解和悬浮物吸附而沉淀的大部分重金属,适用于了解底质受污染的状况。其分解过程是:称取一定量样品于 50mL 硼硅玻璃管中,加几粒沸石和适量浓硝酸,徐徐加热至沸并回流 15min,取下冷却,定容,静置过夜,取上清液分析测定。

还可以用硫酸－硝酸－高锰钾法、硝酸－硫酸－五氧化二钒法、微波酸分解法等分解底质试样。

C　水浸取法

称取适量样品,置于磨口锥形瓶中,加水,密塞,放在振荡器上振摇 4h,静置,用干滤纸过滤,滤液供分析测定。该方法适用于了解底质中重金属向水体释放情况的样品分解。

2.8.3.3　有机污染物的提取

A　索氏提取器提取法

该方法用有机溶剂提取底质、污泥、土壤等固体样品中的非挥发性和半挥发性有机化合物。

B　超声波提取法

该方法以超声波为能源，在液体介质中产生大量看不到的微泡，微泡迅速膨胀、破裂，促使萃取剂与样品基体密切接触，并渗入内部，将欲分离组分迅速提取出来。适用于从底质、污泥、土壤等固体样品中提取非挥发性和半挥发性有机化合物。

C　超临界流体提取法

该方法与通常的液－液萃取或液－固提取的原理相同，所不同的是以超临界流体为萃取剂，从组分复杂的样品中把需要的物质分离出来。超临界流体是介于气液之间的一种既非气态又非液态的介质，是在物质的温度和压力超过其临界点时的状态，其特点是：密度与液体相近，故与溶质分子的作用力强，易溶解其他物质；黏度小，接近于气体，故传质速率高；表面张力小，容易渗透进入固体颗粒，能保持较大的流速，并可通过调节其压力、温度、流速和加入溶剂来控制萃取能力。由于这些特点，能够使萃取过程高效、快速地完成，已用于底质、污泥、土壤、空气颗粒物、生物组织等固体样品中农药、多环芳烃、多氯联苯、石油烃、酚类、有机胺等有机污染物的提取。

超临界流体萃取剂的选择随萃取对象不同而异，萃取低极性和非极性化合物，多选用临界值相对较低、化学性质不活泼和无毒的二氧化碳作萃取剂。对于极性较大的化合物，通常选用氨或氧化亚氮作为超临界流体萃取剂。目前市场上已有不同类型的超临界流体萃取仪供选用。同时，这种方法能与其他仪器分析方法联用，如超临界流体萃取－气相色谱法（SFE－GC）、超临界流体萃取－超临界流体色谱法（SFE－SFC）、超临界流体萃取－高效液相色谱法（SFE－HPLC）等。

D　微波辅助提取法（MAE）

该方法是利用微波能量，快速和有选择地提取环境、生物等固体或半固体中欲分离组分的方法。其原理为：将粉碎的样品与合适的溶剂充分混合，放入微波炉的样品穴内进行微波照射，利用溶剂和样品中组分吸收微波能量，加速组分的溶出和溶剂对它们进行选择性的提取。提取溶剂的选择很重要，提取极性组分用甲醇、水等极性溶剂；提取非极性组分用正己烷等非极性溶剂；有时用混合溶剂比单一溶剂可获得更理想的效果。该方法具有快速、高效、同时可处理多个样品等优点。

从底质、污泥等提取出来的样品溶液，有时还需要净化或浓缩才能满足分析方法的要求。

2.8.4　污染物质的测定

底质中的污染物也分为金属化合物、非金属化合物和有机化合物，其具体测定项目应与相应水质监测项目相对应。通常测定镉、铅、锌、铜、铬、砷、无机汞、有机汞、硫化物、氰化物、氟化物等金属、非金属无机污染物和酚、多氯联苯、有机氯农药、有机磷农药等有机污染物。

当测定金属和非金属无机污染物时，根据监测项目选择分解或酸溶方法处理样品，所得试样溶液选用水质监测中同样项目的监测方法测定。

当测定有机污染物时，选择适宜的方法提取样品中欲测组分后，用废（污）水或土壤监测中同样项目的监测方法测定。

思考与练习

填空题

2-1 水质监测采样断面的布设规定：在大支流或特殊水质的支流汇合于主流时，应在_____地点设置采样断面。

2-2 水质监测采样断面的布设，在污染源对水体水质有影响的河段，一般需设_____断面、_____断面和_____断面。

2-3 在采样（水）断面一条垂线上，水深 5~10m 时，设_____点，即_____；若水深≤5m时，采样点在水面_____处。

选择题

2-4 河流采样削减断面宜设在城市或工业区最后一个排污口下游（　　）m 以外的河段上。
　　A. 500　　　　　　B. 1000　　　　　　C. 1500　　　　　　D. 5000

2-5 在一条垂直线上，当水深小于或等于 5 米时，只在水面下（　　）m 处设一个采样点即可。
　　A. 0.3~0.5　　　B. 0.5~1.0　　　C. 1.0~1.5　　　D. 2.0

2-6 对受污染的地面水和工业废水中溶解氧的测定不宜选用的方法是（　　）。
　　A. 碘量法　　　　B. 修正碘量法　　　C. 氧电极法

2-7 可用下列何种方法来减少分析测定中的偶然误差（　　）。
　　A. 进行空白试验　　　　　　　　B. 适当增加平行测定次数
　　C. 进行一起校正　　　　　　　　D. 进行对照试验

2-8 测定痕量有机物时，其玻璃器皿需用铬酸洗液浸泡（　　）min 以上，然后依次用自来水、蒸馏水洗净。
　　A. 5　　　　　　　B. 10　　　　　　　C. 15　　　　　　　D. 20

2-9 在地表水监测项目中，不属于河流必测项目的一项是（　　）。
　　A. pH　　　　　　B. COD　　　　　　C. BOD
　　D. 悬浮物　　　　E. 细菌总数

2-10 污水综合排放标准中将污染物按性质分两类，下列属于一类污染物的是（　　）。
　　A. 总汞　　　　　B. 总铬　　　　　C. 总镉
　　D. 铜　　　　　　E. 总砷

2-11 在下列测定方法中，适用于测定硝酸盐氮大于 2mg/L 水样的方法是（　　）。
　　A. 紫外分光光度法　　B. 戴氏合金法　　C. 酚二磺酸分光光度法　D. 镉柱还原法

2-12 用（　　）mol/L 的重铬酸钾溶液可测定 5~50mg/L 的 COD 值。
　　A. 0.025　　　　　B. 0.075　　　　　C. 0.15　　　　　　D. 0.25

2-13 测定水样总碱度时，若以酚酞为指示剂滴定消耗强酸量大于继续以甲基橙为指示剂滴定消耗强酸量时，说明水样中含有（　　）。
　　A. 氢氧化物　　　　　　　　　　B. 碳酸盐
　　C. 氢氧化物和碳酸盐共存　　　　D. 酸式碳酸盐

2-14　可见分光光度法与光电比色法的不同点是（　　）。

　　A. 光源不同　　　　　　　　　　　　　B. 检测器不同

　　C. 获得单色光的方向不同　　　　　　　D. 测定原理不同

2-15　主动遥感的激光可以穿透约（　　）m 以上的水层，用于监测地表水体中的染料、烃类及 20 多

　　种化学毒物。

　　A. 10　　　　　　　B. 20　　　　　　　C. 30　　　　　　　D. 40

2-16　测定透明度的方法不包括（　　）。

　　A. 铅字法　　　　　B. 塞氏盘法　　　　C. 分光光度法　　　D. 十字法

2-17　我国饮用水汞的极限标准为（　　）mg/L。

　　A. 1　　　　　　　B. 0. 1　　　　　　　C. 0. 01　　　　　　D. 0. 001

2-18　几价态的铬对人体危害最大（　　）。

　　A. 3　　　　　　　B. 4　　　　　　　　C. 5　　　　　　　 D. 6

2-19　主动遥感的激光可以穿透约（　　）m 以上的水层，可监测地表水中的染料，烃类等 20 多种化

　　学毒物。

　　A. 5　　　　　　　B. 10　　　　　　　C. 20　　　　　　　D. 30

2-20　下列不属于生活污水监测的项目是（　　）。

　　A. 悬浮物　　　　　B. 氨氮　　　　　　C. 挥发酚　　　　　D. 阴离子洗涤剂

2-21　采集的严重污染水样运输最大允许时间为 24h，但最长贮放时间应为（　　）h。

　　A. 12　　　　　　　B. 24　　　　　　　C. 48　　　　　　　D. 72

2-22　下列测定方法中不适宜铅的测定方法是（　　）。

　　A. 二硫腙比色法　　　　　　　　　　　B. 原子吸收分光光度法

　　C. 戴氏合金法　　　　　　　　　　　　D. 示波极谱法

2-23　对于较大水系干流和中、小河流全年采样应不小于（　　）次。

　　A. 2　　　　　　　B. 3 ~ 4　　　　　　C. 6　　　　　　　 D. 8

2-24　冷原子吸收法适用于下列监测项目中（　　）的测定。

　　A. 汞　　　　　　　B. 六价铬　　　　　C. 砷化物　　　　　D. 氰化物

2-25　常用的颜色测定方法不包括（　　）。

　　A. 铂钴标准比色法　B. 定性描述法　　　C. 稀释法　　　　　D. 分光光度法

2-26　由于检验人员嗅觉的敏感性差异，所以需要超过几名人员同时检验。（　　）

　　A. 2　　　　　　　B. 3　　　　　　　　C. 4　　　　　　　 D. 5

2-27　在下列监测方法中不属于水质污染生物监测的是（　　）。

　　A. 活性污泥法　　　B. 生物群落法　　　C. 细菌学检验法　　D. 水生生物毒性实验法

2-28　我国人均水资源占有量只有 2300m³，约为世界人均水平的（　　）。

　　A. 1/3　　　　　　 B. 1/4　　　　　　　C. 1/5　　　　　　　D. 1/6

2-29　将固体在 600℃ 的温度下灼烧，残渣为（　　）。

　　A. 溶解性固体　　　B. 悬浮固体　　　　C. 挥发性固体　　　D. 固定性固体

2-30　水中有机污染的重要来源是（　　）。

　　A. 溶解性固体　　　B. 悬浮固体　　　　C. 挥发性固体　　　D. 固定性固体

2-31　引起水体富营养化的元素为（　　）。

　　A. N 和 P　　　　　B. C 和 S　　　　　C. C 和 P　　　　　D. N 和 S

2-32　清洁水样的运输时间不超过（　　）h。

　　A. 24　　　　　　　B. 36　　　　　　　C. 54　　　　　　　D. 72

2-33 河流采样时重要排污口下游的控制断面应设在距排污口（　　）m 处。

　　A. 100 ~ 500　　　　B. 500 ~ 1000　　　C. 1000 ~ 1500　　　D. 1500 ~ 2000

2-34 一条河段一般可设（　　）个对照断面，有主要支流时可酌情增加。

　　A. 1　　　　　　　B. 2　　　　　　　C. 3　　　　　　　D. 5

2-35 在地下水质监测采样点的设置上应以（　　）为主。

　　A. 浅层地下水　　　B. 深层地下水　　　C. 第四纪　　　　D. 泉水

问答题

2-36 用碘量法测定水中溶解氧时，如何采集和保存样品？

2-37 废水和污水的流量测量有哪些方法？

2-38 水样保存一般采用哪些措施？

2-39 废水监测的目的是什么？

2-40 什么是水的表观颜色？

计算题

2-41 监测某水样的 BOD_5 时，采用稀释法测定数据为：水样在培养前溶解氧浓度是 4.73mg/L；水样在培养后溶解氧浓度是 2.16mg/L；取原水样 100mL 加稀释水至 1000mL。稀释水在培养前溶解氧浓度是 0.12mg/L；稀释水样在培养后溶解氧浓度是 0.04mg/L，求水样的 BOD_5 为多少？

2-42 配制 1L 色度为 500° 的标准溶液，需要称取氯铂酸钾和六水氯化钴各多少？[氯铂酸钾（K_2PtCl_6）分子量为 485.99g/mol，六水氯化钴（$CoCl_6 \cdot 6H_2O$）分子量为 273.93g/mol]

2-43 酚标准溶液标定时，取 10.00mL 待标液加水稀释至 100.00mL，用 0.1005mol/L 的硫代硫酸钠溶液标定，消耗 15.35mL，同时用水代替待标液做另一次滴定，消耗硫代硫酸钠 19.75mL，试计算待标液的质量浓度。

2-44 稀释法测定 BOD，取原水样 100mL，加稀释水至 1000mL，取其中一部分测其 DO 等于 7.4mg/L，另一份培养 5 天再测 DO 等于 3.8mg/L，已知稀释水空白值为 0.2mg/L，求水样的 BOD_5。

2-45 25℃时 Br_2 在 CCl_4 和水中的分配比为 29.0，求水溶液中用等体积的四氯化碳萃取水溶液中的 Br_2 的萃取率。

2-46 下表所列为某水样 BOD 测定结果，试计算水样的 BOD_5。

类　型	稀释倍数	取样体积 /mL	$Na_2S_2O_3$ 浓度 /mol · L^{-1}	$Na_2S_2O_3$ 用量/mL	
				当天	五天培养后
水样	4	200	0.0125	13.50	8.12
稀释水	0	200	0.0125	16.60	16.30

项目3　大气和废气监测

【知识目标】

（1）了解大气污染物的分类及目前的污染状况；

（2）掌握样品的采样及布点方法、标准气体的配置；

（3）掌握大气中二氧化硫、氮氧化物、一氧化碳、臭氧、自然降尘、可吸入颗粒物、总悬浮颗粒物的监测方法和测定原理。

【能力目标】

（1）能描述大气污染的状况；

（2）能够根据污染物的存在状态、浓度、污染源的特点及所采用的监测方法，正确选用合适的采样仪器和采样方法；

（3）应用各种监测项目的测定原理、方法，进行实验设计；

（4）能对空气中二氧化硫、氮氧化物、一氧化碳、臭氧、总烃及非甲烷烃、氟化物按国家标准测定方法进行测定。

任务3.1　监测方案的制订

3.1.1　概述

3.1.1.1　大气、空气和空气污染

大气是指包围在地球周围的气体，其厚度达 1000 ~ 1400km，其中，对人类及生物生存起着重要作用的是近地面约 10km 内的空气层（对流层）。空气层厚度虽然比大气层厚度小得多，但空气质量却占大气总质量的 95% 左右。在环境科学书籍、资料中，常把"空气"和"大气"作为同义词使用。

清洁干燥的空气主要组分是氮 78.06%、氧 20.95%、氩 0.93%。这三种气体的总和约占总体积的 99.94%，其余尚有十多种气体总和不足 0.1%。实际空气中含有水蒸气，其浓度因地理位置和气象条件不同而异，干燥地区可低至 0.02%，而暖湿地区可高达 0.46%。

清洁的空气是人类和生物赖以生存的环境要素之一。在通常情况下，每人每日平均吸入 10 ~ 12m³ 的空气，在 60 ~ 90m³ 的肺泡面积上进行气体交换，吸收生命所必需的氧气，以维持人体正常生理活动。

随着工业及交通运输等事业的迅速发展，特别是煤和石油的大量使用，产生的大量有害物质如烟尘、二氧化硫、氮氧化物、一氧化碳、碳氢化合物等排放到空气中，当其浓度

超过环境所能允许的极限并持续一定时间后，就会改变空气的正常组成，破坏自然的物理、化学和生态平衡体系，从而危害人们的生活、工作和健康，损害自然资源及财产、器物等。这种情况即被称为空气污染。

3.1.1.2　大气污染物

大气中污染物的种类不下数千种，已发现有危害作用而被人们注意到的有 100 多种。我国《大气污染物综合排放标准》（GB 16297—1996）规定了 33 种污染物排放限值。根据大气污染物的形成过程，可将其分为一次污染物和二次污染物。

一次污染物是直接从各种污染源排放到空气中的有害物质。常见的主要有二氧化硫、氮氧化物、一氧化碳、碳氢化合物、颗粒性物质等。颗粒性物质中包含苯并（a）芘等强致癌物质、有毒重金属、多种有机和无机化合物等。

二次污染物是一次污染物在空气中相互作用或它们与空气中的正常组分发生反应所产生的新污染物。这些新污染物与一次污染物的化学、物理性质完全不同，多为气溶胶，具有颗粒小、毒性一般比一次污染物大等特点。常见的二次污染物有硫酸盐、硝酸盐、臭氧、醛类（乙醛和丙烯醛等）、过氧乙酰硝酸酯（PAN）等。

空气中的污染物质的存在状态是由其自身的理化性质及形成过程决定的；气象条件也起一定的作用。一般将它们分为分子状态污染物和粒子状态污染物两类。

A　分子状态污染物

某些物质如二氧化硫、氮氧化物、一氧化碳、氯化氢、氯气、臭氧等沸点都很低，在常温、常压下以气体分子形式分散于空气中。还有些物质如苯、苯酚等，虽然在常温、常压下是液体或固体，但因其挥发性强，故能以蒸气态进入空气中。

无论是气体分子还是蒸气分子，都具有运动速度较大、扩散快、在空气中分布比较均匀的特点。它们的扩散情况与自身的密度有关，密度大者向下沉降，如汞蒸气等；密度小者向上飘浮，并受气象条件的影响，可随气流扩散到很远的地方。

B　粒子状态污染物（或颗粒物）

粒子状态污染物（或颗粒物）是分散在空气中的微小液体和固体颗粒，粒径多在 $0.01 \sim 100\mu m$ 之间，是一个复杂的非均匀体系。通常根据颗粒物在重力作用下的沉降特性将其分为降尘和可吸入颗粒物。粒径大于 $10\mu m$ 的颗粒物能较快地沉降到地面上，称为降尘；粒径小于 $10\mu m$ 的颗粒物（PM_{10}）可长期飘浮在空气中，称为可吸入颗粒物或可吸入颗粒物（IP）。

可吸入颗粒物具有胶体性质，故又称气溶胶，它易随呼吸进入人体肺脏，在肺泡内积累，并可进入血液输往全身，对人体健康危害大，因此也称可吸入颗粒物（IP）。通常所说的烟、雾、灰尘也是用来描述可吸入颗粒物存在形式的。

某些固体物质在高温下由于蒸发或升华作用变成气体逸散于空气中，遇冷后又凝聚成微小的固体颗粒悬浮于空气中构成烟。例如，高温熔融的铅、锌，可迅速挥发并氧化成氧化铅和氧化锌的微小固体颗粒。烟的粒径一般在 $0.01 \sim 1\mu m$ 之间。

雾是由悬浮在空气中微小液滴构成的气溶胶。按其形成方式可分为分散型气溶胶和凝聚型气溶胶。常温状态下的液体，由于飞溅、喷射等原因被雾化而形成微小雾滴分散在空气中，构成分散型气溶胶。液体因加热变成蒸气逸散到空气中，遇冷后又凝集成微小液滴形成凝聚型气溶胶。雾的粒径一般在 10μm 以下。

通常所说的烟雾是烟和雾同时构成的固、液混合态气溶胶，如硫酸烟雾、光化学烟雾等。硫酸烟雾主要是由燃煤产生的高浓度二氧化硫和煤烟形成的，而二氧化硫经氧化剂、紫外光等因素的作用被氧化成三氧化硫，三氧化硫与水蒸气结合形成硫酸烟雾。当空气中的氮氧化物、一氧化碳、碳氢化合物达到一定浓度后，在强烈阳光照射下，经发生一系列光化学反应，形成臭氧、PAN 和醛类等物质悬浮于空气中而构成光化学烟雾。

尘是分散在空气中的固体微粒，如交通车辆行驶时所带起的扬尘、粉碎固体物料时所产生的粉尘、燃煤烟气中的含碳颗粒物等。

3.1.1.3　大气污染源

空气污染源可分为自然源和人为源两种。自然污染源是由于自然现象造成的，如火山爆发时喷射出大量粉尘、二氧化硫气体等；森林火灾产生大量二氧化碳、碳氢化合物、热辐射等。人为污染源是由于人类的生产和生活活动造成的，是空气污染的主要来源，主要有工业企业排放的废气、交通运输工具排放的废气以及室内空气污染源等。

A　工业企业排放的废气

在工业企业排放的废气中，排放量最大的是以煤和石油为燃料，在燃烧过程中排放的粉尘、SO_2、NO_x、CO、CO_2 等，其次是工业生产过程中排放的多种有机和无机污染物质。表 3-1 列出了各类工业企业向空气中排放的主要污染物。

表 3-1　各类工业企业向空气排放的主要污染物

部　门	企 业 类 别	排出主要污染物
电　力	火力发电厂	烟尘、SO_2、NO_x、CO、苯并芘等
冶　金	钢铁厂	烟尘、SO_2、CO、氧化铁尘、氧化锰尘、锰尘等
	有色金属冶炼厂	烟尘（Cu、Cd、Pb、Zn 等重金属）、SO_2 等
	焦化厂	烟尘、SO_2、CO、H_2S、酚、苯、萘、烃类等
化　工	石油化工厂	SO_2、H_2S、NO_x、氰化物、氯化物、烃类等
	氮肥厂	烟尘、NO_x、CO、NH_3、硫酸气溶胶等
	磷肥厂	烟尘、氟化氢、硫酸气溶胶等
	氯碱厂	氯气、氯化氢、汞蒸气等
	化学纤维厂	烟尘、H_2S、NH_3、CS_2、甲醇、丙酮等
	硫酸厂	SO_2、NO_x、砷化物等
	合成橡胶厂	烯烃类、丙烯腈、二氯乙烷、二氯乙醚、乙硫醇、氯化甲烷等
	农药厂	砷化物、汞蒸气、氯气、农药等
	冰晶石厂	氟化氢等
机　械	机械加工厂	烟尘等
	仪表厂	汞蒸气、氰化物等
轻　工	灯泡厂	烟尘、汞蒸气等
	造纸厂	烟尘、硫醇、H_2S 等
建　材	水泥厂	水泥尘、烟尘等

B　交通运输工具排放的废气

交通运输工具排放的废气主要是交通车辆、轮船、飞机排出的废气。其中，汽车数量最大，并且集中在城市，对空气质量特别是城市空气质量影响大，是一种严重的空气污染源，其排放的主要污染物有碳氢化合物、一氧化碳、氮氧化物和黑烟等。

C　室内空气污染源

随着人们生活水平以及现代化水平的提高，加上信息技术的飞速发展，人们在室内活动的时间越来越长，据估计，现代人特别是生活在城市中的人80%以上的时间是在室内度过的。因此，近年来对建筑物室内空气质量的监测及其评估，在国内外引起广泛重视。据测量，室内污染物的浓度高于室外污染物浓度2～5倍。室内环境污染直接威胁着人们的身体健康，流行病学调查表明：室内环境污染将提高急、慢性呼吸系统障碍疾病的发生率，特别使肺结核、鼻、咽、喉和肺癌、白血病等疾病的发生率、死亡率上升，导致社会劳动效率降低。室内污染来源是多方面的，含有过量有害物质的化学建材大量使用、装修不当、高层封闭建筑新风不足、室内公共场合人口密度过高等，使室内污染物质难以被充分稀释和置换，从而引起室内环境污染。

室内空气污染来源有化学建材和装饰材料中的油漆，胶合板、内墙涂料、刨花板中含有的挥发性的有机物，如甲醛、苯、甲苯、氯仿等有毒物质，大理石、地砖、瓷砖中的放射性物质排放的氡气及其子体，烹饪、吸烟等室内燃烧所产生的油、烟污染物质，人群密集且通风不良的封闭室内 CO_2 过高，空气中的霉菌、真菌和病毒等。

室内空气污染可分为四大类：

（1）化学性：如甲醛、总可挥发有机物（TVOC）、O_3、NH_3、CO、CO_2、SO_2、NO_2 等。

（2）物理性：温度、相对湿度、通风率、新风量、PM_{10}、电磁辐射等。

（3）生物性：霉菌、真菌、细菌、病毒等。

（4）放射性：氡气及其子体。

经济发达国家对室内空气质量均制定标准、规范、标准监测方法和评估体系等。我国在近年也开展了这方面的工作，2002年1月1日颁布实施控制室内环境污染的工程设计强制性标准，包括《民用建筑工程室内环境污染控制规范》（GB 50325—2001）和《室内空气质量标准》（BG/T 18883—2002）等10项标准，并配套规定相应的采样、监测方法。

室内空气质量表征可分两大类：第一类是有毒、有害污染因子，在标准中有客观的控制规定；第二类是舒适性指标，包括室内温度、湿度、大气压、新风量等，它属主观性指标，与季节（夏季和冬季室内温度控制不一样）、人群生活习惯等有关。

3.1.1.4　空气中污染物的时空分布特点

与其他环境要素中的污染物质相比较，空气中的污染物质具有随时间、空间变化大的特点。了解该特点，对于获得正确反映大气污染实况的监测结果有重要意义。

空气污染物的时空分布及其浓度与污染物排放源的分布、排放量及地形、地貌、气象等条件密切相关。

气象条件如风向、风速、大气湍流、大气稳定度总在不停地改变，故污染物的稀释与扩散情况也不断地变化。同一污染源对同一地点在不同时间所造成的地面空气污染浓度往往相差数倍至数十倍；同一时间不同地点也相差甚大。一次污染物和二次污染物浓度在一天之内也不断地变化。一次污染物因受逆温层及气温、气压等限制，清晨和黄昏浓度较高，中午较低；二次污染物如光化学烟雾，因在阳光照射下才能形成，故中午浓度较高，清晨和夜晚浓度低。风速大，大气不稳定，则污染物稀释扩散速度快，浓度变化也快；反之，稀释扩散慢，浓度变化也慢。

污染源的类型、排放规律及污染物的性质不同，其时空分布特点也不同。例如，我国北方城市空气中 SO_2 浓度的变化规律是：在一年内，1，2，11，12 月属采暖期，SO_2 浓度比其他月份高；在一天之内，6～10 时和 18～21 时为供热高峰时间，SO_2 浓度比其他时间高。点污染源或线污染源排放的污染物浓度变化较快，涉及范围较小；大量地面小污染源（如工业区炉窑、分散供热锅炉等）构成的面污染源排放的污染浓度分布比较均匀，并随气象条件变化有较强的变化规律。就污染物的性质而言，质量轻的分子态或气溶胶态污染物高度分散在空气中，易扩散和稀释，随时空变化快；质量较重的尘、汞蒸气等，扩散能力差，影响范围较小。

为反映污染物浓度随时间变化，在空气污染监测中提出时间分辨率的概念，要求在规定的时间内反映出污染物浓度变化。例如，了解污染物对人体的急性危害，要求分辨率为 3min；了解化学烟雾对呼吸道的刺激反应，要求分辨率为 10min。在《环境空气质量标准》（GB 3095—1996）中，要求测定污染物的瞬时最大浓度及日平均、月平均、季平均、年平均浓度，也是为了反映污染物随时间的变化情况。

3.1.1.5　空气中污染物浓度表示方法

空气中污染物浓度有两种表示方法，即单位体积质量浓度和体积比浓度，根据污染物存在状态选择使用。

A　单位体积质量浓度

单位体积质量浓度是指单位体积空气中所含污染物的质量数，常用 mg/m^3 或 $\mu g/m^3$ 表示。这种表示方法对任何状态的污染物都适用。

B　体积比浓度

体积比浓度是指 100 万体积空气中含污染气体或蒸气的体积数，常用 mL/m^3 和 $\mu L/m^3$ 表示。显然这种表示方法仅适用于气态或蒸气态物质，它不受空气温度和压力变化的影响。

因为单位体积质量浓度受温度和压力变化的影响，为使计算出的浓度具有可比性，我国空气质量标准采用标准状况（0℃，101.325kPa）时的体积。非标准状况下的气体体积可用气态方程式换算成标准状况下的体积，换算式如下：

$$V_0 = V_t \cdot \frac{273}{273 + t} \cdot \frac{p}{101.325}$$

式中，V_0 为标准状况下的采样体积，L 或 m^3；V_t 为现场状况下的采样体积，L 或 m^3；t 为采样时的温度，℃；p 为采样时的大气压力，kPa。

美国、日本和世界卫生组织开展的全球环境监测系统采用的是参比状况（25℃，101.325kPa），进行数据比较时应注意。

两种浓度单位可按下式进行换算:

$$c_V = \frac{22.4}{M} \cdot c_m$$

式中,c_V 为以 mL/m³ 表示的气体浓度(标准状况下);c_m 为以 mg/m³ 表示的气体浓度;M 为气态物质的分子量,g;22.4 为标准状况下气体的摩尔体积,L。

制订空气污染监测方案的程序和制订水和废水监测方案一样,首先要根据监测目的进行调查研究,收集相关的资料,然后经过综合分析,确定监测项目,设计布点网络,选定采样频率、采样方法和监测技术,建立质量保证程序和措施,提出进度安排计划和对监测结果报告的要求等。下面结合我国现行技术规范,对监测方案的基本内容进行介绍。

大气及废气污染的现状、20 世纪十大环境公害事件中由大气污染造成的公害事件。

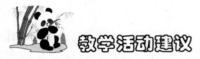

建议此部分内容让学生收集大气及废气污染的相关资料,并形成课件或文字,走上讲台讲解,以锻炼学生的计算机应用能力、收集整理资料能力、语言表达能力。

3.1.2 监测方案的制订

3.1.2.1 监测目的

(1)通过对环境空气中主要污染物质进行定期或连续地监测,判断空气质量是否符合《环境空气质量标准》(GB 3095—1996)或环境规划目标的要求,为空气质量状况评价提供依据。

(2)为研究空气质量的变化规律和发展趋势,开展空气污染的预测预报,以及研究污染物迁移转化情况提供基础资料。

(3)为政府环保部门执行环境保护法规,开展空气质量管理及修订空气质量标准提供依据和基础资料。

3.1.2.2 调研及资料收集

A 污染源分布及排放情况

通过调查,将监测区域内的污染源类型、数量、位置、排放的主要污染物及排放量一一弄清楚,同时还应了解所用原料、燃料及消耗量。注意将由高烟囱排放的较大污染源与由低烟囱排放的小污染源区别开来。因为小污染源的排放高度低,对周围地区地面空气中污染物浓度影响比高烟囱排放源大。另外,对于交通运输污染较重和有石油化工企业的地区,应区别一次污染物和由于光化学反应产生的二次污染物。因为二次污染物是在大气中形成的,其高浓度可能在远离污染源的地方,在布设监测点时应加以考虑。

B　气象资料

污染物在空气中的扩散、迁移和一系列的物理、化学变化在很大程度上取决于当时当地的气象条件。因此，要收集监测区域的风向、风速、气温、气压、降水量、日照时间、相对湿度、温度垂直梯度和逆温层底部高度等资料。

C　地形资料

地形对当地的风向、风速和大气稳定情况等有影响，因此是设置监测网点应当考虑的重要因素。例如，工业区建在河谷地区时，出现逆温层的可能性大；位于丘陵地区的城市，市区内空气污染物的浓度梯度会相当大；位于海边的城市会受海、陆风的影响，而位于山区的城市会受山谷风的影响等。为掌握污染物的实际分布状况，监测区域的地形越复杂，要求布设监测点越多。

D　土地利用和功能分区情况

监测区域内土地利用情况及功能区划分也是设置监测网点应考虑的重要因素之一。不同功能区的污染状况是不同的，如工业区、商业区、混合区、居民区等。还可以按照建筑物的密度、有无绿化地带等做进一步分类。

E　人口分布及人群健康情况

环境保护的目的是维护自然环境的生态平衡，保护人群的健康，因此，掌握监测区域的人口分布、居民和动植物受空气污染危害情况及流行性疾病等资料，对制订监测方案，分析判断监测结果是有益的。

此外，对于监测区域以往的空气监测资料等也应尽量收集，供制订监测方案参考。

3.1.2.3　监测项目

空气中的污染物质多种多样，应根据监测空间范围内实际情况和优先监测原则确定监测项目，并同步观测有关气象参数。我国目前要求的空气污染常规监测项目见表3-2。

表3-2　空气污染常规监测项目

类别	必测项目	按地方情况增加的必测项目	选测项目
空气污染物监测	TSP、SO_2、NO_x、硫酸盐化速率、灰尘自然沉降量	CO、总氧化剂、总烃、PM_{10}、F_2、HF、B(a)P、Pb、H_2S、光化学氧化剂	CS_2、Cl_2、氯化氢、硫酸雾、HCN、NH_3、Hg、Be、铬酸雾、非甲烷烃、芳香烃、苯乙烯、酚、甲醛、甲基对硫磷、异氰酸甲酯等
空气降水监测	pH值、电导率	K^+、Na^+、Ca^{2+}、Mg^{2+}、NH_4^+、SO_4^{2-}、NO_3^-、Cl^-	

3.1.2.4　监测站（点）的布设

A　布设采样站（点）的原则和要求

（1）采样点应设在整个监测区域的高、中、低三种不同污染物浓度的地方。

（2）在污染源比较集中、主导风向比较明显的情况下，应将污染源的下风向作为主要监测范围，布设较多的采样点；上风向布设少量点作为对照。

（3）工业较密集的城区和工矿区、人口密度大及污染物超标地区，要适当增设采样点；城市郊区和农村、人口密度小及污染物浓度低的地区，可酌情少设采样点。

（4）采样点的周围应开阔，采样口水平线与周围建筑物高度的夹角应不大于30°。测点周围无局地污染源，并应避开树木及吸附能力较强的建筑物。交通密集区的采样点应设在距人行道边缘至少1.5m远处。

（5）各采样点的设置条件要尽可能一致或标准化，使获得的监测数据具有可比性。

（6）采样高度根据监测目的而定。研究大气污染对人体的危害，采样口应在离地面1.5~2m处；研究大气污染对植物或器物的影响，采样口高度应与植物或器物高度相近。连续采样例行监测采样口高度应距地面3~15m；若置于屋顶采样，采样口应与基础面有1.5m以上的相对高度，以减小扬尘的影响。特殊地形地区可视实际情况选择采样高度。

B 采样站（点）数目的确定

在一个监测区域内，采样站（点）设置数目应根据监测范围大小、污染物的空间分布和地形地貌特征、人口分布情况及其密度、经济条件等因素综合考虑确定。

我国对空气环境污染例行监测采样站设置数目主要依据城市人口多少（见表3-3），并要求对有自动监测系统的城市以自动监测为主，人工连续采样点辅之；无自动监测系统的城市，以连续采样点为主，辅以单机自动监测，便于解决缺少瞬时值的问题。表3-3中各档测点数中包括一个城市的主导风向上风向的区域背景测点。世界卫生组织（WHO）建议，城市地区空气污染趋势监测站数可参考表3-4。

表3-3 我国空气环境污染例行监测采样点设置数目

市区人口/万人	SO_2，NO_x，TSP	灰尘自然降尘量	硫酸盐化速率
<50	3	≥3	≥6
50~100	4	4~8	6~12
100~200	5	8~11	12~18
200~400	6	12~20	18~30
>400	7	20~30	30~40

表3-4 WHO推荐的城市空气自动监测站（点）数目

市区人口/万人	可吸入颗粒物	SO_2	NO_x	氧化剂	CO	风向、风速
≤100	2	2	1	1	1	1
100~400	5	5	2	2	2	2
400~800	8	8	4	3	2	2
>800	10	10	5	4	5	3

C 采样站（点）布设方法

监测区域内的采样站（点）总数确定后，可采用经验法、统计法、模拟法等进行站（点）布设。

经验法是常采用的方法，特别是对尚未建立监测网或监测数据积累少的地区，需要凭借经验确定采样站（点）的位置。具体方法有功能区布点法、网格布点法、同心圆布点法、扇形布点法。

　　a　功能区布点法

　　按功能区划分布点法多用于区域性常规监测。先将监测区域划分为工业区、商业区、居住区、工业和居住混合区、交通稠密区、清洁区等，再根据具体污染情况和人力、物力条件，在各功能区设置一定数量的采样点。各功能区的采样点数不要求平均，在污染源集中的工业区和人口较密集的居住区多设采样点。

　　b　网格布点法

　　这种布点法是将监测区域地面划分成若干均匀网状方格，采样点设在两条直线的交点处或方格中心（如图 3-1 所示）。网格大小视污染源强度、人口分布及人力、物力条件等确定。若主导风向明显，下风向设点应多一些，一般约占采样点总数的 60%。对于有多个污染源，且污染源分布较均匀的地区，常采用这种布点方法。它能较好地反映污染物的空间分布；如将网格划分得足够小，则将监测结果绘制成污染物浓度空间分布图，对指导城市环境规划和管理具有重要意义。

　　c　同心圆布点法

　　这种方法主要用于多个污染源构成污染群，且大污染源较集中的地区。先找出污染群的中心，以此为圆心在地面上画若干个同心圆，再从圆心作若干条放射线，将放射线与圆周的交点作为采样点（如图 3-2 所示）。不同圆周上的采样点数目不一定相等或均匀分布，常年主导风向的下风向比上风向多设一些点。例如，同心圆半径分别取 4km，10km，20km，40km，从里向外各圆周上分别设 4，8，8，4 个采样点。

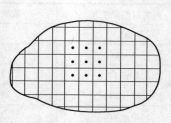

图 3-1　网格布点法

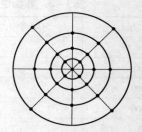

图 3-2　同心圆布点法

　　d　扇形布点法

　　扇形布点法适用于孤立的高架点源，且主导风向明显的地区。以点源所在位置为顶点，主导风向为轴线，在下风向地面上画出一个扇形区作为布点范围。扇形的角度一般为 45°，也可更大些，但不能超过 90°。采样点设在扇形平面内距点源不同距离的若干弧线上（如图 3-3 所示）。每条弧线上设 3~4 个采样点，相邻两点与顶点连线的夹角一般取 10°~20°。在上风向应设对照点。

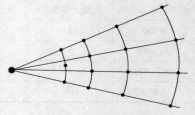

图 3-3　扇形布点法

　　采用同心圆布点法和扇形布点法时，应考虑高架点源排放污染物的扩散特点。在不计污染物本底浓度时，点源脚下的污染物浓度为零，随着距离的增加，很快出现浓度最大值，然后按指数规律下降。因此，同心圆或弧线不宜等距离划分，而是靠近最大浓度值的地方密一些，以免漏测最大浓度的位置。至于污染物最大浓度出现的位置，与源高、气象条件和地面状况密切相关。例如，对平坦地面上 50m 高的烟囱，污染物最大地面浓度出现的位置与气象条件的关系列于表 3 - 5。随着烟囱高度的增加，最大地面浓度出现的位置随之增大，如在大气稳定时，高度为 100m 的烟囱排放污染物的最大地面浓度出现位置约在烟囱高度的 100 倍处。

表 3 - 5　50m 高烟囱排放污染物最大地面浓度出现位置与气象条件的关系

大气稳定度	最大浓度出现位置（相当于烟囱高度的倍数）
不稳定	5 ~ 10
中性	20 左右
稳定	40 以上

在实际工作中，为做到因地制宜，使采样网点布设完善合理，往往采用以一种布点方法为主，兼用其他方法的综合布点法。

统计法适用于已积累了多年监测数据的地区。根据城市空气污染物分布的时间与空间上变化有一定相关性，通过对监测数据的统计处理对现有站（点）进行调整，删除监测信息重复的站（点）。例如，如果监测网中某些站（点）历年取得的监测数据较近似，可以通过类聚分析法将结果相近的站（点）聚为一类，从中选择少数代表性站（点）。

模拟法是根据监测区域污染源的分布、排放特征、气象资料以及应用数学模型预测的污染物时空分布状况设计采样站（点）。

教学活动建议

建议此部分进行任务驱动教学法，以某地表水水质监测方案的制订为任务，实施教学做一体化教学，技能训练项目见技能训练（3.1.1）。

技能训练（3.1.1）　某区域（校园区域）环境空气监测方案的制订

《环境监测与分析》实训（非实验类）项目任务单

任务序号		项目名称	校园区域空气监测方案	实训地点	教室或教学做一体化教室
	小组成员				

具体任务：
　　请根据空气监测方案设计原则，收集相关资料，完成校园区域环境空气监测方案的设计。

任务分工：

提交资料：

小组汇报成果：

任务 3.2　空气样品的采集方法和采样仪器的使用

3.2.1　采样频率和采样时间

采样频率是指在一个时段内的采样次数；采样时间指每次采样从开始到结束所经历的时间。两者要根据监测目的、污染物分布特征、分析方法灵敏度等因素确定。例如，为监测空气质量的长期变化趋势，连续或间歇自动采样测定为最佳方式；事故性污染等应急监测要求快速测定，采样时间尽量短；对于一级环境影响评价项目，要求不得少于夏季和冬季两期监测，每期应取得有代表性的 7 天监测数据，每天采样监测不少于六次（2，7，10，14，16，19 时）。表 3 – 6 列出了我国城镇空气质量采样频率和时间规定；表 3 – 7 列出了《环境空气质量标准》（GB 3095—1996）对污染物监测数据的统计有效性规定。

表 3 – 6　采样频率和采样时间

监 测 项 目	采样时间和频率
二氧化硫	隔日采样，每天连续采样 24 ± 0.5h，每月 14 ~ 16 天，每年 12 个月
氮氧化物	
总悬浮颗粒物	隔双日采样，每天连续采样 24 ± 0.5h，每月 5 ~ 6 天，每年 12 个月
灰尘自然降尘量	每月采样（30 ± 2）天，每年 12 个月
硫速盐化速率	每月采样（30 ± 2）天，每年 12 个月

表 3 – 7　污染物监测数据统计的有效性规定

污 染 物	取值时间	数据有效性规定
SO_2，NO_x，NO_2	年平均	每年至少有分布均匀的 144 个日均值，每月至少有分布均匀的 12 个日均值
TSP，PM_{10}，Pb	年平均	每年至少有分布均匀的 60 个日均值，每月至少有分布均匀的 5 个日均值
SO_2，NO_x，NO_2，CO	日平均	每日至少有 18h 的采样时间
TSP，PM_{10}，B（a）P，Pb	日平均	每日至少有 12h 的采样时间
SO_2，NO_x，NO_2，CO，O_3	1 小时平均	每小时至少有 45min 的采样时间
Pb	季平均	每季至少有分布均匀的 15 个日均值，每月至少有分布均匀的 5 个日均值
F	月平均	每月至少采样 15 天以上
	植物生长季平均	每一个生长季至少有 70% 个月平均值
	日平均	每日至少有 12h 的采样时间
	1 小时平均	每小时至少有 45min 的采样时间

3.2.2　采样方法

采集空气样品的方法可归纳为直接采样法和富集（浓缩）采样法两类。

3.2.2.1　直接采样法

当空气中的被测组分浓度较高，或者监测方法灵敏度高时，直接采集少量气样即可满足监测分析要求。例如，用非色散红外吸收法测定空气中的一氧化碳，用紫外荧光法测定空气中的二氧化硫等都用直接采样法。这种方法测得的结果是瞬时浓度或短时间内的平均浓度，能较快地测知结果。常用的采样容器有注射器、塑料袋、真空瓶（管）等。

A　注射器采样

常用 100mL 注射器采集有机蒸气样品。采样时，先用现场气体抽洗 2~3 次，然后抽取 100mL，密封进气口，带回实验室分析。样品存放时间不宜长，一般应当天分析完。

B　塑料袋采样

应选择与气样中污染组分既不发生化学反应，也不吸附、不渗漏的塑料袋。常用的有聚四氟乙烯袋、聚乙烯袋及聚酯袋等。为减小对被测组分的吸附，可在袋的内壁衬银、铝等金属膜。采样时，先用二联球打进现场气体冲洗 2~3 次，再充满气样，夹封进气口，带回尽快分析。

C　采气管采样

采气管是两端具有旋塞的管式玻璃容器，其容积为 100~500mL（如图 3-4 所示）。采样时，打开两端旋塞，将二联球或抽气泵接在管的一端，迅速抽进比采气管容积大 6~10 倍的欲采气体，使采气管中原有气体被完全置换出，关上两端旋塞，采气体积即为采气管的容积。

D　真空瓶采样

真空瓶是一种用耐压玻璃制成的固定容器，容积为 500~1000mL（如图 3-5 所示）。采样前，先用抽真空装置（如图 3-6 所示）将采气瓶（瓶外套有安全保护套）内抽至剩余压力达 1.33kPa 左右；如瓶内预先装入吸收液，可抽至溶液冒泡为止，关闭旋塞。采样时，打开旋塞，被采空气即充入瓶内，关闭旋塞，则采样体积为真空采气瓶的容积。如果采气瓶内真空度达不到 1.33kPa，实际采样体积应根据剩余压力进行计算。

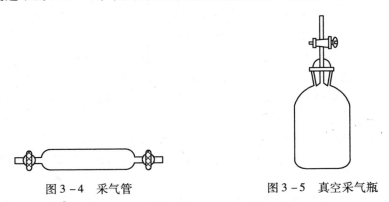

图 3-4　采气管　　　　　　　　　　图 3-5　真空采气瓶

当用闭口压力计测量剩余压力时，现场状况下的采样体积按下式计算：

$$V = V_0 \cdot \frac{p - p_B}{p}$$

式中，V 为现场状况下的采样体积，L；V_0 为真空采气瓶容积，L；p 为大气压力，kPa；p_B 为闭管压力计读数，kPa。

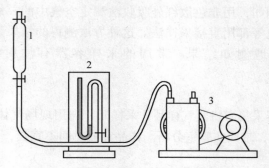

图 3 - 6 真空采气瓶的抽真空装置

1—真空采气瓶；2—闭管压力计；3—真空泵

3.2.2.2 富集（浓缩）采样法

空气中的污染物质浓度一般都比较低（$10^{-6} \sim 10^{-9}$ 数量级），直接采样法往往不能满足分析方法检测限的要求，故需要用富集采样法对空气中的污染物进行浓缩。富集采样时间一般比较长，测得结果代表采样时段的平均浓度，更能反映空气污染的真实情况。这类采样方法有溶液吸收法、固体阻留法、低温冷凝法、扩散（或渗透）法及自然沉降法等。

A 溶液吸收法

该方法是采集空气中气态、蒸气态及某些气溶胶态污染物质的常用方法。采样时，用抽气装置将欲测空气以一定流量抽入装有吸收液的吸收管（瓶）。采样结束后，倒出吸收液进行测定，根据测得结果及采样体积计算空气中污染物的浓度。

溶液吸收法的吸收效率主要决定于吸收速度和样气与吸收液的接触面积。

欲提高吸收速度，必须根据被吸收污染物的性质选择效能好的吸收液。常用的吸收液有水、水溶液和有机溶剂等。按照它们的吸收原理可分为两种类型，一种是气体分子溶解于溶液中的物理作用，如用水吸收空气中的氯化氢、甲醛，用 5% 的甲醇吸收有机农药，用 10% 乙醇吸收硝基苯等。另一种吸收原理是基于发生化学反应，例如用氢氧化钠溶液吸收空气中的硫化氢基于中和反应，用四氯汞钾溶液吸收 SO_2 基于络合反应等。理论和实践证明，伴有化学反应的吸收溶液的吸收速度比单靠溶解作用的吸收液吸收速度快得多。因此，除采集溶解度非常大的气态物质外，一般都选用伴有化学反应的吸收液。吸收液的选择原则是：

（1）与被采集的污染物质发生化学反应快或对其溶解度大。

（2）污染物质被吸收液吸收后，要有足够的稳定时间，以满足分析测定所需时间的要求。

（3）污染物质被吸收后，应有利于下一步分析测定，最好能直接用于测定。

（4）吸收液毒性小、价格低、易于购买，且尽可能回收利用。

增大被采气体与吸收液接触面积的有效措施是选用结构适宜的吸收管（瓶）。下面介绍几种常用吸收管（瓶）（如图 3 - 7 所示）。

（1）气泡吸收管。这种吸收管可装 $5 \sim 10\text{mL}$ 吸收液，采样流量为 $0.5 \sim 2.0\text{L/min}$，适用于采集气态和蒸气态物质。对于气溶胶态物质，因不能像气态分子那样快速扩散到气液界面上，故吸收效率差。

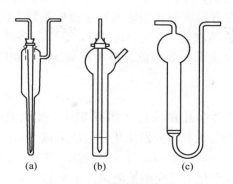

图 3 - 7　气体吸收管（瓶）
（a）气泡吸收管；（b）冲击式吸收管；（c）多孔筛板吸收管

（2）冲击式吸收管。这种吸收管有小型（装 5 ~ 10mL 吸收液，采样流量为 3.0L/min）和大型（装 50 ~ 100mL 吸收液，采样流量为 30L/min）两种规格，适宜采集气溶胶态物质。因为该吸收管的进气管喷嘴孔径小，距瓶底又很近，当被采气样快速从喷嘴喷出冲向管底时，则气溶胶颗粒因惯性作用冲击到管底被分散，从而易被吸收液吸收。冲击式吸收管不适合采集气态和蒸气态物质，因为气体分子的惯性小，在快速抽气情况下，容易随空气一起跑掉。

（3）多孔筛板吸收管（瓶）。吸收管可装 5 ~ 10mL 吸收液，采样流量为 0.1 ~ 1.0L/min。吸收瓶有小型（装 10 ~ 30mL 吸收液，采样流量为 0.5 ~ 2.0L/min）和大型（装 50 ~ 100mL 吸收液，采样流量 30L/min）两种。气样通过吸收管（瓶）的筛板后，被分散成很小的气泡，且阻留时间长，大大增加了气液接触面积，从而提高了吸收效果。它们除适合采集气态和蒸气态物质外，也能采集气溶胶态物质。

　　B　填充柱阻留法

填充柱是用一根长 6 ~ 10cm、内径 3 ~ 5mm 的玻璃管或塑料管，内装颗粒状或纤维状填充剂制成。采样时，让气样以一定流速通过填充柱，则欲测组分因吸附、溶解或化学反应等作用被阻留在填充剂上，达到浓缩采样的目的。采样后，通过解吸或溶剂洗脱，使被测组分从填充剂上释放出来进行测定。根据填充剂阻留作用的原理，可分为吸附型、分配型和反应型三种类型。

　　a　吸附型填充柱

这种柱的填充剂是颗粒状固体吸附剂，如活性炭、硅胶、分子筛、高分子多孔微球等。它们都是多孔性物质，比表面积大，对气体和蒸气有较强的吸附能力。有两种表面吸附作用，一种是由于分子间引力引起的物理吸附，吸附力较弱；另一种是由于剩余价键力引起的化学吸附，吸附力较强。极性吸附剂如硅胶等，对极性化合物有较强的吸附能力；非极性吸附剂如活性炭等，对非极性化合物有较强的吸附能力。一般说来，吸附能力越强，采样效率越高，但这往往会给解吸带来困难。因此，在选择吸附剂时，既要考虑吸附效率，又要考虑易于解吸。

　　b　分配型填充柱

这种填充柱的填充剂是表面涂高沸点有机溶剂（如异十三烷）的惰性多孔颗粒物

（如硅藻土），类似于气液色谱柱中的固定相，只是有机溶剂的用量比色谱固定相大。当被采集气样通过填充柱时，在有机溶剂（固定液）中分配系数大的组分保留在填充剂上而被富集。例如，空气中的有机氯农药（六六六、DDT 等）和多氯联苯（PCB）多以蒸气或气溶胶态存在，用溶液吸收法采样效率低，但用涂渍5%甘油的硅酸铝载体填充剂采样，采集效率可达90%～100%。

　　c　反应型填充柱

　　这种柱的填充剂是由惰性多孔颗粒物（如石英砂、玻璃微球等）或纤维状物（如滤纸、玻璃棉等）表面涂渍能与被测组分发生化学反应的试剂制成。也可以用能和被测组分发生化学反应的纯金属（如 Au，Ag，Cu 等）丝毛或细粒作填充剂。气样通过填充柱时，被测组分在填充剂表面因发生化学反应而被阻留。采样后，将反应产物用适宜溶剂洗脱或加热吹气解吸下来进行分析。例如，空气中的微量氨可用装有涂渍硫酸的石英砂填充柱富集。采样后，用水洗脱下来测定。反应型填充柱采样量和采样速度都比较大，富集物稳定，对气态、蒸气态和气溶胶态物质都有较高的富集效率。

　　C　滤料阻留法

　　该方法是将过滤材料（滤纸、滤膜等）放在采样夹上（如图3-8所示），用抽气装置抽气，则空气中的颗粒物被阻留在过滤材料上，称量过滤材料上富集的颗粒物质量，根据采样体积，即可计算出空气中颗粒物的浓度。

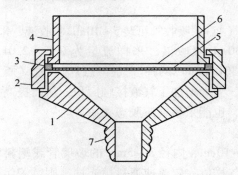

图3-8　颗粒物采样夹
1—底座；2—紧固圈；3—密封圈；4—接座圈；5—支撑网；6—滤膜；7—抽气接口

　　滤料采集空气中气溶胶颗粒物基于直接阻截、惯性碰撞、扩散沉降、静电引力和重力沉降等作用。滤料的采集效率除与自身性质有关外，还与采样速度、颗粒物的大小等因素有关。低速采样，以扩散沉降为主，对细小颗粒物的采集效率高；高速采样，以惯性碰撞作用为主，对较大颗粒物的采集效率高。空气中的大小颗粒物是同时并存的，当采样速度一定时，就可能使一部分粒径小的颗粒物采集效率偏低。此外，在采样过程中，还可能发生颗粒物从滤料上弹回或吹走现象，特别是采样速度大的情况下，颗粒大、质量重粒子易发生弹回现象；颗粒小的粒子易穿过滤料被吹走，这些情况都是造成采集效率偏低的原因。

　　常用的滤料有纤维状滤料，如滤纸、玻璃纤维滤膜、过氯乙烯滤膜等；筛孔状滤料，如微孔滤膜、核孔滤膜、银薄膜等。滤纸的孔隙不规则且较少，适用于金属尘粒的采集。因滤纸吸水性较强，不宜用于重量法测定颗粒物浓度。玻璃纤维滤膜吸湿性小，耐高温，耐腐蚀，通气阻力小，采集效率高，常用于采集悬浮颗粒物，但其机械强度差，某些元素含量较高。聚氯乙烯或聚苯乙烯等合成纤维膜通气阻力小，并可用有机溶剂溶解成透明溶液，便于进行颗粒物分散度及颗粒物中化学组分的分析。微孔滤膜是由硝酸（或醋酸）纤维素制成的多孔性薄膜，孔径细小、均匀，重量轻，金属杂质含量极微，溶于多种有机溶剂，尤其适用于采集分析金属的气溶胶。核孔滤膜是将聚碳酸酯薄膜覆盖在铀箔上，用中子流轰击，使铀核分裂产生的碎片穿过薄膜形成微孔，再经化学腐蚀处理制成。这种膜薄而光滑，机械强度好，孔径均匀，不亲水，适用于精密的重量分析，但因微孔呈圆柱状，采样效率较微孔滤膜低。银薄膜由微细的银粒烧结制成，具有与微孔滤膜相似的结构，它能耐 400℃ 高温，抗化学腐蚀性强，适用于采集酸、碱气溶胶及含煤焦油、沥青等挥发性有机物的气样。

D　低温冷凝法

空气中某些沸点比较低的气态污染物质，如烯烃类、醛类等，在常温下用固体填充剂等方法富集效果不好，而低温冷凝法可提高采集效率。

低温冷凝采样法是将 U 形或蛇形采样管插入冷阱（如图 3－9 所示）中，当空气流经采样管时，·被测组分因冷凝而凝结在采样管底部。如用气相色谱法测定，可将采样管仪器进气口连接，移去冷阱，在常温或加热情况下气化，进入仪器测定。

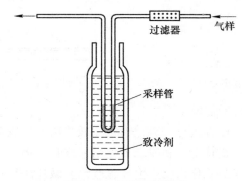

图 3－9　低温冷凝采样

制冷的方法有半导体制冷器法和制冷剂法。常用制冷剂有冰（0℃）、冰－盐水（－10℃）、干冰－乙醇（－72℃）、干冰（－78.5℃）、液氧（－183℃）、液氮（－196℃）等。

低温冷凝采样法具有效果好、采样量大、利于组分稳定等优点，但空气中的水蒸气、二氧化碳，甚至氧也会同时冷凝下来，在气化时，这些组分也会气化，增大了气体总体积，从而降低了浓缩效果，甚至干扰测定。为此，应在采样管的进气端装置选择性过滤器（内装过氯酸镁、碱石棉、氯化钙等），以除去空气中的水蒸气和二氧化碳等。但所用干燥剂和净化剂不能与被测组分发生作用，以免引起被测组分损失。

E　自然积集法

这种方法是利用物质的自然重力、空气动力和浓差扩散作用采集空气中的被测物质，如自然降尘量、硫酸盐化速率、氟化物等空气样品的采集。采样不需动力设备，简单易行，且采样时间长，测定结果能较好地反映空气污染情况。下面举两个实例。

a　降尘试样采集

采集空气中降尘的方法分为湿法和干法两种，其中，湿法应用更为普遍。

　　湿法采样是在一定大小的圆筒形玻璃（或塑料、瓷、不锈钢）缸中加入一定量的水，放置在距地面 5 ~ 12m 高、附近无高大建筑物及局部污染源的地方（如空旷的屋顶上），采样口距基础面 1 ~ 1.5m，以避免顶面扬尘的影响。我国集尘缸的尺寸为内径 15cm、高 30cm，一般加水 100 ~ 300mL（视蒸发量和降雨量而定）。为防止冰冻和抑制微生物及藻类的生长，保持缸底湿润，需加入适量乙二醇。采样时间为（30 ±2）天，多雨季节注意及时更换集尘缸，防止水满溢出。各集尘缸采集的样品合并后测定。

　　干法采样一般使用标准集尘器（如图 3 - 10 所示）。夏季也需加除藻剂。我国干法采样用的集尘缸示如图 3 - 11 所示，在缸底放入塑料圆环，圆环上再放置塑料筛板。

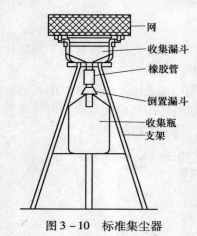

　　图 3 - 10　标准集尘器　　　　　　　图 3 - 11　干法采样集尘缸

b　硫酸盐化速率试样的采集

　　硫酸盐化速率常用的采样方法有二氧化铅法和碱片法。二氧化铅采样法是将涂有二氧化铅糊状物的纱布绕贴在素瓷管上，制成二氧化铅采样管，将其放置在采样点上，则空气中的二氧化硫、硫酸雾等与二氧化铅反应生成硫酸铅。碱片法是将用碳酸钾溶液浸渍过的玻璃纤维滤膜置于采样点上，则空气中的二氧化硫、硫酸雾等与碳酸反应生成硫酸盐而被采集。

3.2.3　采样仪器

3.2.3.1　组成部分

　　空气污染物监测多采用动力采样法，其采样器主要由收集器、流量计和采样动力三部分组成。如图 3 - 12 所示。

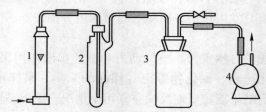

图 3 - 12　采样器组成部分
1—流量计；2—收集器；3—缓冲瓶；4—抽气泵

A　收集器

收集器是捕集空气中欲测污染物的装置。前面介绍的气体吸收管（瓶）、填充柱、滤料、冷凝采样管等都是收集器，需根据被捕集物质的存在状态、理化性质等选用。

B　流量计

流量计是测量气体流量的仪器，而流量是计算采气体积的参数。常用的流量计有皂膜流量计、孔口流量计、转子流量计、临界孔稳流器和湿式流量计。

皂膜流量计是一根标有体积刻度的玻璃管，管的下端有一支管和装满肥皂水的橡皮球，当挤压橡皮球时，肥皂水液面上升，由支管进来的气体便吹起皂膜，并在玻璃管内缓慢上升，准确记录通过一定体积气体所需时间，即可得知流量。这种流量计常用于校正其他流量计，在很宽的流量范围内，误差皆小于 1%。

孔口流量计（如图 3-13 所示）有隔板式和毛细管式两种。当气体通过隔板或毛细管小孔时，因阻力而产生压力差；气体流量越大，阻力越大，产生的压力差也越大，由下部的 U 形管两侧的液柱差可直接读出气体的流量。

转子流量计（如图 3-14 所示）由一个上粗下细的锥形玻璃管和一个金属制转子组成。当气体由玻璃管下端进入时，由于转子下端的环形孔隙截面积大于转子上端的环形孔隙截面积，所以转子下端气体的流速小于上端的流速，下端的压力大于上端的压力，使转子上升，直到上、下两端压力差与转子的重量相等时，转子停止不动。气体流量越大，转子升得越高，可直接从转子上沿位置读出流量。当空气湿度大时，需在进气口前连接一个干燥管，否则，转子吸附水分后重量增加，影响测量结果。

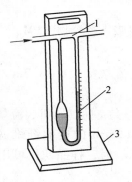

图 3-13　孔口流量计
1—隔板；2—液柱；3—支架

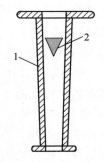

图 3-14　转子流量计
1—锥形玻璃管；2—转子

临界孔是一根长度一定的毛细管，当空气流通过毛细孔时，如果两端维持足够的压力差，则通过小孔的气流就能保持恒定，此时为临界状态流量，其大小取决于毛细管孔径大小。这种流量计使用方便，广泛用于空气采样器和自动监测仪器上控制流量。临界孔可以用注射器针头代替，其前面应加除尘过滤器，防止小孔被堵塞。

C　采样动力

采样动力为抽气装置，要根据所需采样流量、收集器类型及采样点的条件进行选择，并要求其抽气流量稳定、连续运行能力强、噪声小和能满足抽气速度要求。

注射器、连续抽气筒、双连球等手动采样动力适用于采气量小、无市电供给的情况。对于采样时间较长和采样速度要求较大的场合，需要使用电动抽气泵，如薄膜泵、电磁泵、刮板泵及真空泵等。

　　薄膜泵的工作原理是：用微电机通过偏心轮带动夹持在泵体上的橡皮膜进行抽气。当电机转动时，橡皮膜就不断地上下移动；上移时，空气经过进气活门吸入，出气活门关闭；下移时，进气活门关闭，空气由出气活门排出。薄膜泵是一种轻便的抽气泵，采气流量为 $0.5 \sim 3.0 L/min$，广泛用于空气采样器和空气自动分析仪器上。

　　电磁泵是一种将电磁能量直接转换成被输送流体能量的小型抽气泵，其工作原理是：由于电磁力的作用，使振动杆带动橡皮泵室做往复振动，不断地开启或关闭泵室内的膜瓣，使泵室内造成一定的真空或压力，从而起到抽吸和压送气体的作用，其抽气流量为 $0.5 \sim 1.0 L/min$。这种泵不用电机驱动，克服了电机电刷易磨损、线圈发热等缺点，提高了连续运行能力，广泛用于抽气阻力不大的采样器和自动分析仪器上。

　　刮板泵和真空泵用功率较大的电机驱动，抽气速率大，常作为采集空气中颗粒物的动力。

3.2.3.2　专用采样器

　　将收集器、流量计、抽气泵及气样预处理、流量调节、自动定时控制等部件组装在一起，就构成了专用采样装置。有多种型号的商品空气采样器出售，按其用途可分为空气采样器、颗粒物采样器和个体采样器。

　　A　空气采样器

　　空气采样器用于采集空气中气态和蒸气态物质，采样流量为 $0.5 \sim 2.0 L/min$。

　　B　颗粒物采样器

　　颗粒物采样器有总悬浮颗粒物（TSP）采样器和可吸入颗粒物（PM_{10}）采样器。

　　a　总悬浮颗粒物采样器

　　总悬浮颗粒物采样器按其采气流量大小分为大流量（$1.1 \sim 1.7 m^3/min$）、中流量（$50 \sim 150 L/min$）和小流量（$10 \sim 15 L/min$）三种类型。

　　大流量采样器的结构如图 3-15 所示，由滤料采样夹、抽气风机、流量记录仪、计时器及控制系统、壳体等组成。滤料夹可安装 $20cm \times 25cm$ 的玻璃纤维滤膜，以 $1.1 \sim 1.7 m^3/min$ 流量采样 $8 \sim 24h$。当采气量达 $1500 \sim 2000 m^3$ 时，样品滤膜可用于测定颗粒物中的金属、无机盐及有机污染物等组分。

　　中流量采样器由采样夹、流量计、采样管及采样泵等组成。这种采样器的工作原理与大流量采样器相似，只是采样夹面积和采样流量比大流量采样器小。我国规定采样夹有效直径为 $80mm$ 或 $100mm$。当用有效直径 $80mm$ 滤膜采样时，采气流量控制在 $7.2 \sim 9.6 m^3/h$；用 $100mm$ 滤膜采样时，流量控制在 $11.3 \sim 15 m^3/h$。

　　b　可吸入颗粒物采样器

　　采集可吸入颗粒物（PM_{10}）广泛使用大流量采样器。在连续自动监测仪器中，可采用静电捕集法、β 射线吸收法或光散射法直接测定 PM_{10} 浓度。但不论哪种采样器都装有分离粒径大于 $10\mu m$ 颗粒物的装置（称为分尘器或切割器）。

　　c　个体剂量器

　　个体剂量器主要用于研究空气污染物对人体健康的危害。其特点是体积小、重量轻，佩戴在人体上可以随人的活动连续地采样，反映人体实际吸入的污染物量。扩散法采样剂

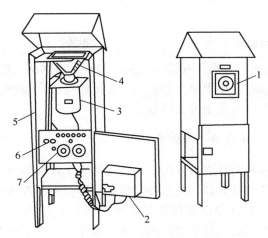

图 3 - 15　大流量采样器结构示意图
1—流量记录仪；2—流量控制器；3—抽气电机；4—滤膜夹；
5—铝壳；6—工作计时器；7—计时器的程序控制器

量器由外壳、扩散层和收集剂三部分组成，其工作原理是空气通过剂量器外壳通气孔进入扩散层，则被收集组分分子也随之通过扩散层到达收集剂表面被吸附或吸收。收集剂为吸附剂、化学试剂浸渍的惰性颗粒物质或滤膜，如用吗啉浸渍的滤膜可采集大气中的 SO_2 等。渗透法采样剂量器由外壳、渗透膜和收集剂组成。渗透膜为有机合成薄膜，如硅酮膜等；收集剂一般用吸收液或固体吸附剂，装在具有渗透膜的盒内，气体分子通过渗透膜到达收集剂被收集，如空气中的 H_2S 通过二甲基硅酮膜渗透到含有乙二胺四乙酸二钠的 0.2mol/L 氢氧化钠溶液而被吸收。

3.2.4　采样效率

采样方法或采样器的采样效率是指在规定的采样条件（如采样流量、污染物浓度范围、采样时间等）下所采集到的污染物量占其总量的百分数。由于污染物的存在状态不同，评价方法也不同。

3.2.4.1　采集气态和蒸气态污染物质效率的评价方法

A　绝对比较法

精确配制一个已知浓度为 c_0 的标准气体，用所选用的采样方法采集，测定被采集的污染物浓度（c_1），其采样效率（K）为：

$$K = \frac{c_1}{c_0} \times 100\%$$

用这种方法评价采样效率虽然比较理想，但因配制已知浓度的标准气有一定困难，往往在实际应用时受到限制。

B　相对比较法

配制一个恒定的但不要求知道待测污染物准确浓度的气体样品，用 2 ~ 3 个采样管串联起来采集所配制的样品。采样结束后，分别测定各采样管中污染物的浓度，其采样效率

（K）为：

$$K = \frac{c_1}{c_1 + c_2 + c_3} \times 100\%$$

式中，c_1，c_2，c_3 分别为第一、第二和第三个采样管中污染物的实测浓度。

用此法计算采样效率时，要求第二管和第三管的浓度之和与第一管比较是极小的，这样三个管浓度之和就近似于所配制的气体浓度。

3.2.4.2　采集颗粒物效率的评价方法

对颗粒物的采集效率有两种表示方法。一种是用采集颗粒数效率表示，即所采集到的颗粒物粒数占总颗粒物数的百分数。另一种是质量采样效率，即所采集到的颗粒物质量占颗粒物总质量的百分数。只有全部颗粒物的大小相同时，这两种采样效率在数值上才相等，但是，实际上这种情况是不存在的，而粒径几微米以下的小颗粒物的颗粒数总是占大部分，而按质量计算却只占很小部分，故质量采样效率总是大于颗粒数采样效率。在空气监测中，评价采集颗粒物方法的采样效率多用质量采样效率表示。

评价采集颗粒物方法的效率与评价采集气态和蒸气态物质采样效率的方法有很大不同。一是配制已知颗粒物浓度的气体在技术上比配制气态和蒸气态物质标准气体要复杂得多，而且颗粒物粒度范围很大，很难在实验室模拟现场存在的气溶胶各种状态。二是滤料采样就像滤筛一样，能漏过第一张滤料的细小颗粒物，也有可能会漏过第二张或第三张滤料，因此用相对比较法评价颗粒物的采样效率就有困难。为此，评价滤纸或滤膜的采样效率一般用另一个已知采样效率高的方法同时采样，或串联在它的后面进行比较得知。

3.2.5　采样记录

采样记录与实验室分析测定记录同等重要。不重视采样记录，往往会导致一大批监测数据无法统计而报废。采样记录的内容有被测污染物的名称及编号，采样地点和采样时间，采样流量和采样体积，采样时的温度、大气压力和天气情况，采样仪器和所用吸收液，采样者、审核者姓名。

任务 3.3　气态和蒸气态污染物质的测定

分子状的污染物虽然很多，但是有标准可比、监测方法比较可靠的常规监测项目有 SO_2，NO_x，CO 和总氧化剂等，另外还要监测 HF，H_2S，Cl_2 及烃类化合物，我们只介绍前四种。

3.3.1　二氧化硫的测定

SO_2 是主要空气污染物之一，为例行监测的必测项目。它来源于煤和石油等燃料的燃烧、含硫矿石的冶炼、硫酸等化工产品生产排放的废气。SO_2 是一种无色、易溶于水、有刺激性气味的气体，能通过呼吸进入气管，对局部组织产生刺激和腐蚀作用，是诱发支气管炎等疾病的原因之一，特别是当它与烟尘等气溶胶共存时，可加重对呼吸道黏膜的损害。

测定空气中 SO_2 常用的方法有分光光度法、紫外荧光法、电导法、恒电流库仑法和气相色谱法。其中，紫外荧光法和电导法主要用于自动监测。

3.3.1.1　分光光度法

A　四氯汞钾溶液吸收 – 盐酸副玫瑰苯胺分光光度法

该方法是国内外广泛采用的测定环境空气中 SO_2 的标准方法，具有灵敏度高、选择性好等优点，但吸收液毒性较大。

a　原理

空气中的 SO_2 被四氯汞钾溶液吸收后，生成稳定的二氯亚硫酸盐络合物，该络合物再与甲醛及盐酸副玫瑰苯胺作用，生成紫色络合物，其颜色深浅与 SO_2 含量成正比。

b　测定要点

有两种操作方法。方法一所用盐酸副玫瑰苯胺显色溶液含磷酸量较方法二少，最终显色溶液 pH 值为 1.6 ± 0.1，呈红紫色，最大吸收波长在 548nm 处，试剂空白值较高，最低检出限为 0.75μg/25mL；当采样体积为 30L 时，最低检出浓度为 0.025mg/m³。方法二最终显色溶液 pH 值为 1.2 ± 0.1，呈蓝紫色，最大吸收波长在 575nm 处，试剂空白值较低，最低检出限为 0.40μg/7.5mL；当采样体积为 10L 时，最低检出浓度为 0.04mg/m³，灵敏度略低于方法一。

测定时，首先配制好所需试剂，用空气采样器采样，然后按照方法一或方法二要求的条件，用亚硫酸钠标准溶液配制标准色列、试剂空白溶液，并将样品吸收液显色、定容；最后，在最大吸收波长处以蒸馏水作参比，用分光光度计测定标准色列、试剂空白和样品试液的吸光度；以标准色列 SO_2 含量为横坐标，相应吸光度为纵坐标，绘制标准曲线，并计算出计算因子（标准曲线斜率的倒数），按下式计算空气中 SO_2 的浓度：

$$c = \frac{(A - A_0)B_s}{V_0} \cdot \frac{V_t}{V_a}$$

式中，c 为空气中 SO_2 浓度，mg/m³；A 为样品试液的吸光度；A_0 为试剂空白溶液的吸光度；B_s 为计算因子，μg/吸光度；V_0 为换算成标准状况下的采样体积，L；V_t 为样气吸收液总体积，mL；V_a 为测定时所取样气吸收液体积，L。

c　注意事项

（1）温度、酸度、显色时间等因素影响显色反应；标准溶液和试样溶液操作条件应保持一致。

（2）氮氧化物、臭氧及锰、铁、铬等离子对测定有干扰。采样后放置片刻，臭氧可自行分解；加入磷酸和乙二胺四乙酸二钠盐可消除或减小某些金属离子的干扰。

B　甲醛缓冲溶液吸收 – 盐酸副玫瑰苯胺分光光度法

用甲醛缓冲溶液吸收 – 盐酸副玫瑰苯胺分光光法测定 SO_2，避免了使用毒性大的四氯汞钾吸收液，在灵敏度、准确度诸方面均可与四氯汞钾溶液吸收法相媲美，且样品采集后相当稳定，但操作条件要求较严格。该方法原理为：气样中的 SO_2 被甲醛缓冲溶液吸收后，生成稳定的羟基甲磺酸加成化合物，加入氢氧化钠溶液使加成化合物分解，释放出 SO_2 与盐酸副玫瑰苯胺反应，生成紫红色络合物，其最大吸收波长为 577nm，用分光光度法测定。该方法最低检出限为 0.20μg/10mL；当用 10mL 吸收液采气 10L 时，最低检出浓度为 0.020mg/m^3。

C　钍试剂分光光度法

该方法也是国际标准化组织（ISO）推荐的测定 SO$_2$ 标准方法。它所用吸收液无毒，采集样品后稳定，但灵敏度较低，所需气样体积大，适合于测定 SO$_2$ 日平均浓度。

钍试剂分光光度法测定原理为：空气中 SO$_2$ 用过氧化氢溶液吸收并氧化成硫酸。硫酸根离子与定量加入的过量高氯酸钡反应，生成硫酸钡沉淀，剩余钡离子与钍试剂作用生成紫红色的钍试剂——钡络合物，据其颜色深浅，间接进行定量测定。有色络合物最大吸收波长为 520nm。当用 50mL 吸收液采气 2m^3 时，最低检出浓度为 0.01mg/m^3。

3.3.1.2　恒电流库仑法

恒电流库仑法的原理在 2.7.1 节已作介绍，SO$_2$ 自动监测仪是根据动态恒电流库仑滴定原理设计的。被测空气经选择性过滤器除去干扰物后，以一定流量连续地被抽入库仑池。库仑池是由铂丝阳极、铂网阴极、活性炭参比电极及碱性碘化钾溶液组成的电解池。若将一恒流电源加于两电解电极上，则电流从阳极流入，经阴极和参比电极流出。因参比电极通过负载和阴极连接，故阴极电位是参比电极电位和负载上电压降之和。此时，两电极上的反应为：

阳极　　　　　　　　　　　$2I^- \longrightarrow I_2 + 2e$

阴极　　　　　　　　　　　$I_2 + 2e \longrightarrow 2I^-$

如果进入库仑池的气样中不含 SO$_2$，库仑池又无其他反应，则阳极氧化的碘离子和阴极还原的碘相等，即阳极电流等于阴极电流，参比电极无电流输出。如果气样中含 SO$_2$，则与阳极上产生的碘分子（滴定剂）发生下列反应：

$$SO_2 + I_2 + 2H_2O \longrightarrow SO_4^{2-} + 2I^- + 4H^+$$

由于该反应的发生，降低了流入阴极的电解液中 I$_2$ 的浓度，使阴极电流下降。为维持电极间氧化还原平衡，降低的电流将由参比电极流出：

$$C(氧化态) + ne \longrightarrow C(还原态)$$

气样中 SO$_2$ 含量越大，消耗碘越多，导致阴极电流减小而通过参比电极流出的电流越大。当气样以固定流速连续地通入库仑池时，参比电极电流和 SO$_2$ 量间的关系如下：

$$P = \frac{I_R M}{96500n} = 0.000332 I_R$$

式中，P 为每秒进入库仑池的 SO$_2$ 量，μg/s；I_R 为参比电极电流，μA；M 为 SO$_2$ 分子量，$M = 64$；n 为参加反应的每个 SO$_2$ 分子的电子变化数。

设通入库仑池的气样流量为 F(L/min)；气样中 SO$_2$ 浓度为 c(μg/L)，则每秒进入库仑池的 SO$_2$ 量为：

$$P = \frac{cF}{60}$$

则　　　　　　　　　　$c = \frac{0.000332 I_R \cdot 60}{F} \approx 0.02 \frac{I_R}{F}$

若 $F = 0.25$L/min，则 $c = 0.08 I_R$。

由此可见，参比电极增加 1μA 电流，相当于气样中 0.08mg/m^3 的 SO$_2$ 浓度。将参比电极电流变化放大后，由微安表显示或用记录仪记录被测气体的 SO_2 浓度。仪器还设有数据处理系统，对测定结果进行数字显示和打印。

3.3.2   氮氧化物的测定

氮的氧化物有一氧化氮、二氧化氮、氧化二氮、三氧化二氮、四氧化二氮和五氧化二氮等多种形式。

大气中的氮氧化物主要以一氧化氮（NO）和二氧化氮（NO_2）形式存在。它们主要来源于石化燃料高温燃烧和硝酸、化肥等生产排放的废气以及汽车排气。

一氧化氮为无色、无臭、微溶于水的气体，在大气中易被氧化为 NO_2。NO_2 为棕红色气体，具有强刺激性臭味，是引起支气管炎等呼吸道疾病的有害物质。大气中的 NO 和 NO_2 可以分别测定，也可以测定二者的总量。

由于空气中氮氧化物的浓度不同，所处的状态也不同，国家制定了三个测定氮氧化物的标准。GB 8969—1988 中氮氧化物的测定使用盐酸萘乙二胺比色法（空气质量标准）。该方法采样和显色同时进行，操作简便，灵敏度高。

GB/T 139606—1992 氮氧化物的测定，用于火炸药生产过程中排出的硝酸尾气中的 NO，NO_2。

GB/T 15436—1995 氮氧化物的测定，即 Saltzman 法，用于测定环境空气中的 NO_x。

实际工作中常用的测定方法有盐酸萘乙二胺分光光度法、化学发光法及恒电流库仑法。

3.3.2.1   盐酸萘乙二胺分光光度法

该方法采样与显色同时进行，操作简便，灵敏度高，是国内外普遍采用的方法。因为测定 NO_x 或单独测定 NO 时，需要将 NO 氧化成 NO_2，故依据所用氧化剂不同，分为高锰酸钾氧化法和三氧化铬 – 石英砂氧化法。两种方法显色、定量测定原理是相同的。当采样 4 ~ 24L 时，测定空气中 NO_x 的适宜浓度范围为 0.015 ~ 2.0mg/m^3。

用冰乙酸、对氨基苯磺酸和盐酸萘乙二胺配成吸收液采样，空气中的 NO_2 被吸收转变成亚硝酸和硝酸。在冰乙酸存在条件下，亚硝酸与对氨基苯磺酸发生重氮化反应，然后再与盐酸萘乙二胺偶合，生成玫瑰红色偶氮染料，其颜色深浅与气样中 NO_2 浓度成正比，因此可用分光光度法测定。吸收液吸收空气中的 NO_2 后，并不是 100% 的生成亚硝酸，还有一部分生成硝酸，计算结果时需要用 Saltzman 实验系数 f 进行换算。该系数是用 NO_2 标准混合气体进行多次吸收实验测定的平均值，表征在采气过程中被吸收液吸收生成偶氮染料的亚硝酸量与通过采样系统的 NO_2 总量的比值。f 值受空气中 NO_2 的浓度、采样流量、吸收瓶类型、采样效率等因素影响，故测定条件应与实际样品保持一致。

3.3.2.2   化学发光法

A   特点

灵敏度高，可达 ppb 级甚至更低；选择性好；线性范围宽，通常可达 5 ~ 6 个数量级。

B   原理

某些化合物分子吸收化学能后，被激发到激发态，再由激发态返回基态时，以光量子的形式释放出能量，这种化学反应称化学发光反应。利用测量化学发光强度对物质进行分析测定的方法，称为化学发光分析法。

化学发光反应可在液相、气相或固相中进行。液相化学发光多用于天然水、工业废水中有害物质的测定；而气相化学发光反应主要用于大气中 NO_x，O_3 等气态有害物质的测定。

利用化学发光法测定 NO_x，即是根据 NO 和臭氧气相发光反应的原理制成的。把被测气体连续抽入仪器，其中的 NO_x 经过 NO_2 – NO 转化器后，都变成 NO 进入反应室，在反应室内与臭氧反应生成激发态 $NO_2(NO_2^*)$，当 NO_2^* 回到基态时，就会放出光子，光子通过滤光片和光电倍增管后转变为电流，电流的大小与 NO 的浓度成正比。记录器上可以直接显示出 NO_x 的含量。如果气样不经过转化器而经旁路直接进入反应室，则测得的是 NO 量，将 NO_x 量减去 NO 量就可得到 NO_2 量。这种化学发光法 NO_x 监测仪的测量范围为 $0 \sim 8mg/m^3$，检出下限为 $0.02mg/m^3$。

3.3.3　一氧化碳的测定

一氧化碳（CO）是大气中主要污染物之一，它主要来自于石油、煤炭燃烧不充分的产物和汽车排气；一些自然灾害如火山爆发、森林火灾等也是其来源之一。

CO 是无色、无味的一种有毒气体，对人体有强烈的窒息作用，它容易与人体血液中的血红蛋白结合，形成碳氧血红蛋白，使血液输送氧的能力降低，造成缺氧症，会出现头痛、恶心、心悸亢进，甚至出现虚脱、昏睡，严重时会致人死亡。所以，CO 是大气污染监测的最常用指标之一。

非色散红外吸收法测定原理基于 CO 对红外光具有选择性地吸收（吸收峰在 $4.5\mu m$ 附近）。在一定浓度范围内，其吸光度与 CO 浓度之间的关系符合朗伯 – 比尔定律，故可根据吸光度测定 CO 的浓度。

由于 CO_2 的吸收峰在 $4.3\mu m$ 附近，水蒸气在 $3\mu m$ 和 $6\mu m$ 附近，而且空气中 CO_2 和水蒸气的浓度远大于 CO 浓度，故干扰 CO 的测定。用窄带光学滤光片或气体滤波室将红外辐射限制在 CO 吸收的窄带光范围内，可消除 CO_2 和水蒸气的干扰。还可用从样品中除湿的方法消除水蒸气的影响。

从红外光源经平面反射镜发射出能量相等的两束平行光，被同步电机 M 带动的切光片交替切断。然后，一路通过滤波室（内充 CO_2 和水蒸气，用以消除干扰光）、参比室（内充不吸收红外光的气体，如氮气）射入检测室，这束光称为参比光束，其 CO 特征吸收波长光强度不变。另一束光称为测量光束，通过滤波室、测量室、射入检测室。由于测量室内有气样通过，则气样中的 CO 吸收了特征波长的红外光，使射入检测室的光束强度减弱，且 CO 含量越高，光强减弱越多。检测室用一金属薄膜（厚 $5 \sim 10\mu m$）分隔为上、下两室，均充等浓度 CO 气体，在金属薄膜一侧还固定一圆形金属片，距薄膜 $0.05 \sim 0.08mm$，两者组成一个电容器，并在两极间加有稳定的直流电压，这种检测器称为电容检测器或薄膜微音器。由于射入检测室的参比光束强度大于测量光束强度，使两室中气体的温度产生差异，导致下室中的气体膨胀压力大于上室，使金属薄膜偏向固定金属片一方，从而改变了电容器两极间的距离，也就改变了电容量，由其变化值即可得出气样中 CO 的浓度值。采用电子技术将电容量变化转变成电流变化，经放大及信号处理后，由指示表和记录仪显示和记录测量结果。

仪器连续运转中，需定期通入纯氮气进行零点校准和通入 CO 标准气进行量程校准。

3.3.4　臭氧的测定

臭氧是最强的氧化剂之一，它是大气中的氧在太阳紫外线的照射下或受雷击形成的。高空的臭氧层直接照射地球表面。目前由于碳氢化合物污染大气破坏了臭氧层，紫外线直接照射地球表面增大，皮肤病人增多。臭氧与紫外线混合，与烃类和氮氧化物发生光化学反应形成光化学烟雾，臭氧有强烈的氧化作用，可以起消毒作用。但量大时又会刺激黏膜和损害中枢神经系统，引起支气管炎和头痛等症状。

臭氧的测定的方法有分光光度法、化学发光法、紫外光度法等。国家标准中测定臭氧含量有两个标准：一是 GB/T 15437—1995 的靛蓝二磺酸钠分光光度法；另一是 GB/T 15438—1995 的紫外光度法。

3.3.4.1　靛蓝二磺酸钠分光光度法

用含有靛蓝二磺酸钠的磷酸盐缓冲溶液作吸收液采集空气样品，则空气中的 O_3 与蓝色的靛蓝二磺酸钠发生等摩尔反应，生成靛红二磺酸钠，使之褪色，于 610nm 波长处测其吸光度，用标准曲线法定量。

NO_2 产生正干扰；SO_2，H_2S，PAN，HF 分别高于 $750\mu g/m^3$，$110\mu g/m^3$，$1800\mu g/m^3$，$2.5\mu g/m^3$ 时也干扰 O_3 的测定，可根据具体情况采取消除或修正措施。

当采样 5~30L 时，该方法适用浓度范围为 0.030~1.200mg/m³。

3.3.4.2　硼酸碘化钾分光光度法

该方法为用含有硫代硫酸钠的硼酸碘化钾溶液作吸收液采样，空气中的 O_3 等氧化剂氧化碘离子为碘分子，而碘分子又立即被硫代硫酸钠还原，剩余硫代硫酸钠加入过量碘标准溶液氧化，剩余碘于 352nm 处以水为参比测定吸光度。同时采集零气（除去 O_3 的空气），并准确加入与采集空气样品相同量的碘标准溶液，氧化剩余的硫代硫酸钠，于 352nm 测定剩余碘的吸光度，则气样中剩余碘的吸光度减去零气样剩余碘的吸光度即为气样中 O_3 氧化碘化钾生成碘的吸光度。根据标准曲线建立的回归方程式，按下式计算气样中 O_3 的浓度：

$$O_3 \text{ 浓度} = \frac{f[(A_1 - A_2) - a]}{bV_n}$$

式中，A_1 为总氧化剂样品溶液的吸光度；A_2 为零气样品溶液的吸光度；f 为样品溶液最后体积与系列标准溶液体积之比；a 为回归方程式的截距；b 为回归方程式的斜率，吸光度/μg；V_n 为标准状况下的采样体积，L。

SO_2，H_2S 等还原性气体干扰测定，采样时应串接三氧化铬管消除。在氧化管和吸收管之间串联 O_3 过滤器（装有粉状二氧化锰与玻璃纤维滤膜碎片的均匀混合物）同步采集空气样品即为零气样品。采样效率受温度影响，实验表明，25℃时采样效率可达100%，30℃时达96.8%。还应注意，样品吸收液和试剂溶液都应放在暗处保存。

该方法检出限和最低检测浓度同总氧化剂的测定方法。

3.3.5　总烃的测定

污染环境空气的烃类一般指具有挥发性的碳氢化合物（$C_1 \sim C_8$），常用两种方法表示，一种是包括甲烷在内的碳氢化合物，称为总烃（THC），另一种是除甲烷以外的碳氢化合物，称为非甲烷烃（NMHC）。空气中的碳氢化合物主要是甲烷，其浓度范围为 $1.5 \sim 6mg/m^3$。但当空气严重污染时，将大量增加甲烷以外的碳氢化合物。甲烷不参与光化学反应，因此，测定不包括甲烷的碳氢化合物对判断和评价空气污染具有实际意义。

空气中的碳氢化合物主要来自石油炼制、焦化、化工等生产过程中逸散和排放的废气及汽车尾气，局部地区也来自天然气、油田气的逸散。

测定总烃和非甲烷烃的主要方法有气相色谱法、光电离检测法等。

3.3.5.1　气相色谱法

气相色谱法的原理为以氢火焰离子化检测器分别测定气样中的总烃和甲烷烃含量，两者之差即为非甲烷烃含量。

以氮气为载气测定总烃时，总烃峰包括氧峰，即空气中的氧产生正干扰，可采用两种方法消除，一种方法用除碳氢化合物后的空气测定空白值，从总烃中扣除；另一种方法用除碳氢化合物后的空气作载气，在以氮气为稀释气的标准气中加一定体积纯氧气，使配制的标准气样中氧含量与空气样品相近，则氧的干扰可相互抵消。

在选定色谱条件下，将空气试样、甲烷标准气及除烃净化空气依次分别经定量管和六通阀注入，通过色谱仪空柱到达检测器，可分别得到三种气样的色谱峰。设空气试样总烃峰高（包括氧峰）为 h_t；甲烷标准气样峰高为 h_s；除烃净化空气峰高为 h_a。

在相同色谱条件下，将空气试样、甲烷标准气样通过定量管和六通阀分别注入仪器，经 GDX – 502 柱分离到达检测器，可依次得到气样中甲烷的峰高（h_m）和甲烷标准气样中甲烷的峰高（h_s'）。按下式计算总烃、甲烷烃和非甲烷烃的含量：

$$总烃（以 CH_4 计）浓度 = \frac{h_t - h_a}{h_s} \cdot c_s$$

$$甲烷浓度 = \frac{h_m}{h_s'} \cdot c_s$$

$$非甲烷烃浓度 = 总烃浓度 - 甲烷浓度$$

式中，c_s 为甲烷标准气浓度，mg/m^3。

如果用除烃后的净化空气作载气，带氢火焰离子化检测器的色谱仪内并联的两根色谱柱，一根填充玻璃微球，用于测定总烃；另一根填充 GDX – 502 担体，用于测定甲烷。

测定时，先配制氧含量和空气样品相近的甲烷标准气样，再以除烃净化空气为稀释气配制甲烷标准气系列。然后，将气样及甲烷标气样分别经定量管和六通阀注入色谱仪的玻璃微球柱和 GDX – 502 柱，从得到的色谱图上测量总烃峰高和甲烷峰高，按下式计算空气样品中总烃和甲烷的浓度：

$$总烃（以甲烷计）浓度 = \frac{h_t}{h_{s1}} \cdot c_s$$

$$甲烷浓度 = \frac{h_m}{h_{s2}} \cdot c_s$$

式中，h_t 为空气试样中总烃的峰高，mm；h_m 为空气试样中甲烷的峰高，mm；h_{s1} 为甲烷标准气经玻璃微球柱后得到的峰高，mm；h_{s2} 为甲烷标准气经 GDX - 502 柱后得到的峰高，mm；c_s 为甲烷标准气浓度，mg/m³。

以上两浓度之差即为非甲烷烃浓度。

也可以用色谱法直接测定空气中的非甲烷烃，其原理为：用填充 GDX - 102 和 TDX - 01 的吸附采样管采集气样，则非甲烷烃被填充剂吸附，氧不被吸附而除去。采样后，在 240℃加热解吸，用载气（N_2）将解吸出来的非甲烷烃带入色谱仪的玻璃微球填充柱分离，进入 FID 检测。该方法用正戊烷蒸气配制标准气，测定结果以正戊烷计。

3.3.5.2　光电离检测法

有机化合物分子在紫外光照射下可产生光电离现象，即

$$RH + h\nu \rightarrow RH^+ + e$$

用光离子化检测器（PID）收集产生的离子流，其大小与进入电离室的有机化合物的质量成正比。

凡是电离能小于紫外辐射能的物质（至少低 0.3eV）均可被电离测定。光电离检测法通常使用 10.2eV 的紫外光源，此时氧、氮、二氧化碳、水蒸气等不电离，无干扰，CH_4 的电离能为 12.98eV，也不被电离，而 C_4 以上的烃大部分可电离，这样可直接测定空气中的非甲烷烃。该方法简单，可进行连续监测。但是，所检测的非甲烷烃是指 C_4 以上的烃，而色谱法检测的是 C_2 以上的烃。

3.3.6　氟化物的测定

空气中的气态氟化物主要是氟化氢，也可能有少量氟化硅（SiF_4）和氟化碳（CF_4）。含氟粉尘主要是冰晶石（Na_3AlF_6）、萤石（CaF_2）、氟化铝（AlF_3）、氟化钠（NaF）及磷灰石 [$3Ca_3(PO_4)_2 \cdot CaF_2$] 等。氟化物污染主要来源于铝厂、冰晶石和磷肥厂、用硫酸处理萤石及制造和使用氟化物、氟氢酸等部门排放或逸散的气体和粉尘。氟化物属高毒类物质，由呼吸道进入人体，会引起黏膜刺激、中毒等症状，并能影响各组织和器官的正常生理功能。对于植物的生长也会产生危害，因此，人们已利用某些敏感植物监测空气中的氟化物。

测定空气中氟化物的方法有分光光度法、离子选择电极法等。离子选择电极法具有简便、准确、灵敏和选择性好等优点，是目前广泛采用的方法。

3.3.6.1　滤膜采样 - 离子选择电极法

用在滤膜夹中装有磷酸氢二钾溶液浸渍的玻璃纤维滤膜或碳酸氢钠 - 甘油溶液浸渍的玻璃纤维滤膜的采样器采样，则空气中的气态氟化物被吸收固定，尘态氟化物同时被阻留在滤膜上。采样后的滤膜用水或酸浸取后，用氟离子选择电极法测定。

如需要分别测定气态、尘态氟化物时，第一层采样膜用孔径 $0.8\mu m$ 经柠檬酸溶液浸渍的纤维素酯微孔膜先阻留尘态氟化物，第二、第三层用磷酸氢二钾浸渍过的玻璃纤维滤膜采集气态氟化物。用水浸取滤膜，测定水溶性氟化物；用盐酸溶液浸取，测定酸溶性氟化物；用水蒸气热解法处理采样膜，可测定总氟化物。采样滤膜均应分张测定。

另取未采样的浸取吸收液的滤膜 3~4 张，按照采样滤膜的测定方法测定空白值（取平均值），按下式计算氟化物的含量：

$$氟化物（F）含量 = \frac{W_1 + W_2 - 2W_0}{V_n}$$

式中，W_1 为上层浸渍膜样品中的氟含量，μg；W_2 为下层浸渍膜样品中的氟含量，μg；W_0 为空白浸渍膜样品中的氟含量，$\mu g/张$；V_n 为标准状况下的采样体积，L。

分别采集尘态、气态氟化物样品时，第一层采尘膜经酸浸取后，测得结果为尘态氟化物浓度，计算式如下：

$$酸溶性尘态氟化物（F）含量 = \frac{W_3 - W_0}{V_n}$$

式中，W_3 为第一层采样膜中的氟含量，μg；W_0 为采尘空白膜中平均含氟量，μg。

3.3.6.2　石灰滤纸采样 – 氟离子选择电极法

用浸渍氢氧化钙溶液的滤纸采样，则空气中的氟化物与氢氧化钙反应而被固定，用总离子强度调节剂浸取后，以离子选择电极法测定。

该方法将浸渍吸收液的滤纸自然暴露于空气中采样，对比前一种方法，不需要抽气动力，并且由于采样时间长（七天到一个月），测定结果能较好地反映空气中氟化物平均污染水平。按下式计算氟化物含量：

$$氟化物（F）含量 = \frac{W - W_0}{Sn} \times 100$$

式中，W 为采样滤纸中氟含量，μg；W_0 为空白石灰滤纸中平均氟含量，$\mu g/张$；S 为采样滤纸暴露在空气中的面积，cm^2；n 为样品滤纸采样天数，准确至 0.1 天。

教学活动建议

建议此部分采用实践教学法，将理论教学与实践技能训练有机结合，提高学生对知识的应用能力、动手能力，技能训练项目见技能训练（3.3.1）和技能训练（3.3.2）。

技能训练（3.3.1）　大气中二氧化硫的测定（盐酸副玫瑰苯胺分光光度法）

A　目的
（1）掌握二氧化硫测定的基本方法；
（2）熟练大气采样器和分光光度计的使用。

B　原理
大气中的二氧化硫被四氯汞钾溶液吸收后，生成稳定的二氯亚硫酸盐络合物，此络合物再与甲醛及盐酸副玫瑰苯胺发生反应，生成紫红色的络合物，据其颜色深浅，用分光光度法测定。按照所用的盐酸副玫瑰苯胺使用液含磷酸多少，分为两种操作方法。方法一：含磷酸量少，最后溶液的 pH 值为 1.6 ± 0.1。方法二：含磷酸量多，最后溶液的 pH 值为 1.2 ± 0.1，是我国暂选为环境监测系统的标准方法。

本实验采用方法二测定。

C　仪器

（1）多孔玻板吸收管（用于短时间采样），多孔玻板吸收瓶（用于24h 采样）。

（2）空气采样器：流量 0～1L/min。

（3）分光光度计。

D　试剂

（1）蒸馏水。25℃时电导率小于 1.0μΩ/cm。pH 值为 6.0～7.2。检验方法为在具塞锥形瓶中加 500mL 蒸馏水，加 1mL 浓硫酸和 0.2mL 高锰酸钾溶液（0.316g/L），室温下放置 1h，若高锰酸钾不褪色，则蒸馏水符合要求，否则应重新蒸馏（1000mL 蒸馏水中加 1gKMnO₄ 及 1gBa(OH)₂，在全玻璃蒸馏器中蒸馏）。

（2）甲醛吸收液（甲醛缓冲溶液）。

1）环己二胺四乙酸二钠溶液 $c(CDTA - 2Na) = 0.050mol/L$：称取 1.82g 反应 - 1，2 - 环己二胺四乙酸〔(trans - 1，2 - Cyclohexylenedinitrilo) tetracetic acid，简称 CDTA〕溶解于 6.5mL 1.50mol/LNaOH 溶液中，用水稀释至 100mL。

2）吸收储备液：量取 36%～38% 甲醛溶液 5.5mL，加入 2.0g 邻苯二甲酸氢钾及 0.050mol/LCDTA - 2Na20.0mL 溶液，用水稀释至 100mL，贮于冰箱中，可保存一年。

3）甲醛吸收液：使用时，将吸收贮备液用水稀释 100 倍。此溶液每毫升含 0.2mg 甲醛。

（3）0.60%（m/V）氨磺酸钠溶液。称取 0.60g 氨磺酸（H_2NSO_3H），加入 1.50mol/L 氢氧化钠溶液 4.0mL，用水稀释至 100mL 密封保存，可使用 10 天。

（4）氢氧化钠溶液，$c(NaOH) = 1.50mol/L$。称取 6g 氢氧化钠溶于 100mL 水中。

（5）碘贮备液，$c\left(\frac{1}{2}I_2\right) = 0.1mol/L$。称取 12.7g 碘化钾（$I_2$）于烧杯中，加入 40g 碘化钾和 25mL 水，搅拌至完全溶液后，用水稀释至 1000mL，贮于棕色细口瓶中。

（6）碘溶液，$c\left(\frac{1}{2}I_2\right) = 0.05mol/L$。量取碘贮备液 250mL，用水稀释至 500mL，贮于棕色细口瓶中。

（7）淀粉指示剂。称取 0.5g 可溶性淀粉，用少量水调成糊状（可加 0.2g 二氧化锌防腐），慢慢倒入 100mL 沸水中，继续煮沸至溶液澄清，冷却后贮于细口瓶中。

（8）碘酸钾溶液，$c\left(\frac{1}{6}KIO_3\right) = 0.1000mol/L$。称取 3.567g 碘酸钾（$KIO_3$ 优极纯），105～110℃下干燥 2h，溶解于水，移入 1000mL 容量瓶中，用水稀释至标线，摇匀。

（9）硫代硫酸钠贮备液，$C(Na_2S_2O_3) = 0.10mol/L$。称取 25.0g 硫代硫酸钠 $Na_2S_2O_3 \cdot 5H_2O$，溶解于 1000mL 新煮沸并已冷却的水中，加 0.20g 无水碳酸钠，贮于棕色细口瓶中，放置一周后标定其浓度，若溶液呈现浑浊时，应该过滤。标定方法：吸取

0.1000mol/L碘酸钾溶液10.00mL，置于250mL碘量瓶中，加80mL新煮沸并已冷却的水和1.2g碘化钾，振摇至完全溶解后，加（1+9）盐酸溶液10mL[或（1+9）磷酸溶液5~7mL]，立即盖好瓶塞，摇匀，于暗处放置5min后，用0.10mol/L硫代硫酸钠贮备溶液滴定至淡黄色，加淀粉溶液2mL，继续滴定蓝色刚好褪去。记录消耗体积（V），按下式计算浓度：

$$c(Na_2S_2O_3) = 0.1000 \times 10.00/V$$

式中，$c(Na_2S_2O_3)$为硫代硫酸钠贮备溶液的浓度，mol/L；V为滴定消耗硫代硫酸钠溶液体积，mL。平行滴定所用支的硫代硫酸钠溶液液体积之差不超过0.05mL。

（10）硫代硫酸钠标准溶液，$c(Na_2S_2O_3) = 0.05mol/L$。取标定后的0.10mol/L硫代硫酸钠贮备溶液250.0mL，置于500mL容量瓶中，用新煮沸并已冷却水稀释至标线摇匀，贮于棕色细口瓶中，临用现配。

（11）二氧化硫标准溶液。称取0.200g亚硫酸钠（$Na_2S_2O_3$），溶解于200mL 0.05%ED-TA-2Na溶液（用新煮沸并已冷却的水配制）中，缓缓摇匀使其溶解。放置2~3h后标定浓度。此溶液相当于每毫升含320~400μg二氧化硫。标定方法：吸取上述亚硫酸钠溶液20.00mL，置于250mL碘量瓶中，加入新煮沸并已冷却的水50mL、0.05mol/L碘溶液20.00mL及冰乙酸1.0mL，盖塞，摇匀。于暗处放置5min，用0.05mol/L硫代硫酸钠标准溶液滴定至淡黄色，加入0.5%淀粉溶液2mL，继续滴定至蓝色刚好褪去，记录消耗体积（V）。

平行滴定所用硫代硫酸钠标准溶液体积之差应不大于0.04mL，取平均值计算浓度：

$$c(SO_2) = (V_0 - V)c \times 32.02 \times 1000/20.00$$

式中，V_0为滴定空白溶液所消耗的硫代硫酸钠标准溶液体积，mL；V为滴定亚硫酸钠溶液所消耗的硫代硫酸钠标准溶液体积，mL；c为硫代硫酸钠（$Na_2S_2O_3$）标准溶液浓度，mol/L；32.02为二氧化硫$\left(\frac{1}{2}SO_2\right)$的摩尔质量，g/mol。

标定出准确浓度后，立即用吸收稀释成每毫升含10.00μg二氧化硫的标准贮备液（贮于冰箱，可保存3个月）。使用前，再用吸收液稀释为每毫升含1.00μg二氧化硫的标准使用溶液，贮于冰箱，可保存1个月，此溶液供绘制标准曲线及进行分析质量控制时使用。

（12）0.25%盐酸副玫瑰苯胺贮备溶液。取正丁醇和1.0mol/L盐酸溶液各500mL，放入1000mL分液漏斗中，盖塞，振摇3min，使其互溶达到平衡，静置15min，待完全分层后中，将下层水相（盐酸溶液）和上层有机相（正丁醇）分别移入细口瓶中备用。称取0.125g盐酸副玫瑰苯胺（Pararosaniline Hydrochloride，$C_{19}H_{19}N_3Cl \cdot 3HCl$，又名对品红，副品红，简称PRA）放入小烧杯中，加平衡过的1.0mol/L盐酸溶液40mL，用玻棒搅拌至完全溶解后，移入250mL分液漏斗中，再用80mL平衡过的正丁醇洗涤小烧杯数次，洗涤液并入同一分液漏斗中，盖塞，振摇3min，静置15min，待完全分层后，将下层水相移入另一250mL分液漏斗中，再加80mL平衡过的下丁醇，依上法提取，将水相称入另一分液漏斗中，加40mL平衡过的正丁醇，依上法反复取8~10次后，将水相滤入50mL容量瓶中，用1.0mol/L盐酸溶液稀释至标线，摇匀，此PRA贮备液为橙黄色，应符合以下条件：

1）PRA 溶液在乙酸 – 乙酸钠缓冲溶液中，于波长 540nm 处有最大吸收峰。吸取 0.25% PRA 贮备液 1.00mL，置于 100mL 容量瓶中，用水稀释至标线，摇匀。吸取此稀释液 5.00mL，置于 50mL 容量瓶中，加 1.0mol/L 乙酸 – 乙酸钠缓冲溶液 5.00mL〔称取 13.6g 乙酸钠（$CH_3COONa \cdot 3H_2O$），溶解于水，移入 100mL 容量瓶中，加 5.7mL 冰乙酸，用水稀释至标线，摇匀，此溶液为 pH4.7〕，用水稀释至标线，摇匀，1h 后，测定吸收峰。

2）用 0.25% PRA 贮备溶液配制的 0.05% PRA 使用溶液，按本操作方法绘制标准曲线，于波长 577nm 处，用 1cm 比色皿，测得的试剂空白液吸光度不超过以下数值：10℃时，0.03；20℃时，0.04；25℃时，0.05；30℃时，0.06。

（13）0.05% 盐酸副玫瑰苯胺使用液。吸取经提纯的 0.25% PRA 贮备溶液 20.00mL（或 0.2% PRA 贮备溶液 25.00mL），移入 100mL 容量瓶中，加 85% 浓磷酸 30mL，浓盐酸 10mL，用水稀释至标线，摇匀，放置过夜后使用。此溶液避光密封保存，可使用 9 个月。

（14）1mol/L 盐酸溶液。量取 86mL 浓盐酸（比重 1.9）用水稀释至 1000mL。

（15）（1 + 9）盐酸溶液。

E　测定步骤

a　采样

用多孔玻璃吸收管，内装 10mL 吸收液，以 0.5L/min 流量采样 1h。采样时吸收液温度应保持在 23 ~ 29℃，并应避免阳光直接照射样品溶液。

b　标准曲线的绘制

取 14 支 10mL 具塞比色管，分 A，B 两组，每组各 7 支分别对应编号，A 组按下表配制标准色列。

亚硫酸钠标准色例

管　号	0	1	2	3	4	5	6
标准使用液体积/mL	0	0.05	1.00	2.00	5.00	8.00	10.00
吸收液体积/mL	10.00	9.50	9.00	8.00	5.00	2.00	0
二氧化硫含量	0	0.50	1.00	2.00	5.00	8.00	10.00

A 组各管再分别加入 0.60% 氨磺钠溶液 0.50mL 和 1.50mol/L 氢氧化钠溶液 0.50mL，混匀。

B 组各管加入 0.05% 盐酸副玫瑰苯胺使用溶液 1.00mL。

将 A 组各管逐个倒入对应的 B 管中，立即混匀放入恒温水浴中显色，在（20 ± 2）℃显色 20min，于波长 577nm 处用 1cm 比色皿，以水为参比定吸光度。

用最小二乘法计算标准回归方程式：

$$y = bx + a$$

式中，y 为标准溶液的吸光度（A）与试剂空白液吸光度（A_0）之差（$A - A_0$）；x 为二氧化硫含量，μg；b 为回归方程式的斜率；a 为回归方程式的截距。

相关系数应大于 0.999。

c　样品测定

（1）样品溶液中浑浊物应离心分离除去。

（2）将样品溶液移入 10mL 比色管中，用吸收溶液稀释至 10mL 标线，摇匀，放置 20min 使臭氧分解。加入 0.60% 氨磺酸钠溶液 0.50mL，混匀，放置 10min 以除去氮氧化合物的干扰。以下步骤同标准曲线的绘制。

（3）样品测定时与绘制标准曲线时温度之差应不超过 2℃。

（4）与样品溶液测定同时，进行试剂空白测定，标准控制样品或加标回收样品各 1 ~ 2 个以检查试剂空白值和校正因子，检查试剂的可靠性和操作的准确性，进行分析质量控制。

F　数据处理

$$二氧化硫（SO_2）浓度 = \frac{(A - A_0) - a}{bV_n}$$

式中，A 为样品溶液光吸光度；A_0 为试剂空白溶液拭吸光度；b 为回归方程式的斜率；a 为回归方程式的截距；V_n 为标准状态下采样体积，L。

G　注意事项

（1）温度对显色影响较大，温度越高，空白值越大，温度高时显色快，褪色亦快。因此在实验中要注意观察和控制温度，一般需要用恒温水浴法进行控制，并注意使水浴水面高度超过比色管中溶液的液面高度，否则会影响测定准确度。显色温度与时间的关系见下表：

显色温度/℃	10	15	20	25	30
显色时间/min	40	25	20	15	5
稳定时间/min	35	25	20	15	10

（2）对品红的提纯很重要，因提纯后可降低试剂空白值和提高方法的灵敏度。提高酸度虽可降低空白值，但灵敏也有下降。

（3）六价铬能使紫红色络合物褪色，产生负干扰，所以应尽量避免用硫酸铬酸洗液洗涤玻璃器皿，若已洗，则要用 （1 + 1） 盐酸浸泡 1h，用水充分洗涤中，除去六价铬。

（4）用过的比色管及比色皿应及时用酸洗涤，否则红色难以洗净。比色管用 （1 + 1） 盐酸溶液洗涤，比色皿用 （1 + 4） 盐酸加 1/3 体积乙醇的混合液洗涤。

（5）加对品红使用液时，每加 3 份溶液，需间歇 3min，依次进行．以使每个比色管中溶液显色时间尽量接近。

（6）采样时吸收液应保持在 23 ~ 29℃，用二氧化硫标准气进行吸收试验，23 ~ 29℃ 时，吸收效率为 100%。

（7）二氧化硫气体易溶于水，空气中蒸气冷凝在进气导管应内壁光滑，吸附性小，宜采用聚四氟乙烯管，并且管应尽量短，最长不得超过 6cm。

技能训练 （3.3.2）　　空气中氮氧化物的测定

A　目的

（1）掌握大气中氮氧化物测定的基本原理和方法；

（2）熟悉各种仪器的使用。

B　原理

大气中的氮氧化物主要有一氧化氮、二氧化氮、五氧化二氮、氧化二氮等。测定大气中的氮氧化物主要是测定其中的一氧化氮、二氧化氮，如果测定二氧化氮的浓度，可直接用溶液吸收法采集大气样品，若测定一氧化氮和二氧化氮的总量，则应先用三氧化铬将一氧化氮氧化成二氧化氮后，进入溶液吸收瓶。

二氧化氮被吸收液吸收后，生成亚硝酸和硝酸，其中，亚硝酸与对氨基苯磺酸发生重氮化反应，再与盐酸萘乙二胺偶合，生成玫瑰红色偶氮染料，据其颜色深浅，用分光光度法定量。因为 NO_2（气）转变 NO_2^-（液）的转换系数为 0.76，故在计算结果时应除以 0.76。

C　仪器和试剂

（1）吸收瓶。内装 10mL，25mL 或 50mL 吸收液的多孔玻板吸收瓶。

（2）便携式空气采样器。流量范围 0 ~ 1L/min。采气流量为 0.4L/min 时，误差小于 ±5%。

（3）分光光度计。

（4）硅胶管。内径约 6mm。

（5）N – （1 – 萘基）乙二胺盐酸盐贮备液。称取 0.50N – （1 – 萘基）乙二胺盐酸盐于 500mL 容量瓶中，用水溶解稀释至刻度。此溶液贮于密封的棕色瓶中，在冰箱中冷藏，可以稳定三个月。

（6）显色液。称取 5.0g 对氨基苯磺酸（$NH_2C_6H_4SO_3H$）溶于约 200mL 热水中，将溶液冷却至室温，全部移入 1000mL 容量瓶，加入 50mL 冰乙酸和 50.0mL N – （1 – 萘基）乙二胺盐酸盐贮备液，用水稀释至刻度。此溶液于密闭的棕色瓶中，在 25℃ 以下暗处存放，可稳定三个月。

（7）吸收液。使用时将显色液和水按 4 + 1（V/V）比例混合，即为吸收液。此溶液于密闭的棕色瓶中，在 25℃ 以下暗处存放，可稳定三个月。若呈现淡红色，应弃之重配。

（8）亚硝酸盐标准储备溶液（250mg/L）。准确称取 0.3750g 亚硝酸钠（$NaNO_2^-$ 优级纯，预先在干燥器内放置 24h），移入 1000mL 容量瓶中，用水稀释至标线。此溶液储于密闭瓶中于暗处存放，可稳定三个月。

（9）亚硝酸盐标准工作溶液（2.50mg/L）。用亚硝酸盐标准储备溶液稀释，临用前现配。

D　操作步骤

a　采样

取一支多孔玻板吸收瓶，装入 10.0mL 吸收液，以 0.4L/min 流量采气 6 ~ 24L。采样、样品运输及存放过程应避免阳光照射。空气中臭氧浓度超过 0.25mg/m³ 时，使吸收液略显红色，对二氧化氮的测定产生负干扰。采样时在吸收瓶入口端串接一段 15 ~ 20cm 长的硅胶管，可以将臭氧浓度降低到不干扰二氧化氮测定的水平。

b　标准曲线的绘制

取 6 支 10mL 具塞比色管，按下表制备标准色列。

标准色列的配制

管　号	0	1	2	3	4	5
标准工作溶液体积/mL	0	0.40	0.80	1.20	1.60	2.00
水体积/mL	2.00	1.60	1.20	0.80	0.40	0
显色液体积/mL	8.00	8.00	8.00	8.00	8.00	8.00
NO_2 浓度，$\mu g/mL$	0	0.10	0.20	0.30	0.40	0.50

各管混匀，于暗处放置 20min（室温低于 20℃时，应适当延长显色时间。如室温为 15℃时，显色 40min），用 10mm 比色皿，以水为参比，在波长 540～545nm 之间处测量吸光度。扣除空白试验的吸光度后，对应 NO_2^- 的浓度（$\mu g/mL$），用最小二乘法计算标准曲线的回归方程。

　　c　样品测定

采样后放置 20min（气温低时，适当延长显色时间。如室温为 15℃时，显色 40min），用水将采样瓶中吸收液的体积补至标线，混匀，以水为参比，在 540～545nm 处测量其吸光度和空白试验样品的吸光度。

若样品的吸光度超过标准曲线的上限，应用空白试验溶液稀释，再测其吸光度。

　　E　数据处理

$$氮氧化物（NO_2）浓度 = (A - A_0)B_sV_t/(0.76V_nV_a)$$

式中，A 为样品溶液的吸光度；A_0 为试剂空白溶液的吸光度；B_s 为标准曲线斜率的倒数，即单位吸光度对应的 NO_2 的质量，mg；V_n 为标准状态下的采样体积，L；0.76 为 NO_2（气）转换为 NO^{2-}（液）的系数。

　　F　注意事项

（1）采样后应尽快测量样品的吸光度，若不能及时分析，应将样品于低温暗处存放。样品于 30℃暗处存放，可稳定 8h；20℃暗处存放，可稳定 24h；0～4℃冷藏，至少可稳定三天。

（2）空白试验与采样使用的吸收液应为同一批配制的吸收液。

（3）空气中臭氧浓度超过 0.25mg/m³ 时，使吸收液略显红色，对二氧化氮的测定产生干扰。采样时在吸收瓶入口端串接一段 15～20cm 长的硅胶管，即可将臭氧浓度降低到不干扰二氧化氮测定的水平。

任务 3.4　颗粒物的测定

大气中颗粒状污染物即降尘和飘尘，尤其是飘尘，它对人体健康的影响是非常明显的。如伦敦烟雾事件、日本四日市哮喘病等，在流行病的传播方面，颗粒物结合 SO_2，对儿童呼吸机能损害有密切关系，长期生活在含有多环芳烃等有机颗粒污染的环境中容易患皮肤癌、非过敏性皮炎、皮肤色素沉着、毛囊炎等。飘尘中硫酸盐过高时会加重呼吸道疾病。此外，含重金属 Pb，Cd，Ni 等的尘粒沉积到肺部，会引起肺部疾病。降尘和飘尘还可降低大气透明度，减弱太阳辐射和照度而影响微气候。我国每年向大气中排放的粉尘约 2000 万吨，几十个城市的监测数据表明，绝大部分城市降尘都超过标准，因此，大气中降尘、飘尘及其有害物质的成分测定是例行监测的重要部分。

3.4.1　总悬浮颗粒物（TSP）的测定

测定总悬浮颗粒物，国内外广泛采用滤膜捕集－重量法。原理为用抽气动力抽取一定体积的空气通过已恒重的滤膜，则空气中的悬浮颗粒物被阻留在滤膜上，根据采样前后滤膜重量之差及采样体积，即可计算 TSP 的浓度。滤膜经处理后，可进行化学组分分析。

根据采样流量不同分为大流量、中流量和小流量采样法（见项目三任务二）。大流量（$1.1 \sim 1.7 \mathrm{m}^3/\mathrm{min}$）采样使用大流量采样器连续采样 24h，按照下式计算 TSP 浓度：

$$TSP\ 浓度 = \frac{W}{Q_n t}$$

式中，W 为阻留在滤膜上的 TSP 重量，mg；Q_n 为标准状况下的采样流量，$\mathrm{m}^3/\mathrm{min}$；$t$ 为采样时间，min。

采样器在使用期内，每月应将标准孔口流量校准器串接在采样器前，在模拟采样状态下，进行不同采样流量值的校验。依据孔口校准器的标准流量曲线值标定采样器的流量曲线，以便由采样器压力计的压差值（cm）直接得知采气流量。有的采样器设有流量记录器，可自动记录采气流量。

中流量（$50 \sim 150 \mathrm{L/min}$）采样法使用中流量采样器（见项目三任务二），所用滤膜直径比大流量采样器小，采样和测定方法同大流量法。

3.4.2　可吸入颗粒物（PM₁₀）的测定

可吸入颗粒物主要是指透过人的咽喉进入肺部的气管、支气管区和肺泡的那部分颗粒物，具有质量中值直径 $D_{50} = 10 \mu \mathrm{m}$ 和上截止点 $30 \mu \mathrm{m}$ 的粒径范围，常用符号 PM₁₀ 表示。PM₁₀ 对人体健康影响大，是室内外环境空气质量的重要监测指标。

测定 PM₁₀ 的方法是：首先用切割粒径 $D = (10 \pm 1) \mu \mathrm{m}$、几何标准差 $\delta_g = 1.5 \pm 0.1$ 的切割器将大颗粒物分离，然后用重量法或 β 射线吸收法、压电晶体差频法、光散射法测定。

3.4.2.1　重量法

根据采样流量不同，分为大流量采样－重量法和小流量采样－重量法。

大流量采样－重量法使用安装有大粒子切割器的大流量采样器采样（见项目三任务二），将 PM₁₀ 收集在已恒重的滤膜上，根据采样前后滤膜重量之差及采气体积，即可计算出 PM₁₀ 的质量浓度。采样时，必须将采样头及入口各部件旋紧，防止空气从旁侧进入采样器而导致测定误差；采样后的滤膜需置于干燥器中平衡 24h，再称量至恒重。

小流量法使用小流量采样，如我国推荐的 13L/min 采样；采样器流量计一般用皂膜流量计校准；其他同大流量法。

3.4.2.2　压电晶体差频法

这种方法以石英谐振器为测定 PM₁₀ 的传感器，气样经粒子切割器剔除大颗粒物，PM₁₀ 颗粒进入测量气室。测量气室是由高压放电针、石英谐振器及电极构成的静电采样器，气样中的 PM₁₀ 因高压电晕放电作用而带上负电荷，继之在带正电的石英谐振器电极表面放电并沉积，除尘后的气样流经参比室内的石英谐振器排出。因参比石英谐振器没有集尘作用，当没有气样进入仪器时，两谐振器固有振荡频率相同（$f_I = f_{II}$），其差值 $\Delta f = f_I - f_{II} = 0$，无信号送入电子处理系统，数字显示屏幕上显示零。当有气样进入仪器时，则测量石英谐振器因集尘而质量增加，使其振荡频率（f_I）降低，两振荡器频率之差（Δf）经信号处理系统转换成 PM_{10} 浓度并在数字显示屏幕上显示。测量石英谐振器集尘越多，振荡频率（f_{II}）降低也越多，两者之间有线性关系，即

$$\Delta f = K \Delta M$$

式中，K 为由石英晶体特性和温度等因素决定的常数；ΔM 为测量石英谐振器质量增值，即采集的 PM_{10} 质量，mg。

设空气中 PM_{10} 浓度为 $c(\text{mg/m}^3)$，采气流量为 $Q(\text{m}^3/\text{min})$，采样时间为 t（min），则

$$\Delta M = cQt$$

代入上式，得

$$c = \frac{1}{K} \cdot \frac{\Delta f}{Qt}$$

因实际测量时 Q，t 值均已固定，故可改写为：

$$c = A\Delta f$$

可见，通过测量采样后两石英谐振器频率之差（Δf），即可得知 PM_{10} 浓度。当用标准 PM_{10} 浓度气样校正仪器后，即可在显示屏幕上直接显示被测气样的 PM_{10} 浓度。

为保证测量准确度，应定期清洗石英谐振器，已有采用程序控制自动清洗的连续自动石英晶体测尘仪。

3.4.2.3　光散射法

该方法测定原理基于悬浮颗粒物对光的散射作用，其散射光强度与颗粒物浓度成正比。由抽风机以一定流量将空气经入口粒子切割器抽入气室，空气中 PM_{10} 在暗室中检测器的灵敏区与由光源经透镜射出的平行光作用，产生散射光，被与入射光成直角方向的光电转换器接受，经积分、放大后，转换成每分钟脉冲数，再用标准方法校正成质量浓度显示和记录。

3.4.3　灰尘自然沉降量及其组分的测定

灰尘自然沉降量是指在空气环境条件下，单位时间靠重力自然沉降落在单位面积上的颗粒物量（简称降尘）。自然降尘能力主要决定于自身质量和粒度大小，但风力、降水、地形等自然因素也起着一定的作用。因此，把自然降尘和非自然降尘区分开是很困难的。

灰尘自然沉降量用重量法测定。有时还需要测定降尘中的可燃性物质、可溶性和非水溶性物质、灰分以及某些化学组分。

3.4.3.1　灰尘自然沉降量的测定

测定降尘量首先要按照项目三任务二和任务三介绍的有关布点原则和采样方法进行布点采样。采样结束后，剔除集尘缸中的树叶、小虫等异物，其余部分定量转移至 500mL 烧杯中，加热蒸发浓缩至 10~20mL 后，再转移至已恒重的瓷坩埚中，用水冲洗黏附在烧杯

壁上的尘粒，并入瓷坩埚中，在电热板上蒸干后，于（105 ± 5）℃烘箱内烘至恒重，按下式计算降尘量：

$$降尘量 = \frac{W_1 - W_0 - W_a}{Sn} \times 30 \times 10^4$$

式中，W_1 为降尘瓷坩埚和乙二醇水溶液蒸干并在（105 ± 5）℃下恒重后的质量，g；W_0 为在（105 ± 5）℃下烘干至恒重的瓷坩埚的质量，g；W_a 为加入的乙二醇水溶液经蒸发和烘干至恒重后的质量，g；S 为集尘缸口的面积，cm^2；n 为采样天数，精确到 0.1 天。

3.4.3.2　降尘中可燃物的测定

将上述已测降尘总量的瓷坩埚于 600℃的马弗炉内灼烧至恒重，减去经 600℃灼烧至恒重的该坩埚质量及等量乙二醇水溶液蒸干并经 600℃灼烧后的质量，即为降尘中可燃物燃烧后剩余残渣量，根据它与降尘总量之差和集尘缸面积、采样天数，便可计算出可燃物量 $[t/(km^2 \cdot 30d)]$。

3.4.3.3　降尘中其他组分的测定

水溶性物质、非水溶性物质、pH 值及其他组分的分析过程如图 3 – 16 所示，其结果以 $g/(m^2 \cdot 30d)$ 为单位。

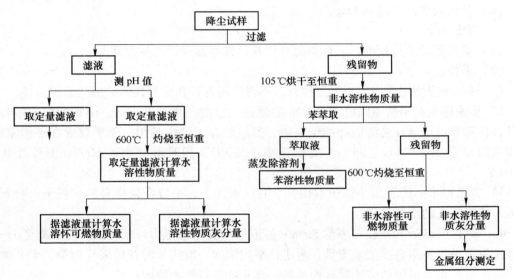

图 3 – 16　降尘组分分析过程

（可燃物质总量 = 水溶性可燃物质量 + 非水溶性可燃物质量；
灰分总量 = 水溶性物质灰分量 + 非水溶性物质灰分量）

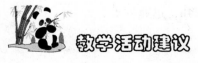教学活动建议

建议此部分采用实践教学法，将理论教学与实践技能训练有机结合，提高学生对知识的应用能力、动手能力，技能训练项目见技能训练（3.4.1）。

技能训练（3.4.1）　　空气中总悬浮颗粒物的测定（重量法）

A　目的

（1）掌握大气中悬浮颗粒物的测定原理及测定方法。

（2）学会使用大流量采样器采集总悬浮颗粒物并能够进行相应的记录分析。

B　原理

用重量法测定大气中总悬浮颗粒物的方法一般分为大流量（1.1~1.7m³/min）采样法和中流量（0.05~0.15m³/min）采样法。其原理为：抽取一定体积的空气，使之通过已恒重的滤膜，则悬浮微粒被阻留在滤膜上，根据采样前后滤膜重量之差及采气体积，即可计算总悬浮颗粒物的质量浓度。本实验采用中流量采样法测定。

C　仪器

（1）中流量采样器：流量 50~150L/min，滤膜直径 8~10cm。

（2）流量校准装置：经过罗茨流量计校准的孔口校准器。

（3）气压计。

（4）滤膜：超细玻璃纤维滤膜或聚氯乙烯滤膜。

（5）滤膜贮存袋及贮存盒。

（6）分析天平：感量 0.1mg。

D　测定步骤

（1）采样器的流量校准：采样器每月用孔口校准器进行流量校准。

（2）采样：

1）每张滤膜使用前均需用光照检查，不得使用有针孔或有任何缺陷的滤膜采样；

2）迅速称重在平衡室内已平衡 24h 的滤膜，读数准确至 0.1mg，记下滤膜的编号和重量，将其平展地放在光滑洁净的纸袋内，然后贮存于盒内备用。天平放置在平衡室内，平衡室温度在 20~25℃ 之间，温度变化小于 ±3℃，相对湿度小于 50%，湿度变化小于 5%；

3）将已恒重的滤膜用小镊子取出，"毛"面向上，平放在采样夹的网托上，拧紧采样夹，按照规定的流量采样；

4）采样 5min 后和采样结束前 5min，各记录一次 U 形压力计压差值，读数准至 1mm。若有流量记录器，则直接记录流量。测定日平均浓度一般从 8 时开始采样至第二天 8 时结束。若污染严重，可用几张滤膜分段采样，合并计算日平均浓度；

5）采样后，用镊子小心取下滤膜，使采样"毛"面朝内，以采样有效面积的长边为中线对叠好，放回表面光滑的纸袋并贮于盒内。将记录有关参数及现场温度、大气压力等。

（3）样品测定：将采样后的滤膜在平衡室内平衡 24h，迅速称重。

E　数据处理

总悬浮颗粒物的质量浓度按下列公式计算：

$$TSP = \frac{W_1 - W_0}{V_s} \times 10^3$$

式中，TSP 为总悬浮颗粒物的质量浓度，mg/m^3；W_1 为采样后滤料质量，mg；W_0 为采样前滤料质量，mg；V_s 为换算成标准状况下的采样体积，m^3。

F　注意事项

（1）滤膜称重时的质量控制：取清洁滤膜若干张，在平衡室内平衡 24h，称重。每张滤膜称 10 次以上，则每张滤膜的平均值为该张滤膜的原始质量，此为"标准滤膜"。每次称清洁或样品滤膜的同时，称量两张"标准滤膜"，若称出的重量在原始重量 ±5mg 范围内，则认为该批样品滤膜称量合格，否则应检查称量环境是否符合要求，并重新称量该批样品滤膜。

（2）要经常检查采样头是否漏气。当滤膜上颗粒物与四周白边之间的界线逐渐模糊，则表明应更换面板密封垫。

（3）称量不带衬纸的聚氯乙烯滤膜时，在取放滤膜时，用金属镊子触一下天平盘，以消除静电的影响。

任务 3.5　污染源监测

空气污染源包括固定污染源和流动污染源。固定污染源又分为有组织排放源和无组织排放源。有组织排放源指烟道、烟囱及排气筒等。无组织排放源指设在露天环境中的无组织排放设施或无组织排放的车间、工棚等。它们排放的废气中既含有固态的烟尘和粉尘，也含有气态和气溶胶态的多种有害物质。流动污染源指汽车、火车、飞机、轮船等交通运输工具排放的废气，含有一氧化碳、氮氧化物、碳氢化合物、烟尘等。

3.5.1　固定污染源排气监测

3.5.1.1　监测目的和要求

监测目的是：检查排放的废气有害物质含量是否符合国家或地方的排放标准和总量控制标准；评价净化装置及污染防治设施的性能和运行情况，为空气质量评价和管理提供依据。

进行监测时，要求生产设备处于正常运转状态下，对因生产过程而引起排放情况变化的污染源，应根据其变化特点和周期进行系统监测。

监测内容包括废气排放量、污染物质排放浓度及排放速率（kg/h）。

在计算废气排放量和污染物质排放浓度时，都使用标准状况下的干气体体积。

3.5.1.2　采样点的布设

正确地选择采样位置，确定适当的采样点数目，是决定能否获得代表性的废气样品和尽可能地节约人力、物力的一项很重要的工作，应在调查研究的基础上综合分析后确定。

A　采样位置

采样位置应选在气流分布均匀稳定的平直管段上，避开弯头、变径管、三通管及阀门等易产生涡流的阻力构件。一般原则是按照废气流向，将采样断面设在阻力构件下游方向大于 6 倍管道直径处或上游方向大于 3 倍管道直径处。即使客观条件难于满足要求，采样断面与阻力构件的距离也不应小于管道直径的1.5倍，并适当增加测点数目。采样断面气流流速最好在5m/s以下。此外，由于水平管道中的气流速度与污染物的浓度分布不如垂直管道中均匀，所以应优先考虑垂直管道。还要考虑方便、安全等因素。

B　采样点数目

因烟道内同一断面上各点的气流速度和烟尘浓度分布通常是不均匀的，因此，必须按照一定原则进行多点采样。采样点的位置和数目主要根据烟道断面的形状、尺寸大小和流速分布情况确定。

a　圆形烟道

在选定的采样断面上设两个相互垂直的采样孔。按照图3-17所示的方法将烟道断面分成一定数量的同心等面积圆环，沿着两个采样孔中心线设四个采样点。若采样断面上气流速度较均匀，可设一个采样孔，采样点数减半。当烟道直径小于0.3m，且流速均匀时，可在烟道中心设一个采样点。不同直径圆形烟道的等面积环数、采样点数及采样点距烟道内壁的距离见表3-8。

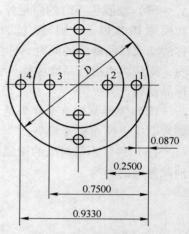

图3-17　圆形烟道采样点设置

表3-8　圆形烟道的分环和各点距烟道内壁的距离

烟道直径/m	分环数/个	各测点距烟道内壁的距离（以烟道直径为单位）									
		1	2	3	4	5	6	7	8	9	10
<0.6	1	0.146	0.854								
0.6~1.0	2	0.067	0.250	0.750	0.933						
1.0~2.0	3	0.044	0.146	0.296	0.704	0.854	0.956				
2.0~4.0	4	0.033	0.105	0.194	0.323	0.677	0.806	0.895	0.967		
>4.0	5	0.026	0.082	0.146	0.226	0.342	0.658	0.774	0.854	0.918	0.974

b　矩形（或方形）烟道

将烟道断面分成一定数目的等面积矩形小块，各小块中心即为采样点位置，见图3-18。小矩形的数目可根据烟道断面的面积，按照表3-9所列数据确定。

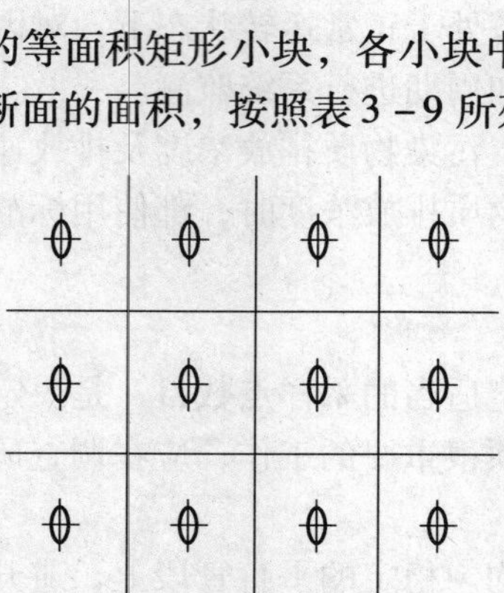

图3-18　矩形烟道采样点布设

表 3 – 9　矩（方）形烟道的分块和测点数

烟道断面积/m²	等面积小块长边长/m	测点数
0.1 ~ 0.5	<0.35	1 ~ 4
0.5 ~ 1.0	<0.50	4 ~ 6
1.0 ~ 4.0	<0.67	6 ~ 9
4.0 ~ 9.0	<0.75	9 ~ 16
>9.0	≤1.0	≤20

当水平烟道内积灰时，应从总断面面积中扣除积灰断面面积，按有效面积设置采样点。

在能满足测压管和采样管到达各采样点位置的情况下，尽可能地少开采样孔，一般开两个互成90°的孔。采样孔内径应不小于80mm，采样孔管长应不大于50mm。对正压下输送的高温或有毒废气的烟道应采用带有闸板阀的密封采样孔。

3.5.1.3　基本状态参数的测量

烟道排气的体积、温度和压力是烟气的基本状态常数，也是计算烟气流速、颗粒物及有害物质浓度的依据。

A　温度的测量

对于直径小、温度不高的烟道，可使用长杆水银温度计。测量时，应将温度计球部放在靠近烟道中心位置，读数时不要将温度计抽出烟道外。

对于直径大、温度高的烟道，要用热电偶测温毫伏计测量。测温原理是将两根不同的金属导线连成闭合回路，当两接点处于不同温度环境时，便产生热电势，两接点温差越大，热电势越大。如果热电偶一个接点温度保持恒定（称为自由端），则热电偶的热电势大小便完全决定于另一个接点的温度（称为工作端），用毫伏计测出热电偶的热电势，可得知工作端所处的环境温度。根据测温高低，选用不同材料的热电偶。测量800℃以下的烟气用镍铬 – 康铜热电偶；测量1300℃以下的烟气用镍铬 – 镍铝热电偶；测量1600℃以下的烟气用铂 – 铂铑热电偶。

B　压力的测量

烟气的压力分为全压（p_t）、静压（p_s）和动压（p_v）。静压是单位体积气体所具有的势能，表现为气体在各个方向上作用于器壁的压力。动压是单位体积气体具有的动能，是使气体流动的压力。全压是气体在管道中流动具有的总能量。在管道中任意一点上，三者的关系为$p_t = p_s + p_v$，所以只要测出三项中任意两项，即可求出第三项。测量烟气压力常用测压管和压力计。

a　测压管

常用的测压管有标准皮托管和 S 形皮托管。

标准皮托管的结构如图 3 – 19 所示。它是一根弯成90°的双层同心圆管，前端呈半圆形，前方有一开孔与内管相通，用来测量全压；在靠近前端的外管壁上开有一圈小孔，通至后端的侧出口，用来测量静压。标准皮托管具有较高的测量精度，但测孔很小，当烟气中颗粒物浓度大时，易被堵塞，适用于测量含尘量少的烟气。

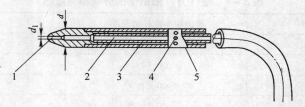

图 3 - 19　标准皮托管

1—全压测孔；2—静压测孔；3—静压管接口；4—全压管；5—全压管接口

　　S形皮托管由两根相同的金属管并联组成（如图 3 - 20 所示），其测量端有两个大小相等、方向相反的开口，测量烟气压力时，一个开口面向气流，接受气流的全压，另一个开口背向气流，接受气流的静压。由于气体绕流的影响，测得的静压比实际值小，因此，在使用前必须用标准皮托管进行校正。因开口较大，适用于测颗粒物含量较高的烟气。

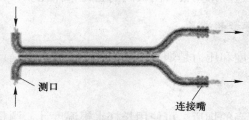

图 3 - 20　S形皮托管

b　压力计

　　常用的压力计有 U 形压力计和斜管式微压计。

　　U 形压力计是一个内装工作液体的 U 形玻璃管。常用的工作液体有水、乙醇、汞，视被测压力范围选用。用于测量烟气的全压和静压。

　　斜管式微压计（如图 3 - 21 所示）由一截面积（F）较大的容器和一截面积（f）很小的玻璃管组成，内装工作溶液，玻璃管上有刻度，以指示压力读数。测压时，将微压计容器开口与测压系统压力较高的一端连接，斜管与压力较低的一端连接，则作用在两液面上的压力差使液柱沿斜管上升，指示出所测压力。斜管上的压力刻度是由斜管内液柱长度、斜管截面积、斜管与水平面夹角及容器截面积、工作溶液密度等参数计算得知的。这种微压计用于测量烟气动压。

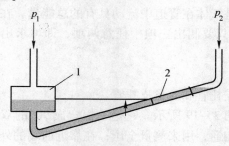

图 3 - 21　倾斜式微压计

1—容器；2—玻璃管

c　测量方法

先检查压力计液柱内有无气泡，微压计和皮托管是否漏气，然后按照图 3 – 22（a）和图 3 – 22（b）所示的连接方法分别测量烟气的动压和静压。其中，使用 S 形皮托管测量静压时，只用一路测压管，将其测量口插入测点，使测口平面平行于气流方向，出口端与 U 形压力计一端连接。

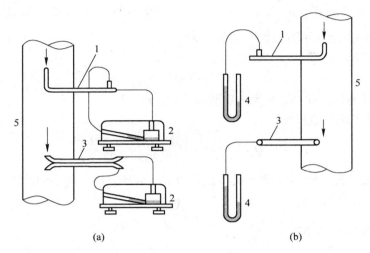

| (a) | (b) |

图 3 – 22　动压和静压测量方法
1—标准皮托管；2—斜管式压力计；3—S 形皮托管；4—U 形压力计；5—烟道

C　流速和流量的计算

在测出烟气的温度、压力等参数后，按下式计算各测点的烟气流速（v_s）：

$$v_s = K_p \sqrt{\frac{2p_v}{\rho}}$$

式中，v_s 为烟气流速，m/s；K_p 为皮托管校正系数；p_v 为烟气动压，Pa；ρ 为烟气密度，kg/m³。

标准状况下的烟气密度（ρ_n）和测量状态下的烟气密度（ρ_s）分别按下式计算：

$$\rho_n = \frac{M_s}{22.4}$$

$$\rho_s = \rho_n \frac{273}{273 + t_s} \cdot \frac{B_a + P_s}{101325}$$

将 ρ_s 代入烟气流速（v_s）计算式得下式：

$$v_s = 128.9 K_p \sqrt{\frac{(273 + t_s) p_v}{M_s (B_a + p_s)}}$$

式中，M_s 为烟气的分子量，g/mol；t_s 为烟气温度，℃；B_a 为大气压力，Pa；p_s 为烟气静压，Pa。

当干烟气组分与空气近似，烟气露点温度在 35 ~ 55℃ 之间，烟气绝对压力在 97 ~ 103kPa 之间时，v_s 可按下列简化式计算：

$$v_s = 0.077 K_p \sqrt{273 + t_s} \cdot \sqrt{p_v}$$

烟道断面上各测点烟气平均流速按下式计算：

$$\overline{v_s} = \frac{v_1 + v_2 + \cdots + v_n}{n}$$

或者

$$\overline{v_s} = 128.9 K_P \sqrt{\frac{273 + t_s}{M_s(B_a + p_s)}} \cdot \overline{\sqrt{p_v}}$$

式中，$\overline{v_s}$ 为烟气平均流速，m/s；v_1，v_2，$\cdots$，v_n 为断面上各测点烟气流速，m/s；n 为测点数；$\overline{\sqrt{p_v}}$ 为各测点动压平方根的平均值。

烟气流量按下式计算：

$$Q_s = 3600 \overline{v_s} S$$

式中，Q_s 为烟气流量，m^3/h；S 为测定断面面积，m^2。

标准状况下干烟气流量按下式计算：

$$Q_{nd} = Q_s(1 - X_w) \cdot \frac{B_a + p_s}{101325} \cdot \frac{273}{273 + t_s}$$

式中，Q_{nd} 为标准状况下烟气流量，m^3/h；p_s 为烟气静压，Pa；B_a 为大气压力，Pa；X_w 为烟气含湿量体积百分数，%。

3.5.1.4　含湿量的测定

与空气相比，烟气中的水蒸气含量较高，变化范围较大，为便于比较，监测方法规定以除去水蒸气后标准状态下的干烟气为基准表示烟气中的有害物质的测定结果。含湿量的测定方法有重量法、冷凝法、干湿球法等。

A　重量法

从烟道采样点抽取一定体积的烟气，使之通过装有吸收剂的吸收管，则烟气中的水蒸气被吸收剂吸收，吸收管的增重即为所采烟气中的水蒸气重量。其测定装置如图 3 – 23 所示。

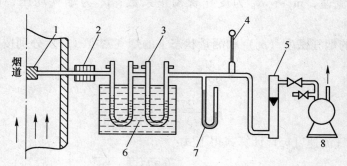

图 3 – 23　重量法测定烟气含湿量装置

1—过滤器；2—保温或加热器；3—吸湿管；4—温度计；
5—流量计；6—冷却器；7—压力计；8—抽气泵

装置中的过滤器可防止颗粒物进入采样管；保温或加热装置可防止水蒸气冷凝；U 形吸收管由硬质玻璃制成，常装入的吸收剂有氯化钙、氧化钙、硅胶、氧化铝、五氧化二磷、过氯酸镁等。

烟气中的含湿量按下式计算：

$$X_w = \frac{1.24G_w}{V_d \cdot \dfrac{273}{273 + t_r} \cdot \dfrac{B_a + p_r}{101325} + 1.24G_w} \times 100\%$$

式中，X_w 为烟气中水蒸气的体积百分含量，%；G_w 为吸湿管采样后增重，g；V_d 为测量状况下抽取干烟气体积，L；t_r 为流量计前烟气温度，℃；p_r 为流量计前烟气表压，Pa；1.24 为标准状况下 1g 水蒸气的体积，L。

B　冷凝法

抽取一定体积的烟气，使其通过冷凝器，根据获得的冷凝水量和从冷凝器排出烟气中的饱和水蒸气量计算烟气的含湿量。该方法测定装置是将重量法测定装置中的吸湿管换成专制的冷凝器，其他部分相同。含湿量按下式计算：

$$X_w = \frac{1.24G_w + V_s \cdot \dfrac{p_z}{B_a + p_r} \cdot \dfrac{273}{273 + t_r} \cdot \dfrac{B_a + p_r}{101325}}{1.24G_w + V_s \cdot \dfrac{273}{273 + t_r} \cdot \dfrac{B_a + p_r}{101325}} \times 100\%$$

$$X_w = \frac{461.4(273 + t_r)G_w + p_z V_s}{461.4(273 + t_r)G_w + (B_a + p_r)V_s} \times 100\%$$

式中，G_w 为冷凝器中的冷凝水量，g；V_s 为测量状态下抽取烟气的体积，L；p_z 为冷凝器出口烟气中饱和水蒸气压，Pa，可根据冷凝器出口气体温度 (t_r) 从"不同温度下水的饱和蒸气压"表中查知；其他物理量符号意义同前。

C　干湿球温度计法

烟气以一定流速通过干湿球温度计，根据干湿球温度计读数及有关压力计算含湿量。

3.5.1.5　烟尘浓度的测定

A　原理

抽取一定体积烟气通过已知重量的捕尘装置，根据捕尘装置采样前后的重量差和采样体积，计算排气中烟尘浓度。测定排气烟尘浓度必须采用等速采样法，即烟气进入采样嘴的速度应与采样点烟气流速相等。采气流速大于或小于采样点烟气流速都将造成测定误差。图 3-24 所示为不同采样速度下烟尘运动情况。当采样速度 (v_n) 大于采样点的烟气流速 (v_s) 时，由于气体分子的惯性小，容易改变方向，而尘粒惯性大，不容易改变方向，所以采样嘴边缘以外的部分气流被抽入采样嘴，而其中的尘粒按原方向前进，不进入采样嘴，从而导致测量结果偏低；当采样速度 (v_n) 小于采样点的烟气流速 (v_s) 时，情况正好相反，使测定结果偏高；只有 $v_n = v_s$ 时，气体和烟尘才会按照它们在采样点的实际比例进入采样嘴，采集的烟气样品中烟尘浓度才与烟气实际浓度相同。

B　采样类型

采样类型分为移动采样、定点采样和间断采样。移动采样是用一个捕集器在已确定的采样点上移动采样，各点采样时间相同，计算出断面上烟尘的平均浓度。定点采样是在每个测点上采一个样，求出断面上烟尘平均浓度，并可了解断面上烟尘浓度变化情况。间断采样适用于有周期性变化的排放源，即根据工况变化情况，分时段采样，求出时间加权平均浓度。

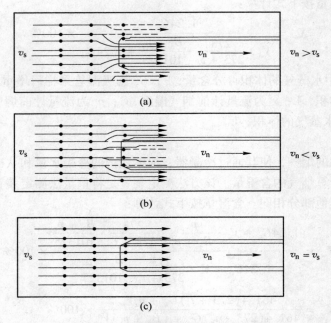

图 3 – 24　不同采样速度时烟尘运动状况

C　等速采样方法

a　预测流速（或普通采样管）法

该方法在采样前先测出采样点的烟气温度、压力、含湿量，计算出流速，再结合采样嘴直径计算出等速采样条件下各采样点的采样流量。采样时，通过调节流量调节阀按照计算出的流量采样。在流量计前装有冷凝器和干燥器的等速采样流量按下式计算：

$$Q'_r = 0.00047 d^2 V_s \left(\frac{B_a + p_s}{273 + t_s} \right) \cdot \left[\frac{M_{sd}(273 + t_r)}{B_a + p_r} \right]^{\frac{1}{2}} \cdot (1 - X_w)$$

式中，Q'_r 为等速采样所需转子流量计指示流量，L/min；d 为采样嘴内径，mm；V_s 为采样点烟气流速，m/s；B_a 为大气压力，Pa；p_r 为转子流量计前烟气的表压，Pa；p_s 为烟气静压，Pa；t_s 为烟气温度，℃；t_r 为转子流量计前烟气温度，℃；M_{sd} 为干烟气的分子量，g/mol；X_w 为烟气含湿量体积百分数，%。

由于预测流速法测定烟气流速与采样不是同时进行，故仅适用烟气流速比较稳定的污染源。

预测流速法烟尘采样装置如图 3 – 25 所示。常见的采样管有超细玻璃纤维滤筒采样管和刚玉滤筒采样管。它们由采样嘴、滤筒夹及滤筒、连接管组成，如图 3 – 26 和图 3 – 27 所示。采样嘴的形状应以不扰动气口内外气流为原则，为此，其入口角度不应大于 45°，嘴边缘的壁厚不超过 0.2mm，与采样管连接的一端内径应与连接管内径相同。超细玻璃纤维滤筒适用于 500℃ 以下的烟气。刚玉滤筒由刚玉砂等烧结制成，适用于 1000℃ 以下的烟气。这两种滤筒对 0.5μm 以上的烟尘捕集效率都在 99.9% 以上。

b　皮托管平行测速采样法

该方法将采样管、S 形皮托管和热电偶温度计固定在一起插入同一采样点，根据预先测得的烟气静压、含湿量和当时测得的动压、温度等参数，结合选用的采样嘴直径，由编有程序的计算器及时算出等速采样流量，迅速调节转子流量计至所要求的读数。此法与预测流速采样法不同之处在于测定流量和采样几乎同时进行，适用于工况易发生变化的烟气。

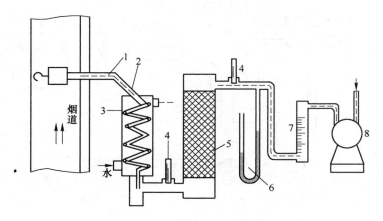

图 3-25　预测流速法烟尘采样装置
1，2—滤筒采样管；3—冷凝器；4—温度计；5—干燥器；
6—压力表；7—转子流量计；8—抽气泵

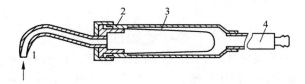

图 3-26　玻璃纤维滤筒采样管
1—采样嘴；2—滤筒夹；3—玻璃纤维滤筒；4—连接管

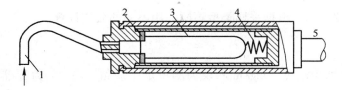

图 3-27　刚玉滤筒采样管
1—采样嘴；2—密封垫；3—刚玉滤筒；4—耐温弹簧；5—连接管

c　动态平衡型等速管采样法

该方法利用装置在采样管中的孔板在采样抽气时产生的压差与采样管平行放置的皮托管所测出的烟气动压相等来实现等速采样。当工况发生变化时，通过双联斜管微压计的指示，可及时调整采样流量，随时保持等速采样条件，其采样装置如图 3-28 所示。在等速采样装置中，如装上累积流量计，可直接读出采样总体积。此外，还有静压平衡型采样法等。

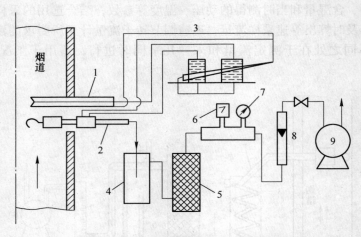

图 3 – 28 动压平衡型等速管法采样装置
1—S 形皮托管；2—等速采样管；3—双联压力计；4—冷凝管；5—干燥器；
6—温度表；7—压力计；8—转子流量计；9—抽气泵

D 烟尘浓度计算

（1）计算出采样滤筒采样前后重量之差 G（烟尘重量）。

（2）计算出标准状况下的采样体积。在采样装置的流量计前装有冷凝器和干燥器的情况下，干烟气的采样体积按下式计算：

$$V_{nd} = 0.27 Q' \sqrt{\frac{B_a + P_r}{M_{sd}(273 + t_r)}} \cdot t$$

式中，V_{nd} 为标准状况下干烟气体积，L；Q' 为采样流量，L/min；M_{sd} 为干烟气气体分子量，g/mol；t_r 为转子流量计前气体温度，℃；t 为采样时间，min。

当干烟气的气体分子量近似于空气时，V_{nd} 计算式可简化为：

$$V_{nd} = 0.05 Q' \sqrt{\frac{B_a + p_r}{273 + t_r}} \cdot t$$

（3）烟尘浓度计算：根据采样类型不同，用不同的公式计算。

移动采样时
$$c = \frac{G}{V_{nd}} \times 10^6$$

式中，c 为烟气中烟尘浓度，mg/m³；G 为测得烟尘质量，g；V_{nd} 为标准状态下干烟气体积，L。

定点采样时
$$\bar{c} = \frac{c_1 v_1 S_1 + c_2 v_2 S_2 + \cdots + c_n v_n S_n}{v_1 S_1 + v_2 S_2 + \cdots + v_n S_n}$$

式中，$\bar{c}$ 为烟气中烟尘平均浓度，mg/m³；v_1，v_2，$\cdots$，v_n 为各采样点烟气流速，m/s；c_1，c_2，$\cdots$，c_n 为各采样点烟气中烟尘浓度，mg/m³；S_1，S_2，$\cdots$，S_n 为各采样点所代表的截面积，m²。

3.5.1.6 烟尘（或气态污染物）排放速率的计算

$$排放速率 = c Q_{sn} \times 10^{-6}$$

式中，c 为烟尘（或气态污染物）的浓度，mg/m^3；Q_{sn} 为标准状况下干烟气流量，m^3/h。

3.5.1.7 烟气组分的测定

烟道排气组分包括主要气体组分和微量有害气体组分。主要气体组分为氮、氧、二氧化碳和水蒸气等。测定这些组分的目的是考察燃料燃烧情况和为烟尘测定提供计算烟气密度、分子量等参数的数据。有害组分为一氧化碳、氮氧化物、硫氧化物和硫化氢等。

A　样品的采集

由于气态和蒸气态物质分子在烟道内分布比较均匀，不需要多点采样，在靠近烟道中心的任何一点都可采集到具有代表性的气样。同时，气体分子质量极小，可不考虑惯性作用，故也不需要等速采样，其一般采样装置如图 3-29 所示。若需气样量较少时，可使用图 3-30 所示装置，即用适当容积的注射器采样，或者在注射器接口处通过双连球将气样压入塑料袋中。如在现场用仪器直接测定，则用抽气泵将样气通过采样管、除湿器抽入分析仪器。因为烟气湿度大、温度高、烟尘及有害气体浓度大，并具有腐蚀性，故在采样管头部装有烟尘滤器，采样管需要加热或保温并且耐腐蚀，防止水蒸气冷凝而导致被测组分损失。

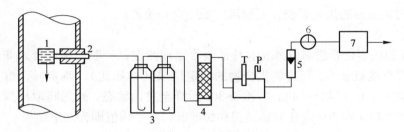

图 3-29　吸收法采样装置

1—滤料；2—加热（或保温）采样导管；3—吸收瓶；4—干燥器；5—流量计；6—三通阀；7—抽气泵

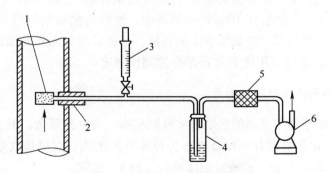

图 3-30　注射器采样装置

1—滤料；2—加热（或保温）采样导管；3—采样注射器；4—吸收瓶；5—干燥器；6—抽气泵

B　主要组分（CO，CO_2，O_2，N_2）的测定

烟气中的主要组分可采用奥氏气体分析器吸收法和仪器分析法测定。

奥氏气体分析器吸收法的原理为：用不同的吸收液分别对烟气中各组分逐一进行吸收，根据吸收前、后烟气体积变化，计算各组分在烟气中所占体积百分数。

C　有害组分的测定

对含量较低的有害组分，其测定方法原理大多与空气中气态有害组分相同；对于含量高的组分，多选用化学分析法。

3.5.2　流动污染源监测

汽车、火车、飞机、轮船等排放的废气主要是汽（柴）油燃烧后排出的尾气，特别是汽车，数量大，排放的有害气体是造成空气污染的主要因素之一。废气中主要含有一氧化碳、氮氧化合物、碳氢化合物、烟尘和少许二氧化硫、醛类、3，4 - 苯并芘等有害物质。

汽车排气中污染物含量与其运转工况（怠速、加速、定速、减速）有关。因为怠速法试验工况简单，可使用便携式仪器测定一氧化碳和碳氢化合物，故应用广泛。

3.5.2.1　汽油车怠速排气中一氧化碳、碳氢化合物的测定

A　怠速工况条件

发动机运转，离合器处于接合位置，油门踏板与手油门处于松开位置，变速器处于空挡位置；采用化油器的供油系统，其阻风门处于全开位置。

B　测定方法

依据 CO 和碳氢化合物对红外光有特征吸收原理测定，一般使用组合式非色散红外吸收监测仪，可直接显示 CO 和碳氢化合物的测定结果（体积比）。测定时，首先将发动机由怠速工况加速至 0.7 额定转速，并维持 30s 后降至怠速状态，然后将取样探头插入排气管中，维持 10s 后，在 30s 内读取最高值和最低值，其平均值即为测定结果。

3.5.2.2　汽油车排气中氮氧化物的测定

在汽车尾气排气管处用取样管将废气引出（用采样泵），经冰浴（冷凝除水）、玻璃棉过滤器（除油、尘），抽取到 100mL 注射器中，然后将抽取的气样经氧化管注入冰乙酸 - 对氨基苯黄酸 - 盐酸萘乙二胺吸收、显色液，显色后用分光光度法测定，测定方法同空气中 NO_x 的测定。还可以用化学发光 NO_x 监测仪测定。

3.5.2.3　柴油车排气烟度的测定

由汽车柴油机或柴油车排出的黑烟含多种颗粒物，其组分复杂，但主要是碳的聚合体（占 85% 以上），它往往吸附有 SO_2 及多环芳径等有害物质。汽车排气烟度常用滤纸式烟度计测定，以波许单位（R_b）或滤纸烟度单位（FSN）表示。

A　测定原理

用一只活塞式抽气泵在规定的时间内从柴油机排气管中抽取一定体积的排气，让其通过一定面积的白色滤纸，则排气中的炭粒被阻留附着在滤纸上，将滤纸染黑，其烟度与滤纸被染黑的强度相关。用光电测量装置测量洁白滤纸和染黑滤纸对同强度入射光的反射光强度，依据下式确定排气的烟度值（以波许烟度单位表示）。规定洁白滤纸的烟度为零，全黑滤纸的烟度为 10。

$$S_F = 10\left(1 - \frac{I}{I_0}\right)$$

式中，S_F 为滤纸烟度，R_b；I 为被染黑滤纸的反射光强度；I_0 为洁白滤纸的反射光强度。

由于滤纸的质量会直接影响烟度测定结果，所以要求滤纸色泽洁白，纤维及微孔均匀，机械强度和通气性良好，以保证烟气中的炭粒能均匀分布在滤纸上，提高测定精度。

　　B　滤纸式烟度计

光电式烟度计由取样探头、抽气装置及光电检测系统组成。当抽气泵活塞受脚踏开关的控制而上行时，排气管中的排气依次通过取样探头、取样软管及一定面积的滤纸被抽入抽气泵，排气中的黑烟被阻留在滤纸上，然后用步进电机（或手控）将已抽取黑烟的滤纸送到光电检测系统测量，由仪表直接指示烟度值。规程中要求按照一定时间间隔测量三次，取其平均值。

采集烟样后的滤纸经光源照射，部分被滤纸上的炭粒吸收，另一部分被滤纸反射给环形硒光电池，产生相应的光电流，送入测量仪表测量。指示表刻度盘上已按烟度单位刻度。

使用烟度计时，应在取样前用空气清扫取样管路，用烟度卡或其他方法标定刻度。

思考与练习

填空题

3 – 1　气溶胶与人体健康密切相关，其中_____因其粒径小，能进入人体支气管肺泡，对人体健康影响较大。

3 – 2　用颗粒状吸附剂对气态和蒸气物质进行采样时，主要靠_____作用，如活性炭。气态和蒸气物质从活性炭解析的方法一般为_____和_____。

3 – 3　大气污染监测常用的布点方法包括_____平均布点法、_____平均布点法、_____平均布点法和_____平均布点法。

3 – 4　大气环境监测的_____是由环境监测范围的大小、污染物的_____、人口分布以及监测精度等因素决定的。

3 – 5　冰冻季节，集尘罐内要加入_____作为防冻剂；为了防止微生物、藻类在其中生长，可加入少量_____溶液。

3 – 6　空气动力学中当量直径 ≤100μm 的颗粒物，称为_____；PM_{10} 即_____，是指当量直径_____的颗粒物。

3 – 7　采集 TSP 时，通常使用_____滤膜，滤膜的_____面应向上。滤膜在使用前应将滤膜放入_____中浸泡_____h 并洗涤数次后备用。

3 – 8　按照流量大小，大气采样器可分为_____、_____和_____采样器。采样口抽气速度规定为_____ m/s，单位面积滤膜 24h 滤过的气体量要求在_____ m^3 范围。

3 – 9　标准气体的配制方法包括_____法和_____法。

3 – 10　采集 PM_{10} 时，采样前应将滤膜在干燥器内放置_____h，用万分之一的分析天平称重后，放回干燥器_____h 再称重，两次质量之差不大于_____ mg 为恒重。

3 – 11　大气中含硫化合物和大气中氧化剂反应后，生成酸雾和硫酸盐雾的过程，称为_____。

3 – 12　与其他环境要素的污染物相比，大气污染物具有随_____和_____变化大的特点。

3－13　大气监测采样布点时，对污染源比较集中和主导风向明显的情况，应在污染源的＿＿＿＿＿＿＿布置较多采样点，作为主要监测范围。

3－14　采集空气样品的方法分成两类，分别是＿＿＿＿＿＿＿和＿＿＿＿＿＿＿。

3－15　根据国家有关规范，根据所在区域的人口数确定大气降水采样点数，其中人口50万以下的城市应布置＿＿＿＿＿＿＿个采样点。

3－16　降水中的化学组分含量一般很低，易发生物理变化、化学变化和生物作用，故采样后应＿＿＿＿＿＿＿，如需保存，一般应＿＿＿＿＿＿＿后置于冰箱保存。

3－17　大气存在最普遍的气溶胶型一次污染物是＿＿＿＿＿＿＿气溶胶。

3－18　降水是一种湿沉降，它包括＿＿＿＿＿＿＿、＿＿＿＿＿＿＿和＿＿＿＿＿＿＿。

3－19　新建锅炉房周围半径200m范围内有建筑物时，其烟囱应高出周围最高建筑＿＿＿＿＿＿＿m。

3－20　环境监测部门对排污单位＿＿＿＿＿＿＿排污总量的监督每年不少于1次。

判断题

3－21　测定SO_2时，吸收液放置一段时间可消除臭氧的干扰。　　　　　　　　　　　　（　　）

3－22　测定NO_x时，氧化管应完全水平放置。　　　　　　　　　　　　　　　　　　（　　）

3－23　参比状况是指温度为25℃，大气压为101.325kPa。　　　　　　　　　　　　　（　　）

3－24　分析天平内的变色硅胶呈粉红色时，仍可进行采样滤膜的恒重分析。　　　　　　（　　）

3－25　大气颗粒物对酸雨的形成有缓冲的作用。　　　　　　　　　　　　　　　　　　（　　）

3－26　酸雨中的酸只包括硫酸和一些有机弱酸。　　　　　　　　　　　　　　　　　　（　　）

3－27　静态配气与动态配气比较，前者所需仪器简单且更准确。　　　　　　　　　　　（　　）

3－28　降水中的铵根离子源自空气中的氨和颗粒物中的铵盐。　　　　　　　　　　　　（　　）

3－29　测定NO_x时，SO_2对测定结果不产生干扰。　　　　　　　　　　　　　　　（　　）

3－30　保存降水样品时，一般先在样品中加入保存剂后敞口置于冰箱保存。　　　　　　（　　）

3－31　采集雨水可使用聚乙烯塑料桶或玻璃缸作为采样器，采样器应高于基础面1.2m以上。（　　）

3－32　通常所指的酸雨是指雨水的pH值大于5.6的情况。　　　　　　　　　　　　　　（　　）

3－33　总氧化剂是指大气中能氧化KI析出I_2的物质，光化学氧化剂主要包括O_2，PAN等，这些化合物都能氧化KI，因此光化学氧化剂就是总氧化剂。　　　　　　　　　　　　　　　　　（　　）

3－34　测定SO_2时，Mn，Fe，Cr等金属离子对测定有干扰，可加入EDTA和磷酸消除。　（　　）

3－35　1952年的伦敦烟雾事件中主要污染物为SO_2和颗粒物。　　　　　　　　　　　（　　）

3－36　交通路口的大气污染主要是由于汽车尾气污染造成的。　　　　　　　　　　　　（　　）

3－37　若一天中有几次降雨过程，则测其中一次pH值即可。　　　　　　　　　　　　（　　）

3－38　环境空气指人群、植物、动物和建筑场所所暴露的气体，一般是指大气层10km高度以下部分。（　　）

3－39　水能溶解SO_2，NO_x等气体，是一种干扰物，因此为了保证监测数据的准确可靠，可采用浓硫酸直接除湿。　　　　　　　　　　　　　　　　　　　　　　　　　　　　　　（　　）

3－40　降水中NH_4^+较稳定，取样后可以放置几天。　　　　　　　　　　　　　　　（　　）

3－41　降水样品的pH值和电导率不受温度影响，因此测定结果不需做任何校正。　　　（　　）

3－42　我国计入空气污染指数（API）的污染物包括SO_2，NO_x和TSP，空气污染指数为SO_2，NO_x和TSP空气污染分指数的几何平均值。　　　　　　　　　　　　　　　　　　（　　）

单项选择题

3－43　大气压的法定计量单位是（　　　　）。
　　　A. atm　　　　　　　　B. Bar　　　　　　　　C. Pa　　　　　　　　D. mmHg

3－44　用电极法测定pH值时，其中饱和甘汞电极和玻璃电极分别作为（　　　　）。
　　　A. 参比电极，指示电极　　　　　　　　B. 指示电极，参比电极
　　　C. 参比电极，对电极　　　　　　　　　D. 工作电极，对电极

3-45 盐酸萘乙二胺比色法测 NO_x 时，空气中 SO_2 浓度不高于 NO_x 浓度的（   ）倍时，对 NO_x 的测定不产生干扰。

A. 5　　　　　　　B. 10　　　　　　　C. 50　　　　　　　D. 20

3-46 四氯汞钾法测定大气中 SO_2 时，加入 EDTA 和磷酸可以消除或减少（   ）干扰。

A. 某些重金属　　B. Na^+　　　　　C. Ca^{2+}　　　　　D. NO_x

3-47 存放降水样品的容器最好是（   ）。

A. 带色的塑料瓶　　　　　　　　　B. 玻璃瓶

C. 无色的聚乙烯塑料瓶　　　　　　D. 瓷瓶

3-48 用两台或两台以上采样器做平行采样时，为防止对采样的相互干扰应保持一定间距，如分别使用小流量采样器和大流量采样器采集 TSP 时，两台仪器间距分别以（   ）为宜。

A. 2~4m 和 1m　　B. 1m 和 2~4m　　C. 3~6m 和 1.5m　　D. 1.5m 和 2~4m

3-49 降水中的铵离子浓度随季节有所变化，其夏季浓度比冬季（   ）。

A. 高　　　　　　　B. 低　　　　　　　C. 相同　　　　　　D. 不确定

3-50 某采集的降水样品，必须测定 pH 值、降水中的化学组分和电导率，为了使结果更准确和真实，测定顺序应为（   ）。

A. pH 值，之后电导率，最后测定化学组成；

B. 电导率，之后 pH 值，最后测定化学组成

C. 电导率，之后化学组成，最后测定 pH 值

D. pH 值，之后化学组成，最后测定电导率

3-51 采集降水的采样器，在第一次使用前，应用（   ）浸泡 24h。

A. 10% HNO_3　　B. 10% HCl　　　C. 30% HCl　　　D. 铬酸洗液

3-52 盐酸萘己二胺比色测定 NO_x 和甲醛吸收副玫瑰苯胺分光光度法测定 SO_2 选择的测定波长分别为（   ）。

A. 370nm 和 420nm　　B. 540nm 和 577nm　　C. 545nm 和 560nm　　D. 520nm 和 545nm

3-53 大气采样口的高度一般高于地面（   ），此高度是人的呼吸带。

A. 1.4m　　　　　　B. 1.6m　　　　　　C. 1.2m　　　　　　D. 1.5m

3-54 溶液吸收法主要用来采集气态和（   ）样品。

A. PM_{10}　　　　　B. TSP　　　　　C. 颗粒物　　　　　D. 蒸气态、气溶胶

3-55 甲醛法测定环境空气中 SO_2 时，重金属对其测定有干扰，其中主要的重金属离子是（   ）。

A. Fe^{2+}　　　　　B. Fe^{3+}　　　　　C. Mn^{2+}　　　　　D. Na^+

3-56 根据污染物的（   ），一般把大气污染物分为一次污染物和二次污染物。

A. 性质及其变化　　B. 产生部门　　　C. 化学组成　　　D. 排放规律

3-57 测定硫酸盐化速率前，样品应放置（   ）。

A. (30±2)d　　　　B. (25±5)d　　　C. (15±1)d　　　D. 1d

3-58 当采集的 SO_2 样品中有浑浊物时，应采用（   ）。

A. 沉淀　　　　　　B. 离心　　　　　C. 过滤　　　　　D. 结晶

3-59 用四氯汞钾吸收液-盐酸副玫瑰苯胺测定环境空气中 SO_2 时，温度对显色反应有影响，温度越高，空白值（   ），褪色越快。

A. 不变　　　　　　B. 越低　　　　　C. 越高　　　　　D. 无规律变化

3-60 当前工业废气排污总量监测项目包括烟尘、SO_2 和（   ）。

A. NO_x　　　　　B. O_3　　　　　C. 工业粉尘　　　　D. NH_3

3-61 NO_x 测定时，空气中的过氧乙酰硝酸酯（PAN）会使结果（   ）。

A. 偏低　　　　　　B. 偏高　　　　　C. 无影响　　　　　D. 不确定

多项选择题

3－62　我国环境标准中的标准状态是指具备下述哪些条件?（　　　）。

　　　A. 273. 15K　　　　B. 101. 325kPa　　　C. 25℃　　　　D. 101. 3kPa

3－63　标定亚硫酸钠标准溶液时,为获得准确、可靠的标定结果,其关键量器具是（　　　）,关键操作是滴定。

　　　A. 容量瓶　　　　B. 滴定管　　　　C. 移液管　　　　D. 吸管

3－64　降水样品中化学成分浓度极低,在保存过程中可能会发生物理、化学变化而使待测成分浓度发生改变,因而应尽快测定。需尽快测定的项目有（　　　）。

　　　A. pH 值和电导率　　B. NO_3^- 和 Ca^{2+}　　C. NO_3^- 和 NO_2^-　　D. NH_4^+

3－65　下述气体中,具有温室效应的气体有（　　　）。

　　　A. CO_2　　　　　B. NO_2　　　　　C. SF_6　　　　　D. CH_4

3－66　大气污染物通常存在的状态有（　　　）。

　　　A. 气态　　　　　B. 蒸气　　　　　C. 气溶胶　　　　D. 液态

3－67　影响大气污染物样品采样效率的因素有（　　　）。

　　　A. 采样时间　　　B. 吸收液　　　　C. 采样速度　　　D. 采气量

3－68　下列采样方法中属于富集采样法的有（　　　）。

　　　A. 用滤膜采集总悬浮颗粒物　　　　　　B. 用吸收液吸收空气中 NO_x

　　　C. 用真空瓶采集工艺废气　　　　　　　D. 用注射器采集车间废气

3－69　环境空气质量二类区主要包括（　　　）。

　　　A. 自然保护区　　B. 居民区　　　　C. 文教场所　　　D. 商业区

3－70　常用的气体吸收液包括（　　　）。

　　　A. 水　　　　　　B. 有机溶剂　　　　C. 水溶液　　　　D. 油

3－71　在排放源上下风向设置参照点和监控点时,应遵循的原则有（　　　）。

　　　A. 监控点应设于单位周界外 10m 范围内,但如现场条件不允许,应将监控点移至周界内侧

　　　B. 参照点应以不受被测无组织排放源影响,可以代表监控点的背景浓度为原则

　　　C. 监控点应设于下风向的浓度最高点,不受单位周界限制

　　　D. 为了确定浓度最高点,最多可以设置 4 个监测点

3－72　酸雨中的酸性组分一般包括（　　　）。

　　　A. HNO_3　　　　B. 少量有机酸　　　C. H_2SO_4　　　D. $HClO$

3－73　汽车排放的一次污染物经过光化学反应形成的二次污染物主要是（　　　）。

　　　A. PAN　　　　　B. O_3　　　　　　C. NO_x　　　　　D. 醛类

3－74　汽车排放的污染物主要有（　　　）。

　　　A. CO　　　　　　B. NO_x　　　　　C. 颗粒物　　　　D. HC

简答题

3－75　大气监测布点必须依据监测项目并结合区域环境特点及污染物特性,通常布点应遵循哪些原则?

3－76　标准状态是指温度和压力各为多少?

3－77　环境空气质量功能区分为几类? 各类区所指哪些?

3－78　活性炭适合于哪类物质的采样?

3－79　什么是可吸入颗粒物?

3－80　环境空气质量标准中的铅（Pb）是指什么? 环境空气质量标准中的氟化物（以 F 计）是指什么?

3－81　简述碱片－重量法测定硫酸盐化速率的原理。

3－82　测定大气 SO_2 配制亚硫酸钠溶液时,为何要加入少量的 EDTA?

3－83　测定 TSP 时,对采样后的滤膜应注意些什么?

3-84 为什么富集采样法在空气污染监测中更有重要意义？一般包括哪些？

3-85 为了判断酸雨的形成和来源，必须了解它的化学组成。实际研究酸雨时，主要是分析测定降水中的哪些离子组分？

计算题

3-86 使用大流量采样器（$1.05m^3/min$）采集大气中的总悬浮颗粒物，采样期间现场平均大气压为 $101.5kPa$，平均温度为 $13℃$，采样器累积采集时间为 $23h$，在采样前调整采样器使其工作在正确的工作点上，采样结束后，滤膜增重 $436mg$。

（1）求大气中的总悬浮颗粒物的浓度。

（2）判断大气中总悬浮颗粒物的浓度是否超过二级标准。

（3）计算 TSP 污染分指数。

（4）若已知 SO_2 分指数为 90，NO_x 分指数为 85，则该地的首要污染物是什么？大气污染综合指数又是多少？

项目4 固体废弃物监测

【知识目标】

(1) 了解固体废弃物监测的相关概念，污染物的来源、危害；

(2) 掌握固体废弃物样品的采样、制备、监测方法。

【能力目标】

能利用相关知识进行固体废弃物样品的采集、制备、监测。

任务4.1 固体废物样品的采集和制备

4.1.1 概述

4.1.1.1 固体废弃物的定义

固体废物是指在生产、建设、日常生活和其他活动中产生的污染环境的固态、半固态废弃物质。工业固体废物是指在工业、交通等生产活动中产生的固体废物。城市生活垃圾是指在城市日常生活中或者为城市日常生活提供服务的活动中产生的固体废物以及法律、行政法规规定视为城市生活垃圾的固体废物。

被丢弃的非水液体，如废变压器油等由于无法归入废水、废气类，习惯上归在废物类。

固体废物主要来源于人类的生产和消费活动。它的分类方法很多：按化学性质可分为有机废物和无机废物；按形状可分为固体和泥状的；按它的危害状况可分为危险废物（亦称有害废物）和一般废物；按来源可分为矿业固体废物、工业固体废物、城市垃圾（包括下水道污泥）、农业废物和放射性固体废物等。在固体废物中对环境影响最大的是工业有害固体废物和城市垃圾。

4.1.1.2 危险废物的定义

危险废物是指国家危险废物名录中或者根据国务院环境保护行政主管部门规定的危险废物鉴别标准和鉴别方法认定的具有危险性的废物。工业固体废物中危险废物量约占总量的 5% ~10%，并以 3% 的年增长率发展。因此，对危险废物的管理已经成为重要的环境管理问题之一。

我国于 2008 年 8 月 1 日实施的"国家危险废物名录"，其中包括 49 个类别，135 种废物来源和约 498 种常见危害组分或废物名称。凡"国家危险废物名录"中规定的废物直接属于危险废物，其他废物可按相应鉴别标准予以判别。

一种废物是否有害可用下列四点来定义鉴别：（1）引起或严重导致死亡率增加；（2）引起各种疾病的增加；（3）降低对疾病的抵抗力；（4）在处理、贮存、运送、处置或其他管理不当时，对人体健康或环境会造成现实的或潜在的危害。

由于上述定义没有量值规定，因此在实际使用时往往根据废物具有潜在危害的各种特性及其物理、化学和生物的标准实验方法对其进行定义和分类。危险废物特性包括易燃性、腐蚀性、反应性、放射性、浸出毒性、急性毒性（包括口服毒性、吸入毒性和皮肤吸收毒性），以及其他毒性（包括生物蓄积性、刺激或过敏性、遗传变异性、水生生物毒性和传染性等）。

我国对有害特性的定义如下：

（1）急性毒性。能引起小鼠（大鼠）在48h内死亡半数以上者，并参考制定有害物质卫生标准的实验方法，进行半致死剂量（LD_{50}）试验，评定毒性大小。

（2）易燃性。含闪点低于60℃的液体，经摩擦或吸湿和自发的变化具有着火倾向的固体，着火时燃烧剧烈而持续，以及在管理期间会引起危险。

（3）腐蚀性。含水废物，或本身不含水但加入定量水后其浸出液的 pH≤2 或 pH≥12.5 的废物，或最低温度为55℃、对钢制品的腐蚀深度大于0.64cm/a 的废物。

（4）反应性。当具有下列特性之一者：1）不稳定，在无爆震时就很容易发生剧烈变化；2）和水剧烈反应；3）能和水形成爆炸性混合物；4）和水混合会产生毒性气体、蒸汽或烟雾；5）在有引发源或加热时能爆震或爆炸；6）在常温、常压下易发生爆炸和爆炸性反应；7）根据其他法规所定义的爆炸品。

（5）放射性。含有天然放射性元素的废物，比放射性大于 1×10^{-7} Ci/kg 者；含有人工放射性元素的废物或者比放射性（Ci/kg）大于露天水源限制浓度的10～100倍（半衰期 >60d）者。

（6）浸出毒性。按规定的浸出方法进行浸取，当浸出液中有一种或者一种以上有害成分的浓度。

4.1.2　固体废物样品的采集和制备

固体废物的监测包括采样计划的设计和实施、分析方法、质量保证等方面，各国都有具体规定。例如，美国环境保护局固体废弃物办公室根据资源回收法（RCRA）编写的《固体废物试验分析评价手册》（U. S. EPA, Test Methods for Evaluating Solid Waste）较为全面地论述采样计划的设计和实施，质量控制，方法选择，金属分析方法，有机物分析方法，综合指标实验方法，物理性质测定方法，有害废物的特性，法规定义和可燃性、腐蚀性、反应性、浸出毒性的试验方法，地下水、土地处理监测和废物焚烧监测等。我国于1986年颁发了《工业固体废物有害特性试验与监测分析方法》（试行）。

为了使采集样品具有代表性，在采集之前要调查研究生产工艺过程、废物类型、排放数量、堆积历史、危害程度和综合利用情况。如采集有害废物则应根据其有害特性采取相应的安全措施。

4.1.2.1　样品的采集

A　采样工具

固体废物的采样工具包括尖头钢锹、钢尖镐（腰斧）、采样铲（采样器）、具盖采样桶或内衬塑料的采样袋。

B　采样程序

（1）根据固体废物批量大小确定应采的份样（由一批废物中的一个点或一个部位，按规定量取出的样品）个数，即采样单元数。

（2）根据固体废物的最大粒度（95%以上能通过的最小筛孔尺寸）确定份样量。

（3）根据采样方法，随机采集份样，组成总样，并认真填写采样记录表。

C　份样数

根据批量大小，按表4-1确定应采份样数。

表4-1　批量大小与最少份样数

批量大小	最少份样个数	批量大小	最少份样个数
<5	5	500~1000	25
5~10	10	1000~5000	30
50~100	15	>5000	35
100~500	20		

注：批量大小单位，对于液体为 kL，对于固体为 t。

D　份样量

按表4-2确定每个份样应采的最小质量。所采的每个份样量应大致相等，其相对误差不大于20%。表4-2中要求的采样铲容量为保证一次在一个地点或部位能取到足够数量的份样量。

表4-2　份样量和采样铲容量

最大粒度/mm	最小份样重量/kg	采样铲容量/mL
>150	30	
100~150	15	16000
50~100	5	7000
40~50	3	1700
20~40	2	800
10~20	1	300
<10	0.5	125

液态的废物的份样量以不小于100mL的采样瓶（或采样器）所盛量为准。

E　采样方法

a　现场采样

在生产现场采样，首先应确定样品的批量，然后按下式计算出采样间隔，进行流动间隔采样：

$$采样间隔 \leqslant \frac{批量（t）}{规定的份样数}$$

采第一个份样时，不准在第一间隔的起点开始，可在第一间隔内任意确定。

b　运输车及容器采样

在运输一批固体废物时，当车数不多于该批废物规定的份样数时，每车应采份样数按下式计算。当车数多于规定的份样数时，按表 4-3 选出所需最少的采样车数，然后从所选车中各随机采集一个份样。

$$每车应采份样数（小数应进为整数） = \frac{规定份样数}{车数}$$

在车中，采样点应均匀分布在车厢的对角线上，端点距车角应大于 0.5m，表层去掉 30cm。

对于一批若干容器盛装的废物，按表 4-3 选取最少容器数，并且每个容器中均随机采两个样品。

表 4-3　所需最少的采样车数表

车数（容器）	所需最少采样车数	车数（容器）	所需最少采样车数
<10	5	50~100	30
10~25	10	>100	50
25~50	20		

当把一个容器作为一个批量时，就按表 4-3 中规定的最少份样数的 1/2 确定；当把 2~10 个容器作为一个批量时，就按下式确定最少容器数：

$$最少容器数 = \frac{表4-3中规定的最少份样数}{容器数}$$

c　废渣堆采样法

在渣堆侧西距堆底 0.5m 处画一条横线，然后每隔 0.5m 画一条横线，再每隔 2m 画一条横线的垂线，其交点作为采样点。按表 4-3 确定的份样数确定采样点数，在每点上从 0.5~1.0m 深处各随机采样一份。

4.1.2.2　样品的制备

A　制样工具

制样工具包括粉碎机（破碎机）、药碾、钢锤、标准套筛、十字分样板、机械缩分器。

B　工业固体废物样品制备

（1）粉碎：用机械或人工方法把全部样品逐级破碎，通过 5mm 筛孔。粉碎过程中，不可随意丢弃难于破碎的粗粒。

（2）缩分：将样品于清洁、平整不吸水的板面上堆成圆锥形，每铲物料自圆锥顶端落下，使均匀地沿锥尖散落，不可使圆锥中心错位。反复转堆，至少三周，使其充分混合。然后将圆锥顶端轻轻压平，摊开物料后，用十字板自上压下，分成四等份，取两个对角的等份，重复操作数次，直至不少于 1kg 试样为止。

C　城市生活垃圾样品制备

（1）分拣。

（2）粉碎：用机械或人工方法把全部样品逐级破碎，通过 5mm 筛孔。粉碎过程中，不可随意丢弃难于破碎的粗粒。

（3）混合。

（4）缩分：将样品于清洁、平整不吸水的板面上堆成圆锥形，每铲物料自圆锥顶端落下，使均匀地沿锥尖散落，不可使圆锥中心错位。反复转堆，至少三周，使其充分混合。然后将圆锥顶端轻轻压平，摊开物料后，用十字板自上压下，分成四等份，取两个对角的等份，重复操作数次，直至不少于 1kg 试样为止。

4.1.3　样品水分的测定

测定无机物时，可称取样品 20g 左右，在 105℃ 下干燥，恒重至 ±0.1g，测定水分含量。

测定样品中的有机物时，应称取样品 20g 左右，在 60℃ 下干燥 24h，确定水分含量。

固体废物测定结果以干样品计算，当污染物含量小于 0.1% 时以 mg/kg 表示，含量大于 0.1% 时则以百分含量表示，并说明是水溶性或总量。

4.1.4　样品的运送和保存

制好的样品密封于容器中保存（容器应对样品不产生吸附、不使样品变质），贴上标签备用。标签上应注明编号、废物名称、采样地点、批量、采样人、制样人、时间。特殊样品可采取冷冻或充惰性气体等方法保存。

任务 4.2　有害特性监测方法

4.2.1　有害物质的毒理学研究方法

由于环境是一个复杂体系，污染物种类繁多又含量多变，各种污染因素之间存在拮抗或加成作用，环境综合质量很难以对各污染物的个别影响来评价。利用生物在该环境中的反应，确定环境的综合质量，无疑是理想的和重要的手段。本节仅介绍环境毒理学的研究方法，它通过用实验动物对污染物的毒性试验，确定污染物的毒性和剂量的关系，找出毒性作用的阈剂量或阈浓度，为制定该物质在环境中的最高允许浓度提供资料；为防治污染提供科学依据；也是判断环境质量的一种方法。例如，有些有机合成化工厂，其排放废水成分复杂，有微量的原料、溶剂、中间体和产品等，它们性质又不稳定，因此，要确定这些物质和确定主要有害因素往往很困难，甚至难以做到。但如过用鱼类做毒性试验，并指定一个反映这些污染物的综合指标例如（化学需氧量），那么确定该废水的毒性和剂量是比较容易实现的。

4.2.1.1　实验动物的选择

实验动物的选择应根据不同的要求来决定，同时还要考虑动物的来源、经济价值和饲养管理等方面的因素。国内外常用的动物有小鼠、大鼠、兔、豚鼠、猫、狗和猴等。鱼类有鲢鱼、草鱼和金鱼等。金鱼对某些毒物较敏感，特别是室内饲养方便，鱼苗易得，为国内外所普遍采用，需要指出的是，实验动物必需标准化，因为不同品种、年龄、性别、生长条件的动物对毒物的敏感程度是不同的。

不同的动物对毒物反应并不一致。例如，苯在家兔身上所产生的血象变化和人很相似（白细胞减少及造血器官发育不全），而在狗身上却出现完全不同的反应（白细胞增多及脾脏淋巴结节增殖）；又如，苯胺及其衍生物的毒性作用可导致变性血红蛋白出现，它在豚鼠、猫和狗身上可引起与人相类似的变化，但在家兔身上却不容易引起变性血红蛋白的出现，而对小白鼠则完全不产生变性血红蛋白。要判断某物质在环境中的最高允许浓度，除了根据它的毒性外，还要考虑感官性状、稳定性以及自净过程（地面水）等因素。另外，根据实验动物所得到的毒性大小、安全浓度和半致死浓度等数据也不能直接推断到人体，还要进行流行病病学调查研究才能反映人体受影响情况。当然，实验动物的毒性试验无疑是极为重要的。

4.2.1.2　毒性试验分类

毒性试验可分为急性毒性试验、亚急性毒性试验、慢性毒性试验和终生试验等。

（1）急性毒性试验。一次（或几次）投给实验动物较大剂量的化合物，观察在短期内（一般 24 小时到二周以内）中毒反应。急性毒性试验由于变化因子少，时间短，经济以及容易试验，所以被广用。

（2）亚急性毒性试验。一般用半致死剂量的 1/5 ~ 1/20，每天投毒，连续半个月到三个月左右，要了解该毒性有否积蓄作用和耐受性。

（3）慢性毒性试验。用较低剂量进行三个月到一年的投毒，观察病理、生理、生化反应以及中毒诊断指标，并为制定最大允许浓度提供科学依据。

C　污染物的毒性作用剂量

污染物的毒性作用剂量可用下列方式表示：半致死量（浓度），简称 LD50，LC50；最小致死量，简称 MLD（MLC）；绝对致死量，简称 LD100（LC100）；最大耐受量，简称 MTD（MTC）。

污染物的毒性和剂量关系可用下列指标区分：

无害量	中毒量	致死量
最大安全量	最大耐受量　最小致死量	半数致死量　绝对致死量

半数致死量（浓度）是评价毒物毒性的主要指标之一。半数致死量（浓度）的计算方法很多，最常用和简单的是用 S 曲线法。要求试验组，有一组全部存活，一组全部死亡，其他各组均不同的死亡率。

4.2.2　吸入毒性试验

吸入毒性试验主要由静态染毒法和动态染毒法两种。此外，还有单个口罩吸入法、喷雾染毒发和现场模拟染毒法等。

（1）动态染毒法。将试验动物放在染毒柜内，连续不断地将受检毒物和新鲜空气配制成一定浓度的混合气体通入染毒柜，并排出等量的污染空气，形成一个稳定的、动态平衡的染毒环境。此法常用于慢性毒性试验。

（2）静态染毒法。在一个密闭容器内，加入一定量受检物，使均匀分布在染毒柜，让试验动通过呼吸受毒。要求柜内氧含量不低于 19%，二氧化碳含量不超过 1.7%，柜体一般为 60L。毒物可用橡皮囊吹入或涂抹在纱布上自然挥发，用搅拌器混匀。

4.2.3　口服毒性试验

（1）饲喂法

将毒物混入动物饲料或饮水中，为保证使动物吃完，一般在早晨投毒且用动物爱吃的饲料。此法符合自然生理条件，但剂量难以控制精确。

（2）灌胃法

将毒物制成液体或糊状物，强行用注射器注入。要求左手捉住小白鼠，使成垂直体位，右手用注射器从口腔咽喉壁慢慢插入，切勿偏斜。

4.2.4　鱼类毒性试验

4.2.4.1　试验鱼的选择和驯养

选择同龄、健康、活泼、体长 3cm 的金鱼，在试验前相同条件下驯养 7 天以上，试验前 1 天停止喂食。

4.2.4.2　试验条件选择

考虑水温、溶解氧、pH 值、水质及容器大小对试验的影响。

4.2.4.3　试验

选择好试验浓度后进行试验，要求试验组，有一组全部存活，一组全部死亡，其他各组均不同的死亡率。作图求出半数致死浓度，进而求出安全浓度。

任务 4.3　生活垃圾和卫生保健机构废弃物的监测

4.3.1　生活垃圾特性分析

4.3.1.1　垃圾的粒度分级

粒度采用筛分法，将一系列不同筛目的筛子按规格序列由小到大排列，筛分时，依次连续摇动 15min，依次转到下一号筛子，然后计算每一粒度微粒所占的百分比。如果需要在试样干燥后再称量，则需在 70℃ 的温度下烘干 24h，然后再在干燥器中冷却后筛分。

4.3.1.2　淀粉的测定

A　原理

垃圾在堆肥处理过程中，需借助淀粉量分析来鉴定堆肥的腐熟程度。这是利用垃圾在堆肥过程中形成的淀粉碘化络合物的颜色变化与堆肥降解度的关系。当堆肥降解尚未结束时，淀粉碘化络合物呈蓝色；降解结束即呈黄色。堆肥颜色的变化过程是深蓝—浅蓝—灰—绿—黄。

B　步骤和试剂

分析试验的步骤是：（1）将 1g 堆肥置于 100mL 烧杯中，滴入几滴酒精使其湿润，再加 20mL 36% 的高氯酸；（2）用纹网滤纸（90 号纸）过滤；（3）加入 20mL 碘反应剂到滤液中并搅动；（4）将几滴滤液滴到白色板上，观察其颜色变化。

试剂是：（1）碘反应剂。将 2gKI 溶解到 500mL 水中，再加入 0.08gI_2。（2）36% 的高氯酸。（3）酒精。

4.3.2　生物降解度的测定

垃圾中含有大量天然的和人工合成的有机物质，有的容易生物降解，有的难以生物降解。目前，通过试验已经寻找出一种可以在室温下对垃圾生物降解做出适当估计的 COD 试验方法。

分析步骤是：（1）称取 0.5g 已烘干磨碎试样于 500mL 锥形瓶中；（2）准确量取 20mL C$\frac{1}{6}$K2Cr2O7 = 2mol/L 重铬酸钾溶液加入试样瓶中并充分混合；（3）用另一支量筒量取 20mL 硫酸加到试样瓶中；（4）在室温下将这一混合物放置 12h 且不断摇动；（5）加入大约 15mL 蒸馏水；（6）再依次加入 10mL 磷酸、0.2g 氟化钠和 30 滴指示剂，每加入一种试剂后必须混合；（7）用标准硫酸亚铁铵溶液滴定，在滴定过程中颜色的变化是从棕绿→绿蓝→蓝→绿，在等当点时出现的是纯绿色；（8）用同样的方法在不放试样的情况下做空白试验；（9）如果加入指示剂时易出现绿色，则试验必须重做，必须再加 30mL 重铬酸钾溶液。

生物降解物质的计算：

$$BDM = (V_2 - V_1)Vc \times 1.28/V_2$$

式中，BDM 为生物降解度；V_1 为试样滴定体积，mL；V_2 为空白试验滴定体积，mL；V 为重铬酸钾的体积，mL；c 为重铬酸钾的浓度；1.28 为折合系数。

4.3.3　热值的测定

由于焚烧是一种可以同时并快速实现垃圾无害化、稳定化、减量化、资源化的处理技术，在工业发达国家，焚烧已经成为城市生活垃圾处理的重要方法，我国也正在加快垃圾焚烧技术的开发研究，以推进城市垃圾的综合利用。

热值是废物焚烧处理的重要指标，分高热值和低热值。垃圾中可燃物燃烧产生的热值为高热值。垃圾中含有的不可燃物质（如水和不可燃惰性物质），在燃烧过程中消耗热量，当燃烧升温时，不可燃惰性物质吸收热量而升温；水吸收热量后气化，以蒸汽形式挥发。高热值减去不可燃惰性物质吸收的热量和水气化所吸收的热量，称为低热值。显然，低热值更接近实际情况，在实际工作中意义更大。

两者换算公式为：　　　　$H_N = H_0 [(100 - (I + W))/(100 - W_L)] \times 5.85W$

式中，H_N 为低热值，kJ/kg；H_0 为高热值，kJ/kg；I 为惰性物质含量，%；W 为垃圾的表面湿度，％；W_L 为剩余的和吸湿性的湿度，％。

热值的测定可以用量热计法或热耗法。测定废物热值的主要困难是要了解废物的比热值，因为垃圾组分变化范围大，各种组分比热差异很大，所以测定某一垃圾的比热是一复杂过程，而对组分比较简单的（例如含油污泥等）就比较容易测定。

4.3.4　渗沥水分析

渗沥水是指垃圾本身所带水分以及降水等与垃圾接触而渗出来的溶液，它提取或溶出了垃圾组成中的污染物质甚至有毒有害物质，一旦进入环境会造成难以挽回的后果，由于渗沥水中的水量主要来源于降水，所以在生活垃圾的三大处理方法中，渗沥水是填埋处理中最主要的污染源。合理的堆肥处理一般不会产生渗沥水，焚烧处理也不产生，只有露天堆肥、裸露堆物可能产生。

4.3.4.1　渗沥水的特性

渗沥水的特性决定于它的组成和浓度。由于不同国家、不同地区、不同季节的生活垃圾组分变化很大，并且随着填埋时间的不同，渗沥水组分和浓度也会变化。

因此，它的特点是：

（1）成分的不稳定性：主要取决于垃圾的组成。

（2）浓度的可变性：主要取决于填埋时间。

（3）组成的特殊性：渗沥水既不同于生活污水，而且垃圾中存在的物质，渗沥水中不一定存在，一般废水中有的它也不一定有。例如，在一般生活污水中，有机物质主要是蛋白质（40％～60％）、碳水化合物（25％～50％）以及脂肪、油类（10％），但在渗沥水中几乎不含油类，因为生活垃圾具有吸收和保持油类的能力，在数量上至少达到 2.5g/kg 干废物。此外，渗沥水中几乎没有氰化物、金属铬和金属汞等水质必测项目。

4.3.4.2　渗沥水的分析项目

根据实际情况，我国提出了渗沥水理化分析和细菌学检验方法，内容包括色度、总固体、总溶解性固体与总悬浮性固体、硫酸盐、氨态氮、凯氏氮、氯化物、总磷、pH 值、BOD、COD、钾、钠、细菌总数、总大肠菌数等。其中细菌总数和大肠菌数是我国已有的检测项目，测定方法基本上参照水质测定方法，并根据渗沥水特点做一些变动。

4.3.5　渗沥试验

工业固体废物和生活垃圾堆放过程中由于雨水的冲力和自身关系，可能通过渗沥而污染周围土地和地下水，因此，对渗沥水的测定是重要项目。

4.3.5.1　固体废物堆场渗沥水采样的选择

正规设计的垃圾堆场通常设有渗沥水渠道和集水井，采集比较方便。典型安全堆埋场也设有渗出液取样点，如图 4-1 所示。

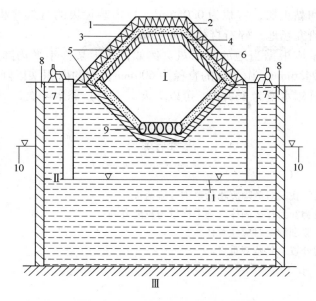

图 4-1 典型安全填埋场示意图及渗沥水采样点图

Ⅰ—废物堆；Ⅱ—可渗透性土壤；Ⅲ—非渗透性土壤；

1—表层植被；2—土壤；3—黏土层；4—双层有机内衬；5—沙质土；

6—单层有机内衬；7—渗出液抽汲泵（采样点）；8—膨润土浆；

9—渗出液收集管；10—正常地下水位；11—堆场内地下水位

4.3.5.2 渗沥试验

拟议中的废物堆场对地下水和周围环境产生的可能影响可采用渗沥试验法测定。

A 工业固体废物的渗沥模型

固体废物长期堆放可能通过渗沥污染地下水和周围土地，应进行渗沥模型试验。图 4-2 所示为固体废物渗沥模型试验装置。

固体废物先经粉碎后，通过 0.5mm 孔径筛，然后装入玻璃柱内，在上面玻璃瓶中加入雨水或蒸馏水以 12mL/min 的速度通过管柱下端的玻璃棉流入锥形瓶内，每隔一定时间测定渗析液中有害物质的含量，然后画出时间-渗沥水中有害浓度曲线。这一试验对研究废物堆场对周围环境影响有一定作用。

B 生活垃圾渗沥柱

某环境卫生设计科研所提出了生活垃圾渗沥柱，用以研究生活垃圾渗沥水的产生过程和组成变化。柱的壳体由钢板制成，总容积为 0.339m³，柱底铺有碎石层，容积为 0.014m³，

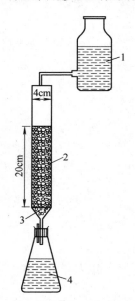

图 4-2 固体废物渗沥模型试验装置

1—雨水或蒸馏水；2—固体废物；3—玻璃棉；4—渗漏液

柱上部再铺碎石层和黏土层，容积为 0.056m³，柱内装垃圾的有效容积为 0.269m³。黏土和碎石应采自该所研究场地，碎石直径为 1~3mm。

　　实验时，添水量应根据当地的降水量。例如，我国某县年平均降水量为 1074.4mm，日平均降水量为 2.9436mm。由于柱的直径为 600mm，柱的面积乘以降水高度即为日添水量。因此，渗沥柱日添水量为 832mL，可以 7 天（一周）添水一次，即添水 5824mL。

思考与练习

4-1　什么是危险废物？我国对危险废物的鉴别分哪两步？

4-2　如何采集危险废物？为什么固体废物采样量与粒度有关？

4-3　固体废物腐蚀性鉴别测定时应注意什么？

4-4　试述生活垃圾的处置及其监测重点。

项目5 土壤污染监测

【知识目标】

（1）了解土壤污染监测的相关概念，污染物的来源、危害；

（2）掌握土壤污染样品的采样、制备、监测方法。

【能力目标】

能利用相关知识进行土壤污染样品的采集、制备、监测。

任务5.1 土壤环境质量监测方案

5.1.1 土壤污染的途径及特点

土壤是陆地上能生长作物的疏松表层，由岩石风化而成，它介于大气圈、岩石圈、水圈和生物圈之间，是环境里特有的组成部分。

土壤的组成为土壤矿物质、土壤有机质、土壤生物、土壤溶液、土壤空气。

土壤污染的途径有大气污染、水体污染、固体废物污染。

污染物在土壤中的危害大致分为两种情况：一是直接危害农作物的生长，造成减产（Cd、Be、三氯乙醛等）；二是被农作物吸收和积累，进而通过食物链影响人体健康（铅、汞、镉、六六六、DDT等）。土壤污染的特点是含量低、痕量级或超痕量级，流动性差。

土壤污染检测的目的是预防预报和控制土壤环境质量。

5.1.2 区域土壤背景值的调查

由于目前尚无可供比较的标准，而且土壤中有毒物质的量对植物的生长发育和进入植物的影响相当复杂，故欲了解土壤是否被污染，需用区域土壤背景值作为比较的标准。

所谓背景值是指在未受人为活动影响的条件下，土壤固有的化学物质成分和含量。它有两个不同的概念，其一是按地区考虑，即指一个国家或一个地区某元素的平均含量，将它们与污染区同一元素含量比较，超过本底值即为污染，超过越多，污染越重。但此概念有缺陷，因为同一地区不同类型土壤中某元素的含量可能极不相同，用平均值表示与实际情况出入较大。因此，根据土壤类型提出背景值，它规定未被污染的某一类型土壤中某元素的平均含量为本底值，将受污染的同一类型土壤中相同元素的平均含量相比，即可得出该土壤受污染的程度。后一种概念比较完善，但工作起来困难很大，目前各国仍采用第一种概念的较多，如日本即是前者。

任务 5.2　土壤样品的采集、加工和预处理

5.2.1　土壤样品的采集

由于土壤检测与大气、水体监测不同，污染物在土壤中的分布极不均匀，检测中采样误差对结果的影响往往大于分析误差，监测值相差 10% ~20% 一般是可以理解的。

采集土样之前，首先要调查该地区的自然条件、农业生产情况、土壤性状以及污染历史与现状，在此基础上选择监测区域、确定有代表性地段、面积，然后布设采样点。

5.2.1.1　布点方法

由于土壤样品在水平和追至方向的分布上具有一定的不均匀性，故应多点采样并均匀混合。

（1）对角线布点法。此法适用于污水灌溉或受污染水灌溉的田块。由田块进水口向对角线引一斜线，将辞对角线三等分，每个等分的中点即为采样点，每一田块不一定是三个采样点，应根据调查目的、田块面积和地形条件等作适当调整。

（2）梅花形布点法。梅花形布点法适用于面积较小、地形平坦、土壤较均匀的田块，一般采样点在 5 ~10 个以内。

（3）棋盘式布点法。此法适用于中等面积，地形平坦、开阔，但土壤不均匀的田块，一般采样点在 10 个以上。此法也适用于受固体废物污染的土壤，因为固体废物分布不均，采样点应在 20 个以上。

（4）蛇形布点法。此法适用于面积较大、地势不太平坦、土壤不够均匀的田块，采样点布设较多。

（5）放射性布点法。此法适用于大气污染土壤监测。

（6）网格布点法。此法适用于农用化学物质土壤和土壤背景值调查。

5.2.1.2　采样深度

（1）一般监测：采样深度为表层 0 ~20cm。

（2）污染深度监测：挖一个 1m × 1.5m 左右的长方形土坑，然后根据土壤坡面的颜色、结构、质地等情况划分土层，最后由坡面下层逐层向上采集。每层收集样品 1kg 左右。

5.2.1.3　采样方法

（1）采样筒取样。此法适用于表层土样的采集。将长 10cm、直径 8cm 的金属或塑料的采样筒直接压入土层内，然后用铲子将其铲出，清除采样筒口多余的土样，采样桶内的土壤即为所取样品。

（2）土钻取样。用土钻钻至所需深度后，将其提出，用挖土勺挖出土样。

（3）挖坑取样。此法适用于采集分层的土样。先用铁铲挖出一截面 1m × 1.5m、深 2.0m 的坑，平整一面坑壁，并用干净的小刀或小铲刮去坑壁面 1 ~5cm 的土，然后在所需层内取 0.5 ~1.0kg 土样，装入容器内。

5.2.1.4　采样时间和频率

采样时间随土壤的监测目的而定。例行监测在作物收获季节采集，必测项目一年一次，其他项目每年 3～5 次。若要了解土壤污染状况，可随时采集土壤样品测定。若要了解土壤上生长的植物的受污染状况，则根据植物的生长和收获季节同时采取土壤样和植物样。如了解大气污染土壤状况，则在播种前、生长期和收割前后分别进行。当污染是灌溉沟渠时，可在灌溉前后、收割前后进行。

5.2.1.5　采样量

由于测定所需土壤是多点混合而成，取土量往往很大，而分析时并不需要太多，具体数量视分析项目而定，一般要求采集 1.0kg 土样。因此，可反复按四分法弃取，最后留至所需的土量。

5.2.1.6　注意事项

（1）采样点不能设在田边、沟边、路边或堆肥边。
（2）要将现场采样点的具体情况如土壤坡面形态等详细记录在本上。
（3）现场写好两张标签，一张装入袋内、一张扎在口袋上。

5.2.2　土壤背景值样品的采集

土壤背景值样品的采样点应考虑以下因素：
（1）能代表当地的主要土壤类型。
（2）能代表当地的主要土壤母质。
（3）尽可能远离已知污染源。
（4）采样时还应注意：
1）同一类型的土壤应有 3～5 个以上的重复样点，以检验其可靠性。
2）同一采样点不强调多点混合，只要求选取发育典型、代表性强的土样即可，这一点与污染土壤采样不同。
3）一般采集 1m 以内的表土和心土。

5.2.3　土壤样品的制备

5.2.3.1　土样的风干

除了测定挥发酚、氰化物等不稳定组分需要用鲜土外，多数项目的样品须经风干，因为风干后的样品比较容易混合均匀，重复性、准确性都较好。风干的方法是将采的土样全部倒在塑料薄膜上或瓷盘内，压碎土块除去石块、残根、叶等杂物，铺成薄层，经常翻动，在阴凉处使其慢慢风干，切忌阳光直射和尘埃落入。

5.2.3.2　磨碎与过筛

风干后的土样用玻璃棒碾碎后，过筛以除去 2mm 以上的沙砾石和植物残体，用四分法反复弃取多余样品，最后存留足够的数量。如进行中金属分析的项目保留 100 克，用玛玛研钵继续研细，待全部通过 0.16mm 的筛孔为止。过筛后的样品充分搅匀，装瓶，贴上标签备用。

5.2.3.3　土壤背景值样品的采集

土壤背景值样品的采样点应考虑以下因素：

（1）能代表当地的主要土壤类型。

（2）能代表当地的主要土壤母质。

（3）尽可能远离已知污染源。

（4）采样时还应注意：

1）同一类型的土壤应有 3 ~ 5 个以上的重复样点，以检验其可靠性。

2）同一采样点不强调多点混合，只要求选取发育典型、代表性强的土样即可，这一点与污染土壤采样不同。

3）一般采集 1m 以内的表土和心土。

任务 5.3　污染物的监测

土壤监测结果单位规定用 mg/kg（烘干土）表示。

5.3.1　土壤含水量测定

无论采用新鲜或风干样品，都需测定土壤含水量，以便计算土壤中各种成分按烘干土为基准时的测定结果。

测定方法：用 1% 精度的天平秤取土样 20 ~ 30g，置于铝盒中，在 105℃ 下烘 4 ~ 5h 至恒重。按下式计算水分重量占烘干土重的百分数：

$$水分重量占烘干土重百分数 = \frac{风干土重 - 烘干土重}{烘干土重} \times 100\%$$

5.3.2　土壤中锌、铜、镉的测定——AAS 法

（1）标准溶液制备：制备各种重金属标准溶液推荐使用光谱纯试剂；用于溶解土样的各种酸皆选用高纯或光谱纯级；稀释用水为蒸馏去离子水。使用浓度低于 0.1mg/mL 的标准溶液时，应于临用前配制或稀释。标准溶液在保存期间，若有混浊或沉淀生成时须重新配制。

（2）土样预处理：称取 0.5 ~ 1g 土样于聚四氟乙烯坩埚中，用少许水润湿，加入 HCl，在电热板上加热消化（ < 450℃，防止 Cd 挥发），加入 HNO_3 继续加热，再加入 HF 加热分解 SiO_2 及胶态硅酸盐，最后加入 $HClO_4$ 加热（ < 200℃）蒸至近干。冷却，用稀 HNO_3 浸取残渣，定容，同时做全程序空白试验。

（3）Cu，Zn，Cd 标准系列混合溶液的配制：各元素标准工作溶液通过逐次稀释其标准贮备液而得。

（4）采用 AAS 法测定 Cu，Zn，Cd。

（5）结果计算：

$$镉或铜、锌含量 = \frac{M}{W}$$

式中，M 为自标准曲线中查得镉（铜、锌）质量，μg；W 为称量土样干质量。

5.3.3　土壤中铬的测定——二苯碳酰二肼分光光度法

（1）标准曲线绘制：用铬标准工作溶液配制标准系列，测吸光值，绘制标准曲线。

（2）土样消化：称取土样 0.5～2g 于聚四氟乙烯坩埚中，加水润湿，加 HNO_3 及 H_2SO_4 剧烈反应停止后，置于电热板上加热至冒白烟。冷却，加入 HNO_3，HF 继续加热至冒浓白烟除 HF，加水浸取，定容。同时进行全程序试剂空白试验。

（3）显色与测定：在酸性介质中加 $KMnO_4$ 将 Cr^{3+} 氧化为 Cr^{6+}，并用 NaN_3 除去过 $KMnO_4$。加二苯碳酰二肼显色剂，于波长 54nm 处比色测定。

（4）结果计算。

$$铬的含量 = \frac{M}{W}$$

式中，M 为从标准曲线中查得的铬质量，μg；W 为称量土样于重量，g。

教学活动建议

建议此部分采用实践教学法，将理论教学与实践技能训练有机结合，提高学生对知识的应用能力、动手能力，技能训练项目见技能训练（5.3.1）。

技能训练（5.3.1）　　土壤样品酸度的测定

A　目的

（1）掌握土壤样品的采样、制备和预处理方法。

（2）掌握玻璃电极法测定水样 pH 值的原理及方法。

B　原理

pH 值为水中氢离子活度的负对数。pH 值可间接地表示水的酸碱程度。天然水的 pH 值一般在 6～9 范围内。由于 pH 值随水温变化而变化，测定时应在规定的温度下进行，或者校正温度。

玻璃电极法是以玻璃电极为指示电极，饱和甘汞电极为参比电极组成的工作电池，此电池可用下式表示：

$$Ag,AgCl \mid HCl \mid 玻璃膜 \mid 水样 \mid\mid （饱和）KCl \mid Hg_2Cl,Hg$$

在一定条件（25℃）下，上述电池的电动势与水样的 pH 值成直线关系，可表示为：

$$E = K + 0.059pH$$

在实际工作中，不可能用上式直接计算 pH 值，而是用一个确定的标准缓冲液作基准，并比较包含水样和包含标准缓冲溶液的两个工作电池的电动势来确定水样的 pH 值。

C　仪器

（1）振荡器。

（2）玻璃电极。

（3）饱和甘汞电极。

（4）pH 计或离子活度计。

（5）磁力搅拌器。

（6）聚乙烯或聚四氟乙烯烧杯。

D　试剂

标准缓冲溶液按下表中规定数量秤取试剂，溶于 25℃ 水中，在容量瓶内定容至 1000mL。

标准缓冲溶液

标准物质	pH(25℃)	每1000mL 水溶液中所含试剂的质量（25℃）
基本标准酒石酸氢钾（25℃饱和）	3.557	6.4gKHC$_4$H$_4$O$_6$
柠檬酸二氢钾	3.776	11.41gKH$_2$C$_6$H$_5$O$_7$
邻苯二甲酸氢钾	4.008	10.12gKHC$_8$H$_4$O$_4$
磷酸二氢钾 + 磷酸氢二钠	6.865	3.388gKH$_2$PO$_4$（1）+ 3.533gNa$_2$HPO$_4$①③
磷酸二氢钾 + 磷酸氢二钠	7.413	1.179gKH$_2$PO$_4$（1）+ 4.302gNa$_2$HPO$_4$①③
四硼酸钠	9.180	3.80gNa$_2$B$_4$O$_7$·10H$_2$O（3）
碳酸氢钠 + 碳酸钠	10.012	2.92gNaHCO$_3$ + 2.640gNa$_2$CO$_3$
辅助标准二水合四草酸	1.679	12.61g KH$_2$C$_4$H$_8$·2H$_2$O②
氢氧化钙（25℃饱和）	12.454	1.5gCa(OH)$_2$

①须在 110－130℃下烘干 2h。

②烘干温度不可超过 60℃。

③须用新煮沸过并冷却的无二氧化碳水配制。

E　测定步骤

a　土壤样品的制备和预处理

（1）样品风干。在风干室将潮湿土样倒在白色搪瓷盘内或塑料膜上，摊成约 2cm 厚的薄层，用玻璃棒间断地压碎、翻动，使其均匀风干。在风干过程中，拣出碎石、沙砾及植物残体等杂质。

（2）磨碎与过筛。取风干样品 100g 于有机玻璃板上用木棒、木滚再次压碎，经反复处理使其全部通过 2mm 孔径（10 目）的筛子，混匀后储于广口玻璃瓶内。

（3）称取制备好的样品 50g 置于塑料瓶中，加入新鲜蒸馏水 250mL，使固液比为 1:5，加盖密封后，放在振荡机上（振荡频率 110 次/min，振幅 40mm）于室温下，连续振荡 30min，静置 30min 后，测上清液的 pH 值。

b　测定酸度

按照所用仪器的使用说明书调试。

将水样与标准溶液调到同一温度，记录测定温度，把仪器温度补偿旋钮调至该温度处。选用与水样 pH 值相差不超过 2 个 pH 值单位的标准溶液校准仪器。从第一个标准溶液中取出两个电极，彻底冲洗，并用滤纸吸干，再浸入第二个标准溶液中，其 pH 值约与前一个相差 3 个 pH 值单位。如测定值与第二个标准溶液 pH 之差大于 0.1pH 值时，应该检查仪器、电极或标准溶液是否有问题，当三者均无异常情况时方可测水样。

水样测定：先用水仔细冲洗两个电极，再用水样冲洗，然后将电极浸入水样中，小心搅拌或摇动使其均匀，待读数稳定后记录 pH 值。

F　注意事项

（1）玻璃电极在使用前应在蒸馏水中浸泡 24h 以上，用毕后要冲洗干净，浸泡在水中。

（2）测定时，玻璃电极的球泡应全部浸入溶液中，使它稍高于甘汞电极的陶瓷芯端，以免搅拌时碰破。

（3）甘汞电极的饱和氯化钾液面须高于汞体并应有适量的氯化钾晶体存在，以保证氯化钾溶液达到饱和。使用前须先拔掉上孔胶塞。

（4）测定前不宜提前打开水样瓶塞，以防止空气中的二氧化碳溶入或水样中的二氧化碳遗失。

（5）玻璃电极球泡受污染时，先用稀盐酸溶解无机盐结垢，再用丙酮除去油污（但不能用无水乙醇）。按上述方法处理的电极应在水中浸泡一昼夜再用。

思考与练习

5-1　简述土壤主要组成。

5-2　土壤污染的主要来源和特点分别是什么？

5-3　如何布点采集污染土壤样品和土壤背景值样品？

5-4　如何测定土壤含水量？

项目6 噪声监测

【知识目标】

(1) 了解噪声监测的相关概念，噪声的来源、危害，噪声的物理量度；
(2) 掌握环境噪声、交通噪声、企业厂界噪声的监测方法、数据处理方法；
(3) 了解噪声标准。

【能力目标】

(1) 能利用噪声监测数据处理基本知识进行数据记录和处理；
(2) 能利用噪声标准判断所测定噪声是否超标。
(3) 会使用声级计进行环境噪声或交通噪声的监测。

噪声污染和水污染、空气污染、固体废物污染等一样是当代主要的环境污染之一。但噪声与后者不同，它是物理污染（或称能量污染）。一般情况下它并不致命，且与声源同时产生同时消失。噪声源分布很广，较难集中处理。由于噪声渗透到人们生产和生活的各个领域，且能够直接感觉到它的干扰，不像物质污染那样只有产生后果才受到注意，所以噪声往往是受到抱怨和控告最多的环境污染。

任务6.1 认识噪声

6.1.1 声音和噪声

声音的本质是波动。受作用的空气发生振动，当振动频率在 $20 \sim 20000Hz$ 时，作用于人的耳鼓膜而产生的感觉称为声音。声源可以是固体也可以是流体（液体和气体）的振动。声音的传媒介质有空气、水和固体，它们分别称为空气声、水声和固体声等。噪声监测主要讨论空气声。

人类生活在一个声音的环境中，通过声音进行交谈，表达思想感情以及开展各种活动。但有些声音会给人类带来危害，例如震耳欲聋的机器声、呼啸而过的飞机声等。这些为人们生活和工作所不需要的声音叫噪声。从物理现象判断，一切无规律的或随机的声信号叫噪声。噪声的判断还与人们的主观感觉和心理因素有关，即一切不希望存在的干扰声都叫噪声。噪声可能是由自然现象所产生，也可能是由人类活动所产生，它可以是杂乱无章的声音，也可以是和谐的乐音，只要它超过了人们生活、生产和社会活动所允许的程度都称为噪声，所以在某些时候、某些情绪条件下音乐也可能是噪声。

噪声主要危害是：损伤听力，干扰人们的睡眠和工作，影响睡眠，诱发疾病，干扰语言交流，强噪声还会影响设备正常运转和损坏建筑结构。噪声会使人听力损失。这种损失是累积性的，在强噪声下工作一天，只要噪声不是过强（120dB 以上），事后只产生暂时性的听力损失，经过休息可以恢复；但如果长期在强噪声下工作，每天虽可以恢复，经过一段时间后，就会产生永久性的听力损失，过强的噪声还能杀伤人体。

环境噪声的来源有四种：一是交通噪声，包括汽车、火车和飞机等所产生的噪声；二是工厂噪声，如鼓风机、汽轮机、织布机和冲床等所产生的噪声；三是建筑施工噪声，如打桩机、挖土机和混凝土搅拌机等发出的声音；四是社会生活噪声，如高音喇叭、收录机等发出的过强声音。

6.1.2　声音的物理特性和量度

6.1.2.1　声音的发生、频率、波长和声速

当物体在空气中振动，使周围空气发生疏、密交替变化并向外传递，且这种振动频率在 20～20000Hz 之间，人耳可以感觉，称为可听声，简称声音。频率低于 20Hz 的叫次声，高于 20000Hz 的叫超声，它们作用到人的听觉器官时不引起声音的感觉，所以不能听到。

声源在一秒钟内振动的次数叫频率，记作 f，单位为 Hz。振动一次所经历的时间叫周期，记作 T，单位为 s。显然，频率和周期互为倒数，即 $T = 1/f$。沿声波传播方向，振动一个周期所传播的距离，或在波形上相位相同的相邻两点间的距离称作波长，记为 λ，单位为 m。1s 时间内声波传播的距离叫声波速度，简称声速，记作 c，单位为 m/s。频率、波长和声速三者的关系是：

$$c = f\lambda$$

声速与传播声音的媒质和温度有关。在空气中，声速（c）和温度（t）的关系可简写为：

$$c = 331.4 + 0.607t$$

常温下，声速约为 345m/s。

6.1.2.2　声功率、声强和声压

A　声功率（W）

声功率是指单位时间内，声波通过垂直于传播方向某指定面积的声能量。在噪声监测中，声功率是指声源总声功率。单位为 W。

B　声强（I）

声强是指单位时间内，声波通过垂直于声波传播方向单位面积的声能量，单位为 W/s^2。

C　声压（p）

声压是由于声波的存在而引起的压力增值。声波是空气分子有指向、有节律的运动。声压单位为 Pa。声波在空气中传播时形成压缩和稀疏交替变化，所以压力增值是正负交替的。但通常讲的声压是取均方根值，叫有效声压，故实际上总是正值，对于球面波和平面波，声压与声强的关系是：

$$I = \frac{p^2}{\rho c}$$

式中，p 为空气密度，如以标准大气压与 20℃时的空气密度和声速代入，得到 $\rho c = 408$ 国际单位值，也叫瑞利。称为空气对声波的特性阻抗。

6.1.2.3　分贝、声功率级、声强级和声压级

A　分贝

人们日常生活中遇到的声音，若以声压值表示，由于变化范围非常大，可以达六个数量级以上，同时由于人体听觉对声信号强弱刺激反应不是线性的，而是成对数比例关系。所以采用分贝来表达声学量值。

所谓分贝是指两个相同的物理量（例 A_1 和 A_0）之比取以 10 为底的对数并乘以 10（或 20）。

$$N = 10 \times \lg \frac{A_1}{A_0}$$

分贝符号为"dB"，它是无量纲的。在噪声测量中是很重要的参量。式中，A_0 是基准量（或参考量）；A 是被量度量。被量度量和基准量之比取对数，这对数值称为被量度量的"级"。亦即用对数标度时，所得到的是比值，它代表被量度量比基准量高出多少"级"。

B　声功率级

$$L_w = 10 \times \lg \frac{W}{W_0}$$

式中，L_w 为声功率级，dB；W 为声功率，W；W_0 为基准声功率，为 10^{-12} W。

C　声强级

$$L_I = 10 \times \lg \frac{I}{I_0}$$

式中，L_I 为声强级，dB；I 为声强，W/m^2；I_0 为基准声强，10^{-12}/m^2。

D　声压级

$$L_p = 10 \times \lg \frac{p^2}{p_0^2} = 20 \times \lg \frac{p}{p_0}$$

式中，L_p 为声压级，dB；p 为声压，Pa；p_0 为基准声压，为 2×10^{-5} Pa，该值是对 1000 Hz 声音人耳刚能听到的最低声压。

6.1.2.4　噪声的叠加和相减

A　噪声的叠加

两个以上独立声源作用于某一点，产生噪声的叠加。

声能量是可以代数相加的，设两个声源的声功率分别为 W_1 和 W_2，那么总声功率 $W_总 = W_1 + W_2$。而两个声源在某点的声强为 I_1 和 I_2 时，叠加后的总声强 $I_总 = I_1 + I_2$。声压不能直接相加。

由于
$$I_1 = \frac{p_1^2}{\rho c} \quad I_2 = \frac{p_2^2}{\rho c}$$

故
$$p_总 = \sqrt{p_1^2 + p_2^2}$$

又 $\qquad$ $(p_1/p_0)^2 = 10^{L_{p1}/10}$ $\quad$ $(p_2/p_0)^2 = 10^{L_{p2}/10}$

故总声压级： $\qquad$ $L_p = 10 \times \lg \dfrac{p_1^2 + p_2^2}{p_0^2}$

$$= 10 \times \lg(10^{L_{p1}/10} + 10^{L_{p2}/10})$$

如 $L_{p_1} = L_{p_2}$，即两个声源的声压级相等，则总声压级：

$$L_p = L_{p_1} + 10 \times \lg 2 \approx L_{p_1} + 3$$

也就是说，作用于某一点的两个声源声压级相等，其合成的总声压级比一个声源的声压级增加 3dB。当声压级不相等时，按上式计算较麻烦。可以利用图 6-1 查曲线来计算。方法是：设 $L_{p_1} > L_{p_2}$，以 $L_{p_1} - L_{p_2}$ 值按图查得 ΔL_p，则总声压级 $L_{p总} = L_{p_1} + \Delta L_p$。

【例 6-1】　两声源作用于某一点得声压级分别为 $L_{p_1} = 96\text{dB}$，$L_{p_2} = 93\text{dB}$，由于 $L_{p_1} - L_{p_2} = 3\text{dB}$，查曲线得 $\Delta L_p = 1.8\text{dB}$，因此 $L_{p总} = 96 + 1.8 = 97.8\text{dB}$。

由图 6-1 可知，两个噪声相加，总声压级不会比其中任一个大 3dB 以上；而两个声压级相差 10dB 以上时，叠加增量可忽略不计。

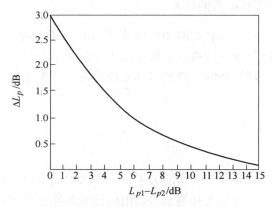

图 6-1　两噪声源的叠加曲线

掌握了两个声源的叠加，就可以推广到多声源的叠加，只需逐次两两叠加即可，而与叠加次序无关。

例如，有八个声源作用于一点，声压级分别为 70dB，75dB，82dB，90dB，93dB，95dB，100dB，它们合成的总声压级可以任意次序查图 6-1 的曲线两两叠加而得。应该指出，根据波的叠加原理，若是两个相同频率的单频声源叠加，会产生干涉现象，即需考虑叠加点各自的相位，不过这种情况在环境噪声中几乎不会遇到。

B　噪声的相减

噪声测量中经常碰到如何扣除背景噪声问题，这就是噪声相减的问题。通常是指噪声源的声级比背景噪声高，但由于后者的存在使测量读数增高，需要减去背景噪声。

图 6-2 所示为背景噪声修正曲线，使用方法见例 6-2。

【例 6-2】　为测定某车间中一台机器的噪声大小，从声级计上测得声级为 104dB，当机器停止工作，测得背景噪声为 100dB，求该机器噪声的实际大小。

解：由题可知 104dB 是指机器噪声和背景噪声之和（L_p），而背景噪声是 100dB（L_{p1}）。

$L_p - L_{p1} = 4\text{dB}$，从图 6 – 2 中可查得相应的 $\Delta L_p = 2.2\text{dB}$，因此该机器的实际噪声噪级 L_{p2} 为：$L_{p2} = L_p - \Delta L_p = 101.8\text{dB}$。

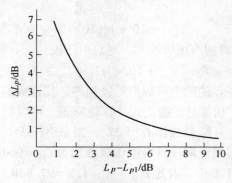

图 6 – 2　背景噪声修正曲线

6.1.3　噪声的物理量和主观听觉的关系

从噪声的定义可知，它包括客观的物理现象（声波）和主观感觉两个方面。但最后判别噪声的是人耳。所以确定噪声的物理量和主观听觉的关系十分重要。不过这种关系相当复杂，因为主观感觉牵涉到复杂的生理机构和心理因素。这类工作是用统计方法在实验基础上进行研究的。

6.1.3.1　响度和响度级

A　响度（N）

人的听觉与声音的频率有非常密切的关系，一般来说两个声压相等而频率不相同的纯音听起来是不一样响的。响度是人耳判别声音由轻到响的强度等级概念，它不仅取决于声音的强度（如声压级），还与它的频率及波形有关。响度的单位叫"宋（son）"，1son 的定义为声压级为 40dB，频率为 1000Hz，且来自听者正前方的平面波形的强度。如果另一个声音听起来比这个大 n 倍，即声音的响度为 $n$son。

B　响度级（L_N）

响度级的概念也是建立在两个声音的主观比较上的。定义 1000Hz 纯音声压级的分贝值为响度级的数值，任何其他频率的声音，当调节 1000Hz 纯音的强度使之与这声音一样响时，则这 1000Hz 纯音的声压级分贝值就定为这一声音的响度级值。响度级的单位叫"方"。

利用与基准声音比较的方法，可以得到人耳听觉频率范围内一系列响度相等的声压级与频率的关系曲线，即等响曲线，该曲线为国际标准化组织所采用，所以又称 ISO 等响曲线。

图 6 – 3 中同一曲线上不同频率的声音，听起来感觉一样响，而声压级是不同的。从曲线形状可知，人耳对 1000 ~ 4000Hz 的声音最敏感。对低于或高于这一频率范围的声音，灵敏度随频率的降低或升高而下降。例如，一个声压级为 80dB 的 20Hz 纯音，它的响度级只有 20phon，因为它与 20dB 的 1000Hz 纯音位于同一条曲线上，同理，与它们一样响的

10000Hz 纯音声压级为 30dB。

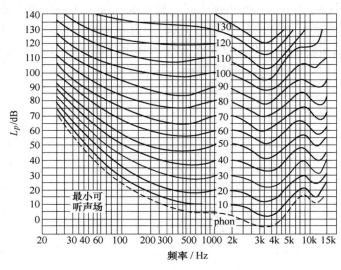

图 6-3　等响曲线

C　响度与响度级的关系

根据大量实验得到，响度级每改变 10phon，响度加倍或减半。例如，响度级 30phon 时响度为 0.5son；响度级 40phon 时响度为 1son；响度级为 50phon 时响度为 2son，以此类推。它们的关系可用下列数学式表示：

$$N = 2^{\left(\frac{L_{N} - 40}{10}\right)}$$

或　　　　　　　　　　　　　$$L_{N} = 40 + 33\lg N$$

响度级的合成不能直接相加，而响度可以相加。例如：两个不同频率而都具有 60phon 的声音，合成后的响度级不是 60 + 60 = 120phon，而是先将响度级换算成响度进行合成，然后再换算成响度级。本例中 60phon 相当于响度 4son，所以两个声音响度合成为 4 + 4 = 8son，而 8son 按数学计算可知为 70phon，因此两个响度级为 60phon 的声音合成后的总响度级为 70phon。

6.1.3.2　计权声级

上面所讨论的是指纯音（或狭频带信号）的声压级和主观听觉之间的关系，但实际上声源所发射的声音几乎都包含很广的频率范围。为了能用仪器直接反映人的主观响度感觉的评价量，有关人员在噪声测量仪器——声级计中设计了一种特殊滤波器，叫计权网络。通过计权网络测得的声压级，已不再是客观物理量的声压级，而叫计权声压级或计权声级，简称声级。通用的有 A，B，C 和 D 计权声级。

A 计权声级模拟人耳对 55dB 以下低强度噪声的频率特性；B 计权声级模拟 55dB 到 85dB 的中等强度噪声的频率特性；C 计权声级模拟高强度噪声的频率特性；D 计权声级是对噪声参量的模拟，专用于飞机噪声的测量。计权网络是一种特殊滤波器，当含有各种频率的声波通过时，它对不同频率成分的衰减是不一样的。A，B，C 计权网络的主要差别在于对低频成分衰减程度，A 衰减最多，B 其次，C 最少。A，B，C，D 计权的特性曲线如图 6-4 所示，其中 A，B，C 三条曲线分别近似于 40phon、70phon 和 100phon 三条等响曲线的倒转。由于计权曲线的频率特性是以 1000Hz 为参考计算衰减的，因此以上曲线均重合于 1000Hz，后来实践证明，A 计权声级表征人耳主观听觉较好，故近年来 B 和 C 计权声级较少应用。A 计权声级以 L_{PA} 或 L_A 表示，其单位用 dB(A) 表示。

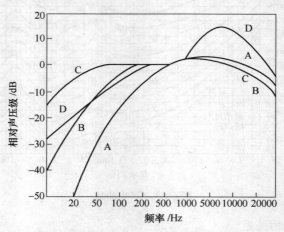

图 6-4　A，B，C，D 计权特性曲线

6.1.3.3　等效连续声级、噪声污染级和昼夜等效声级

A　等效连续声级

A 计权声级能够较好地反映人耳对噪声强度与频率的主观感觉，因此对一个连续的稳态噪声，它是一种较好的评价方法，但对一个起伏的或不连续的噪声，A 计权声级就显得不合适了。例如，交通噪声随车辆流量和种类而变化；又如，一台机器工作时其声级是稳定的，但由于它是间歇地工作，与另一台声级相同但连续工作的机器对人的影响就不一样。因此提出了一个用噪声能量按时间平均方法来评价噪声对人影响的问题，即等效连续声级，符号"L_{eq}"或"$L_{Aeq \cdot T}$"。它是用一个相同时间内声能与之相等的连续稳定的 A 声级来表示该段时间内的噪声的大小。例如，有两台声级为 85dB 的机器，第一台连续工作 8h，第二台间歇工作，其有效工作时间之和为 4h。显然作用于操作工人的平均能量是前者比后者大一倍，即大 3dB。因此，等效连续声级反映在声级不稳定的情况下，人实际所接受的噪声能量的大小，它是一个用来表达随时间变化的噪声的等效量。

$$L_{Aeq \cdot T} = 10 \times \lg \left[\frac{1}{T} \int_0^T 10^{0.1 L_{PA}} dt \right]$$

式中，L_{PA} 为某时刻 t 的瞬时 A 声级，dB；T 为规定的测量时间，s。

如果数据符合正态分布，其累积分布在正态概率纸上为一直线，则可用下面近似公式计算：

$$L_{Aeq \cdot T} \approx L_{50} + d^2/60, d = L_{10} - L_{90}$$

式中，L_{10}，L_{50}，L_{90} 为累积百分声级，其定义是：L_{10} 为测定时间内，10% 的时间超过的噪声级，相当于噪声的平均峰值；L_{50} 为测量时间内，50% 的时间超过的噪声级，相当于噪声的平均值；L_{90} 为测量时间内，90% 的时间超过的噪声级，相当于噪声的背景值。

累积百分声级 L_{10}，L_{50} 和 L_{90} 的计算方法有两种：其一是在正态概率纸上画出累积分布曲线，然后从图中求得；另一种简便方法是将测定的一组数据（例如 100 个），从大到小排列，第 10 个数据即为 L_{10}，第 50 个数据为 L_{50}，第 90 个数据即为 L_{90}。目前大多数声级机都有自动计算并显示功能，不需手工计算。

　　B　噪声污染级

许多非稳态噪声的实践表明，涨落的噪声所引起人的烦恼程度比等能量的稳态噪声要大，并且与噪声暴露的变化率和平均强度有关。经试验证明，在等效连续声级的基础上加上一项表示噪声变化幅度的量，更能反映实际污染程度。用这种噪声污染级评价航空或道路的交通噪声比较恰当。故噪声污染级（L_{NP}）公式为：

$$L_{NP} = L_{eq} + K\sigma$$

$$\sigma = \sqrt{\frac{1}{n-1} \sum_{i-1}^{n} (\overline{L}_{PA} - L_{PA_i})^2}$$

式中，K 为常数，对交通和飞机噪声取值 2.56；σ 为测定过程中瞬时声级的标准偏差；L_{PA_i} 为测得第 i 个瞬时 A 声级；$\overline{L}_{PA}$ 为所测声级的算术平均值，即 $\overline{L}_{PA} = \frac{1}{n} \sum_{i=1}^{n} L_{PA_i}$；$n$ 为测得总数。

对于许多重要的公共噪声，噪声污染级也可写成：

$$L_{NP} = L_{eq} + d$$

或

$$L_{NP} = L_{50} + d^2/60 + d$$

$$d = L_{10} - L_{90}$$

　　C　昼夜等效声级

考虑到夜间噪声具有更大的烦扰程度，故提出一个新的评价指标——昼夜等效声级（也称日夜平均声级），符号"L_{dn}"。它表达社会噪声一昼夜间的变化情况，表达式为：

$$L_{dn} = 10 \times \lg\left[\frac{16 \times 10^{0.1L_d} + 8 \times 10^{0.1(L_n+10)}}{24}\right]$$

式中，L_d 为白天的等效声级，时间是从 6 时至 22 时，共 16 个小时；L_n 为夜间的等效声级，时间是从 22 时至第二天的 6 时，共 8 个小时。

昼间和夜间的时间，可依地区和季节不同而稍有变更。

为了表明夜间噪声对人的烦扰更大，故计算夜间等效声级这一项时应加上 10dB 的计权。

为了表征噪声的物理量和主观听觉的关系，除了上述评价指标外，还有语言干扰级（SIL）、感觉噪声级（PNL）、交通噪声指数（TN_1）和噪声次数指数（NN_1）等。

6.1.3.4　噪声的频谱分析

一般声源所发出的声音，不会是单一频率的纯音，而是由许许多多不同频率、不同强度的纯音组合而成的。将噪声的强度（声压级）按频率顺序展开，使噪声的强度成为频率的函数，并考查其波形，叫做噪声的频率分析（或频谱分析）。研究噪声的频谱分析很重要，它能深入了解噪声声源的特性，帮助寻找主要的噪声污染源，并为噪声控制提供依据。

　　频谱分析的方法是使噪声信号通过一定带宽的滤波器，通带越窄，频率展开越详细；反之通带越宽，展开越粗略。以频率为横坐标，相应的强度（例声压级）为纵坐标作图，如图6-5所示。经过滤波后各通带对应的声压级的包络线（即轮廓）叫噪声谱。

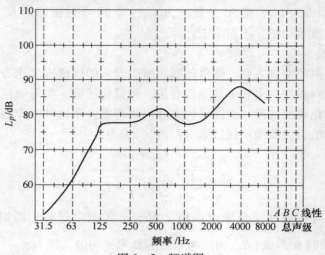

图6-5　频谱图

　　滤波器有等带宽滤波器、等百分比带宽滤波器和等比带宽滤波器。等带宽滤波器是指任何频段上的滤波，通带都是固定的频率间隔，即含有相等的频率数；等百分比带宽滤波器具有固定的中心频率百分数间隔，故它所含的频率数随滤波通带的频率升高而增加，例如，等百分比为3%的滤波器，100Hz的通带为（100±3）Hz；1000Hz的通带为（1000±30）Hz，而10000Hz的通带为（10000±300）Hz。噪声监测中所用的滤波器是等比带宽滤波器，它是指滤波器的上、下截止频率（f_2和f_1）之比以2为底的对数为某一常数，常用的有1倍频程滤波器和1/3倍频程滤波器等。它们的具体定义是：

1倍频程　　　　　　　　　　　$\log_2 \dfrac{f_2}{f_1} = 1$

1/3倍频程　　　　　　　　　　$\log_2 \dfrac{f_2}{f_1} = \dfrac{1}{3}$

其通式为　　　　　　　　　　$f_2/f_1 = 2^n$

　　1倍频程常简称为倍频程，在音乐上称为一个八度，是最常用的。表6-1列出了1倍频程滤波器最常用的中心频率值（f_m）以及上、下截止频率。这是经国际标准化认定并作为各国滤波器产品的标准值。

表6-1　常用1倍频程滤波器的中心频率和截止频率　　　　　　　　　（Hz）

中心频率f_m	上截止频率f_2	下截止频率f_1	中心频率f_m	上截止频率f_2	下截止频率f_1
31.54	44.5473	22.2737	1000	1414.20	707.100
63	89.0946	44.5473	2000	2828.40	1414.20
125	176.775	88.3875	4000	5656.80	2828.40
250	353.550	178.775	8000	11313.60	5656.80
500	707.100	353.550	16000	22627.2	11313.60

中心频率（f_m）的定义是：

$$f_m = \sqrt{f_2 f_1}$$

任务 6.2　认识噪声测量仪器

噪声测量仪器的测量内容有噪声的强度，主要是声场中的声压，至于声强、声功率的直接测量较麻烦，故较少直接测量，只在研究中使用；其次是测量噪声的特征，即声压的各种频率组成成分。

噪声测量仪器主要有声级计、声频频谱仪、记录仪、录音机和实时分析仪器等。

6.2.1　声级计

声级计，又叫噪声计，是一种按照一定的频率计权和时间计权测量声音的声压级和声级的仪器，是声学测量中最常用的基本仪器。它是一种电子仪器，但又不同于电压表等客观电子仪表。在把声信号转换成电信号时，可以模拟人耳对声波反应速度的时间特性；对高低频有不同灵敏度的频率特性以及不同响度时改变频率特性的强度特性。因此，声级计是一种主观性的电子仪器。

声级计可用于环境噪声、机器噪声、车辆噪声以及其他各种噪声的测量，也可用于电声学、建筑声学等测量。为了使世界各国生产的声级计的测量结果互相可以比较，国际电工委员会（IEC）制定了声级计的有关标准，并推荐各国采用。1979 年 5 月在斯德哥尔摩通过了《声级计》（IEC 651）标准，我国有关声级计的国家标准是《声级计电、声性能及测试方法》（GB 3785—1983）。1984 年 IEC 又通过了《积分平均声级计》（IEC 804），我国于 1997 年颁布了《积分平均声级计》（GB/T 17181—1997）。它们与 IEC 标准的主要要求是一致的。2002 年国际电工委员会（IEC）发布了《声级计》（IEC 61672—2002）新的国际标准，该标准代替原《声级计》（IEC 651—1979）和《积分平均声级计》（IEC 804—1983），我国根据该标准制定了《声级计检定规程》（JJG 188—2002）。新的声级计国际标准和国家检定规程与老标准比较做了较大的修改。

6.2.1.1　声级计的工作原理

声级计的工作原理如图 6-6 所示。声压由传声器膜片接收后，将声压信号转换成电信号，经前置放大器作阻抗变换后送到输入衰减器，由于表头指示范围一般只有 20dB，而声音范围变化可高达 140dB，甚至更高，所以必须使用衰减器来衰减较强的信号。再由输入放大器进行定量放大。放大后的信号由计权网络进行计权，它的设计是模拟人耳对不同频率有不同灵敏度的听觉响应。在计权网络处可外接滤波器，这样可做频谱分析。输出的信号由输出衰减器减到额定值，随即送到输出放大器放大。使信号达到相应的功率输出，输出信号经 RMS 检波后（均方根检波电路）送出有效值电压，推动电表或数字显示器，显示所测的声压级分贝值。

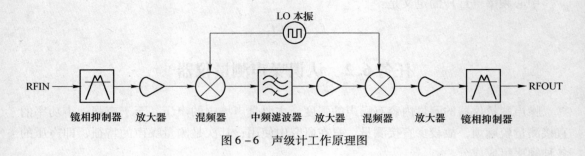

图 6 - 6　声级计工作原理图

6.2.1.2　声级计的分类

按其精度将声级计分为 1 级和 2 级。两种级别声级计的各种性能指标具有同样的中心值，仅仅是容许误差不同，而且随着级别数字的增大，容许误差放宽。按体积大小可分为台式声级计、便携式声级计和袖珍式声级计。按其指示方式可分为模拟指示（电表、声级灯）和数字指示声级计。两种级别声级计在参考频率、参考入射方向、参考声压级和基准温湿度等条件下，测量的准确度（不考虑测量不确定度）见表 6 - 2。

表 6 - 2　两种声级计测量准确度　　　　　　　　　　　　　（dB）

声级计级别	1	2
准确度	± 0.7	± 1.0

仪器上有阻尼开关能反映人耳听觉动态特性，快挡"F"用于测量起伏不大的稳定噪声。如噪声起伏超过 4dB 可利用慢挡"S"，有的仪器还有读取脉冲噪声的"脉冲"挡。

老式声级计的示值采用表头刻度方式，通常采用由 - 5（或 - 10）到 0，以及 0 到 10，跨度共 15（或 20）dB。现在使用的声级计一般具有自动加权处理数据的功能。图 6 - 7 所示为一种新式声级计的外形图。

图 6 - 7　AWA5610D 型积分声级计

6.2.2　其他噪声测量仪器

6.2.2.1　声级频谱仪

噪声测量中如需进行频谱分析，通常在精密声级配用倍频程滤波器。根据规定需要使用十挡，即中心频率为 31.5Hz，63Hz，125Hz，250Hz，500Hz，1KHz，2KHz，4KHz，8KHz，16KHz。

6.2.2.2　录音机

有些噪声现场，由于某些原因不能当场进行分析，需要储备噪声信号，然后带回实验室分析，这就需要录音机。供测量用的录音机不同于家用录音机，其性能要求高得多。它要求频率范围宽（一般为 20～15000Hz），失真小（小于 3%），信噪比大（35dB 以上），此外，还要求频响特性尽可能平直，动态范围大等。

6.2.2.3　记录仪

记录仪是将测量的噪声声频信号随时间变化记录下来，从而对环境噪声做出准确评价，记录仪能将交变的声谱电信号做对数转换，整流后将噪声的峰值、均方根值（有效值）和平均值表示出来。

6.2.2.4　实时分析仪

实时分析仪是一种数字式谱线显示仪，能把测量范围的输入信号在短时间内同时反映在一系列信号通道示屏上，通常用于较高要求的研究、测量。目前使用尚不普遍。

任务 6.3　噪声监测

关于噪声的测量方法，目前国际标准化组织和各国都有测量规范，除了一般方法外，对许多机器设备、车辆、船舶和城市环境等均有相应的测量方法。

6.3.1　城市环境噪声监测方法

城市环境噪声监测包括城市区域环境噪声监测、城市交通噪声监测、城市环境噪声长期监测和城市环境中扰民噪声源的调查测试等。

测量仪器应为精度 2 型以上的积分式声级计及环境噪声自动监测仪器。

测量应在无雨、无雪的天气条件下进行，风速为 5.5m/s 以上时停止测量。测量时传声器加风罩以避免风噪声干扰，同时也可保持传声器清洁。铁路两侧区域环境噪声测量，应避开列车通过的时段。

测量时间分为白天（6:00～22:00）和夜间（22:00～6:00）两部分。白天测量一般选在 8:00～12:00 或 14:00～18:00，夜间一般选在 22:00～5:00，随着地区和季节不同，上述时间可由当地人民政府按当地习惯和季节变化划定。

在昼间和夜间的规定时间内测得的等效 A 声级分别称为昼间等效声级 L_d 或夜间等效声级 L_n。昼夜等效声级为昼间和夜间等效声级的能量平均值，用 L_{dn} 表示，单位 dB。

考虑到噪声在夜间要比昼间更吵人，故计算昼夜等效声级时，需要将夜间等效声级加上 10dB 后再计算。如昼间规定为 16h，夜间为 8h，昼夜等效声级为：

$$L_{dn} = 10 \times \lg\left[\frac{16 \times 10^{0.1L_d} + 8 \times 10^{0.1(L_n+10)}}{24}\right]$$

6.3.1.1　城市区域环境噪声监测

城市区域环境噪声普查方法适用于为了解某一类区域或整个城市的总体环境噪声水平、环境噪声污染的时间与空间分布规律而进行的测量、基本方法有网格测量法和定点测量法两种。

A　网格测量法

将要普查测量的城市某一区域或整个城市划分成多个等大的正方格，网格要完全覆盖住被普查的区域或城市。每一网格中的工厂、道路及非建成区的面积之和不得大于网格面积的 50% ，否则视该网格无效。有效网格总数应多于 100 个。测点布在每一个网格的中心。若网格中心点不宜测量（如为建筑物、厂区内等），应将测点移动到距离中心点最近的可测量位置上进行测量。

应分别在昼间和夜间进行测量。在规定的测量时间内，每次每个测点测量 10min 的连续等效 A 声级（L_{Aeq}）。将全部网格中心测点测得的 10min 的连续等效 A 声级做算术平均运算，所得到的平均值代表某一区域或全市的噪声水平。

将测量到的连续等效 A 声级按 5dB 一挡分级（如 60 ~ 65，65 ~ 70，70 ~ 75）。用不同的颜色或阴影线表示每一挡等效 A 声级，绘制在覆盖某一区域或城市的网格上，用于表示区域或城市的噪声污染分布情况。

B　定点测量法

在标准规定的城市建成区中，优化选取一个或多个能代表某一区域或整个城市建成区环境噪声平均水平的测点，进行 24h 连续监测。测量每小时的 L_{Aeq} 及昼间的 L_d 和夜间的 L_n 可按网格测量法的测量方法测量。将每一小时测得的连续等效 A 声级按时间排列，得到 24 小时的声级变化图形，用于表示某一区域或城市环境噪声的时间分布规律。

6.3.1.2　城市交通噪声监测

测点应选在两路口之间，道路边人行道上，离车行道的路沿 20cm 处，此处离路口应大于 50m ，这样该测点的噪声可以代表两路口间的该段道路交通噪声。

为调查道路两侧区域的道路交通噪声分布，垂直道路按噪声传播由近及远方向设测点测量。直到噪声级降到临近道路的功能区（如混合区）的允许标准值为止。

在规定的测量时间段内，各测点每隔 5s 记一个瞬时 A 声级（慢响应），连续记录 200 个数据，同时记录车流量（辆/h）。

将 200 个数据从小到大排列，第 20 个数为 L_{90}，第 100 个数为 L_{50}，第 180 个数为 L_{10}，并计算 L_{eq}，因为交通噪声基本符合正态分布，故可用：

$$L_{eq} \approx L_{50} + \frac{d^2}{60}, d = L_{10} - L_{90}$$

目前使用的积分式声级计大多带有计算 L_{eq} 的功能，可自动将所测数据从大到小排列后计算显示 L_{eq} 的值。

评价量为 L_{eq} 或 L_{10}，将每个测点 L_{10} 按 5dB 一挡分级（方法同前），以不同颜色或不同阴影线画出每段马路的噪声值，即得到城市交通噪声污染分布图。

全市测量结果应得出全市交通干线 L_{eq}，L_{10}，L_{50}，L_{90} 的平均值（L）和最大值，以及标准偏差，以作为城市间比较。

$$L = \frac{1}{l} \sum_{k=1}^{n} L_k l_k$$

式中，l 为全市干线总长度，km；L_k 为所测 k 段干线的声级 L_{eq}（或 L_{10}）；l_k 为所测第 k 段干线的长度，km。

【例 6-3】 下面是一份噪声测量记录，试计算 L_{10}，L_{50}，L_{90}，L_{eq}，L_{NP}。

环境噪声测量记录

_____年_____月_____日　　　　　　_____时_____分 - _____时_____分

星期_____　　　　　　　　　　　测量人_____

天气_____　　　　　　　　　　　仪器_____

地点_____路_____路交叉口_____　　计权网络A 挡

噪声源交通噪声 7 辆/min　　　　快慢挡慢挡

取样间隔5s　　　　　　　　　　取样总次数100 次

58	62	65	76	80	67	61	69	70	64
65	65	68	66	69	69	68	68	55	60
66	70	62	66	65	70	72	70	73	65
62	60	55	57	59	70	62	68	67	71
68	66	60	58	60	68	63	66	61	62
64	67	64	66	66	58	61	70	70	67
66	68	68	65	69	68	63	69	70	64
68	69	71	74	66	67	68	71	65	66
70	70	70	68	70	62	60	70	62	62
65	66	57	65	58	71	66	67	55	60

$L_{10} =$ 　　　　　　　　　　$L_{50} =$ 　　　　　　　　　$L_{90} =$

$L_{eq} =$

$L_{Np} =$

解法一：

（1）将测量数据填入下表。

环境噪声（区域、交通）测量数据表

年　　月　　日

编号		地点		时　分至　时　分	
仪器			测量人		
主要噪声来源		干线长　（km）宽　（m）		车流量	
L_i		统计数		L_{eq} 计算	

十位	个位	N_i	ΣN_i	累计	L_i'	L_m 略算
	0					
	1					
	2					
	3					
50	4					
	5	下	3	3	60	
	6		0	3	—	
	7		2	5	60	
	8		4	9	64	
	9		1	10	59	
	0	正一	6	16	68	
	1	下	3	19	66	
	2	正 下	8	27	71	
	3	丁	2	29	66	
	4	正	4	33	70	
60	5	正 正	9	42	75	
	6	正正丁	12	54	76.8	
	7	正一	6	60	75	
	8	正正丁	12	72	78.8	
	9	正一	6	78	77	
	0	正正下	13	91	81	
	1	下	4	95	77	
	2	一	1	96	72	
	3	一	1	97	73	
	4	一	1	98	74	
70	5		0	98	—	
	6		1	99	76	
	7		0	99	—	
	8		0	99	—	
	9		0	99	—	
	0	一	1	100	80	
	1					
	2					
	3					
80	4					
	5					
	6					
	7					
	8					
	9					

$L_{10} = 70$　　$L_{50} = 66$　　$L_{90} = 59$　　$L_{eq} =$　　$\sigma =$

（2）L_i 为测量的 A 声级瞬时值，N_i 为 L_i 的个数，用划"正"字统计。例如 55dB（A）出现 3 次，故在该项 N_i 处填"丅"；57dB 出现 2 次，在该项 N_i 处填"丅"……。然后在 ΣN_i 处分别填"3"，"2"……。

（3）累计一项填法为声级从小往大累计填写，例如 55dB（A）共出现 3 次，故填"3"，56dB（A）未出现，此处仍填"3"，因为 56dB（A）以下共出现 3 次，57dB（A）出现 2 次，累计数填 $3+2=5$，以此类推，这样在累计数分别为 10，50，90 处的分贝值分别为 L_{90}，L_{50}，L_{10}，此处为 59，66 和 70。

（4）$L_i' = L_i + 10\lg N_i$（用于 L_{eq} 计算过程）。

N_i	1	2	3	4	5	6	7	8	9	10	11	13	17	19	23	29	31
$10\lg N_i$	0	3	5	6	7	8	9	9	10	10	10	11	12	13	14	15	16

$$L_i = 55\text{dB（A）}$$

$$N_i = 3$$

$$L_i' \approx 55 + 5 = 60\text{dB（A）}$$

L_i' 数值共有：60，60，64，59，68，66，71，66，70，75，76.8，75，78.8，77，81，77，72，73，74，76，80。

（5）L_m 略算。将各 L_i' 按噪声叠加原理相加所得数值，方法可用图 6 - 1 或下表。

$L_1 - L_2$	0	1	2	3	4	5	6	7	8	9	10	11	12	13	14	15	以上
ΔL	3	2.5	2.1	1.8	1.5	1.2	1.0	0.8	0.6	0.5	0.4	0.3	0.3	0.3	0.2	0	

按上法计算得　　　　　　　　　　　$L_m \approx 88.4\text{dB}$。

（6）L_{eq} 计算：　　　　　　　　　$L_{eq} = L_m - 10\lg \Sigma N_i$

区域计算：　　　　　　　　　　　　$L_{eq} = L_m - 20$（100 个数据）

交通噪声：　　　　　　　　　　　　$L_{eq} = L_m - 23$（200 个数据）

本题为　　　　　　　　　　　　　　$L_{eq} = 88.4 - 20$

　　　　　　　　　　　　　　　　　　$= 68.4\text{dB}$

解法二：

（1）用唱名法在下面表格中统计不同声级出现的频数（上面一行），然后将频数从最高位声级向低位声级累计相加，并填写在相应格内（下面一行）。

		0	1	2	3	4	5	6	7	8	9
50							3	0	2	4	1
							100	97	97	95	91
60		6	3	8	2	4	9	12	6	12	6
		90	84	81	73	71	67	58	46	40	28
70		13	4	1	1	1	0	1	0	0	0
		22	9	5	4	3	2	2	1	1	1
80		1									
		1									

（2）在正态概率纸上以横坐标为声级、纵坐标为累计百分数（本例测定值为100次累计频数等于累计百分数）画出累计分布曲线图，如符合正态分布（如交通噪声等）应为一直线，从图中可查得相应的 L_{10}，L_{50}，L_{90}，分别为71dB（A），66dB（A），59dB（A）。

（3）按公式 $L_{eq} \approx L_{50} + \dfrac{d^2}{60}$，$L_{NP} = L_{eq} + d$ 计算。

$$d = L_{10} - L_{90} = 71 - 59 = 12$$

$$L_{eq} = 66 + \frac{12^2}{60} = 68.4\text{dB} \qquad L_{NP} = 68.4 + 12 = 80.4\text{dB}$$

6.3.2　工业企业噪声监测方法

测量工业企业噪声时，传声器的位置应在操作人员的耳朵位置，但人需离开。

测点选择的原则是：若车间内各处 A 声级波动小于3dB，则只需在车间内选择 1～3 个测点；若车间内各处声级波动大于3dB，则应按声级大小，将车间分成若干区域，任意两区域的声级应大于或等于3dB，而每个区域内的声级波动必须小于3dB，每个区域取1～3个测点。这些区域必须包括所有工人为观察或管理生产过程而经常工作、活动的地点和范围。

如为稳态噪声则测量 A 声级，记为 dB（A），如为不稳态噪声，测量等效连续 A 声级或测量不同 A 声级下的暴露时间，计算等效连续 A 声级。测量时使用慢挡，取平均读数。

测量时要注意减少环境因素对测量结果的影响，如应注意避免或减少气流、电磁场、温度和湿度等因素对测量结果的影响。

测量结果记录于表6－3和表6－4中。在表6－3中，测量的 A 声级的暴露时间必须填入对应的中心声级下面，以便计算。如 78～82dB（A）的暴露时间填在中心声级 80 之下，83～87dB（A）的暴露时间填在中心声级 85 之下。

表6－3　工业企业噪声测量记录表

　　　　　　厂　　　　　　车间，厂址　　　　　　，　　　　　年　　　　月　　　　日

	名称	型号	校准方法					备注		
测量仪器										

	机器名称	型号	功率	运转状态		备注
				开/台	停/台	
车间设备状况						

设备分布测点示意图

	测点	声级/dB		倍频带声压级/dB									
		A	C	31.5	63	125	250	500	1000	2000	4000	8000	16000
数据记录													

表 6 – 4　等效连续声级记录表

	测点	中心声级										等效连续声级
		80	85	90	95	100	105	110	115	120	125	
暴露时间/min												
备注												

6.3.3　机动车辆噪声测量方法

机动车辆包括各类型汽车、摩托车、轮式拖拉机等。机动车辆所发出的噪声是流动声源，故影响面很广，在城市环境噪声中以交通运输噪声最突出。

6.3.3.1　车外噪声测量

A　测量条件

（1）测量场地应平坦而空旷，在测试中心以 50m 为半径的范围内，不应有大的反射物，如建筑物、围墙等。

（2）测试场地跑道应有 100m 以上平直、干燥的沥青路面或混凝土路面，路面坡度不超过 0.5%。

（3）本底噪声（包括风噪声）应比所测车辆噪声低 10dB，并保证测量不被偶然的其他声源所干扰。

（4）为避免风的噪声干扰，可采用防风罩，但应注意防风罩对声级计灵敏度的影响。

（5）声级计附近除读表者外，不应有其他人员，如不可缺少时，则必须在读表者背后。

（6）被测车辆不载重。测量时发动机应处于正常使用温度。若车辆带有其他辅助设备亦是噪声源，测量时是否开动，应按正常使用情况而定。

B　测量场地及测点位置

（1）测量场地的形式如图 6 – 8 和图 6 – 9 所示。

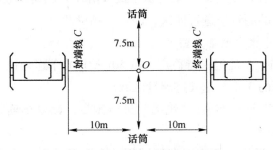

图 6 – 8　车外噪声测量场地示意图

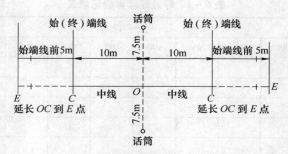

图 6 - 9　摩托车噪声测量场地示意图

（2）测试话筒位于 20m 跑道中心点 O 两侧，各距中线 7.5m，距地面高度 1.2m，用三脚架固定，话筒平行于路面，其轴线垂直于车辆行驶方向。

C　加速行驶时车外噪声测量方法

（1）车辆须按下列规定条件稳定地到达始端线：

1）对于行驶挡位，前进挡位为 4 挡以上的车辆用第三挡；挡位为 4 挡或 4 挡以下的用第二挡。

2）发动机转速为发动机额定转速的 3/4。如果此时车速超过 50km/h，那么车辆应以 50km/h 的车速稳定地到达始端线。

3）拖拉机以最高挡位、最高车速的 3/4 稳定地到达始端线。

4）对于自动换挡车辆，使用在试验区间加速最快的挡位。

5）在无转速表时，可以控制车速进入测量区，即以所定挡位所能达到最高车速的 3/4 稳定地到达始端线。

（2）从车辆前端到达始端线开始，立即将油门踏板踏到底，直线加速行驶，当车辆后端到达终端线时，立即停止加速。车辆后端不包括拖车以及和拖车联结的部分。本测量要求被测车辆在后半区域发动机达到最高转速。如果车辆达不到这个要求，可延长 OC 距离为 15m，如仍达不到这个要求，车辆使用挡位要降低一挡。

（3）声级计用"A"计权网络，"快挡"进行测量，读取车辆驶过时的声级计表示的最大读数。

（4）同样的测量往返进行两次，车辆同侧两次测量结果之差不应大于 2dB，并把测量结果记入表 6 - 5，取每侧两次声级的平均值中最大值即为被测车辆的最大噪声级，若只用一个声级计测量，同样的测量应进行四次，即每侧测量两次。

D　匀速行驶时车外噪声测量方法

（1）车辆用直接挡位，油门保持稳定，以 50km/h 的车速匀速通过测量区域。拖拉机以最高挡位、最高车速的 3/4 匀速驶过测量区域。

（2）声级计用"A"计权网络，"快挡"进行测量，读取车辆驶过时声级计表示的最大读数。

（3）同样的测量往返进行两次，车辆同侧两次测量结果之差不应大于 2dB，并把测量结果记入表 6 - 5，若只用一个声级计测量，同样的测量应进行四次，即每侧测量两次。

表 6 - 5　车外噪声测量记录表

测量日期	出厂日期
测量地点	额定载客（重）量
路面状况	发动机额定转数
测量仪器	前进挡数
本底噪声	加速起始发动机转数
车辆牌照号	匀速行驶车速
车辆型号	行驶里程

	测量位置	次数	噪声级/dB（A）	平均值/dB（A）
加速行驶	左侧	1		
		2		
	右侧	1		
		2		
匀速行驶	左侧	1		
		2		
	右侧	1		
		2		

测量人员_____驾驶人员_____
车辆量大行驶噪声_____ dB（A）

6.3.3.2　车内噪声测量

A　车内噪声测量条件

（1）测量跑道应有足够试验需要的长度，且应是平直、干燥的沥青路面或混凝土路面。

（2）测量时风速（指相对于地面）应不大于 20km/h（即 5.6m/s）。

（3）测量时车辆门窗应关闭。车内带有其他辅助设备，若是噪声源，测量时是否开动，应按正常使用情况而定。

（4）车内环境噪声必须比所测车内噪声低 10dB，并保证测量不被偶然的其他声源所干扰。

（5）车内除驾驶和测量人员外，不应有其他人员。

B　车内噪声测点位置

（1）车内噪声通常在人耳附近布置测点。

（2）驾驶室内噪声测点位置如图 6 - 10 所示。

（3）载客车室内噪声测点可选在车厢中部及最后一排座位的中间位置。

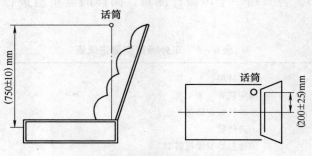

图 6 – 10　驾驶室内噪声测量图

C　测量方法

（1）车辆挂直接挡位，以 50km/h 以上的不同车速匀速行驶，进行测量。

（2）用声级计"快"挡测量 A，C 计权声级。分别读取表头指针最大读数的平均值，测量结果记入表 6 – 6。

表 6 – 6　车内噪声测量记录表

测量日期	车辆型号
测量地点	车辆牌照号
路面状况	额定载客（重）量
测量仪器	行驶里程

测点位置		挡位	车速	噪声级/dB	
				A	C
驾驶室					
载客室	中部				
	后部				

（3）进行车内噪声频谱分析时，应包括中心频率为 31.5Hz，63Hz，125Hz，250Hz，500Hz，1000Hz，2000Hz，4000Hz，8000Hz 的倍频带。测量结果记入表 6 – 7。

表 6 – 7　车内噪声频谱　车速＿＿＿＿＿＿km/h

频率	A	C	31.5	63	125	250	500	1000	2000	4000	8000
前部											
中部											
后部											
测量人员			驾驶人员								

对摩托车需测定排气管后方噪声，方法为：摩托车发动机采用无负荷运转（即空挡），调整到标定转速的 60% 进行测量。声级计用"A"计权网络，"快"挡进行测量，取声级计最大读数。用平行测量两次以上（摩托车应调向进行）。取其平均值作为被测摩托车的排气管后方噪声测量值。测量数据和结果，按表 6 – 8 填写。

表 6 - 8　摩托车排气管后方噪声测量记录表

摩托车型号_____车架编号_____发动机编号_____

试验地点_____路面状况_____试验日期_____年_____月_____日

汽油_____润滑油_____混合比_____

大气压_____kPa　气温_____K　相对湿度_____%　风速_____m/s

测试装置_____试验员_____驾驶员_____

测定序号	本底噪声/dB(A)	噪声级/dB(A)		备注
		测定值	平均值	

6.3.4　机场周围飞机噪声测量方法

《机场周围飞机噪声测量方法》（GB 9661—1988）包括精密测量和简易测量。精密测量需要做时间函数的频谱分析，简易测量只需经频率计权的测量，现介绍简易测量方法。

测量条件：气候条件为无雨、无雪，地面上 10m 高处的风速不大于 5m/s，相对湿度不应超过 90%，不应小于 30%。

传声器位置：测量传声器应安装在开阔平坦的地方，高于此地面 1.2m，离其他反射壁面 1m 以上，注意避开高压电线和大型变压器。所有测量都应使传声器膜片基本位于飞机标称飞行航线和测点所确定的平面内，即是掠入射。

在机场的近处应当使用声压型传声器，其频率响应的平直部分要达到 10kHz。要求测量的飞机噪声级最大值至少超过环境背景噪声级 20dB，测量结果才被认为可靠。

测量仪器：精度不低于 2 型的声级计或机场噪声监测系统及其他适当仪器。

声级计接声级记录器，或用声级计和测量录音机。读 A 声级或 D 声级最大值，记录飞行时间、状态、机型等测量条件。读取一次飞行过程的 A 声级最大值，一般用慢响应；在飞机低空高速通过及离跑道近处的测量点用快响应。当用声级计输出与声级记录器连接时，记录器的笔速对应于声级计上的慢响应为 16mm/s，快响应为 100mm/s。在记录纸上要注明所用纸速、飞行时间、状态和机型。没有声级记录器时可用录音机录下飞行信号的时间历程，并在录音带上说明飞行时间、状态、机型等测量条件，然后在实验室进行信号回放分析。测量记录填入表 6 - 9。

表 6 - 9　机场周围飞机噪声测量记录表

测点编号_____测点位置_____环境背景噪声_____dB

测量日期_____年_____月_____日　监测人_____

气象条件：气温_____℃　湿度_____%　风向_____风速_____m/s

测量仪器：名称_____型号_____备注_____

监测时间（时分秒）	飞行状态起降	飞机型号	L_{Amax}/dB	持续时间/s	L'_{Amax}/dB	L_{EPN}/dB	备注

注：风速指 10m 高处风速。

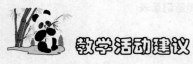

建议此部分采用任务驱动教学法，以某区域环境噪声监测方案的制定为任务，实施教学做一体化教学，技能训练项目见技能训练（6.1.1）。

技能训练（6.1.1） 利用所学的相关知识进行某区域环境噪声监测

《环境监测与分析》实训（非实验类）项目任务单

任务序号		项目名称	实测某区域噪声	实训地点	校内外某噪声监测点
小组成员					

具体任务：
　　请根据噪声监测的相关知识，现场收集相关资料，完成校园区域（或某路交通噪声或某机动车内噪声）监测方案的设计，现场实测，查阅国家标准判断此处声环境是否达标。

任务分工：

提交资料：

实测数据表格（样表）：

环境噪声测量记录

_____年_____月_____日　　　　_____时_____分至_____时_____分

星期_____　　　　　　　　　　　　测量人_____
天气_____　　　　　　　　　　　　仪器_____
地点_____路_____路交叉口　　　计权网络A挡
噪声源交通噪声8辆/分　　　　　　　快慢挡慢挡
取样间隔5s　　　　　　　　　　　　取样总数200次

71	72	64	65	67	66	69	68	70	73	73	70	78	69	68	67	67	72	74	80
76	77	66	85	65	67	68	73	68	70	71	72	70	67	75	67	68	65	80	77
74	73	70	68	82	85	66	67	68	69	73	82	70	77	69	70	74	68	80	68
60	64	67	78	82	69	63	71	72	66	67	67	70	68	71	71	70	70	57	62
68	72	64	68	67	72	74	72	75	67	64	62	57	59	61	72	64	70	69	73
70	68	62	60	70	65	68	63	64	66	68	68	60	63	72	72	69
68	70	70	67	71	70	65	71	72	66	70	71	73	68	69	70	73	80	72
72	72	72	72	64	62	72	64	68	59	67	60	73	68	69	59	72
73	70	69	74	80	73	67	68	66	67	65	68	75	67	64	66	70	77
80	77	70	68	68	72	65	69	68	66	67	75	67	65	69	68	78	70	72	75

$L_{10}=$	$L_{50}=$	$L_{90}=$
$L_{eq}=$	$L_{NP}=$	$\sigma=$

实测结果：

思考与练习

6 – 1　什么叫噪声？

6 – 2　环境噪声有哪些？

6 – 3　防治城市噪声污染有哪些措施？

6 – 4　噪声监测质量保证有哪些要求？

6 – 5　环境噪声监测的基本任务是什么？

6 – 6　"分贝"是计算噪声的一种物理量，这种讲法对吗？

6 – 7　为什么要用分贝表示声学的基本量？

6 – 8　在声压测量中，为什么不采用平均声压，而是采用有效声压？

6 – 9　环境噪声、本底噪声和背景噪声三者如何区分？

6 – 10　什么叫计权声级？它在噪声测量中有何作用？

6 – 11　等响曲线是如何绘制的？响度级、频率和声压级三者之间有何关系？

6 – 12　什么叫等效连续声级 L_{eq}？什么叫噪声污染级 L_{NP}？

6 – 13　什么叫频谱分析？它在噪声监测中有何作用？

6 – 14　试述简单声级计的工作原理、结构和使用方法。为什么在噪声测量中普遍采用电容传声器？

6 – 15　声级计的基本性能是什么？

6 – 16　（1）一个倍频程带包括几个 1/3 倍频程带？

　　　　（2）若每个 1/3 倍频程带有相同的声能，则一个倍频程带的声压级比一个 1/3 倍频程带的声压级大多少分贝？

6 – 17　噪声相加和相减应如何进行？

6 – 18　使用声级计的步骤是什么？

6 – 19　如何着手测量车间噪声？

6 – 20　何谓振动位移、速度、加速度、周期、频率和振动级？

6 – 21　振动计必须具备的条件是什么？

6 – 22　三个声源作用于某一点的声压级分别为 65dB，68dB 和 71dB，求同时作用于这一点的总声压级为多少？

6 – 23　有一车间在 8h 工作时间内，有 1h 声压级为 80dB（A），2h 为 85dB（A），2h 为 90dB（A），3h 为 95dB（A），问这种环境是否超过 8h90dB（A）的劳动防护卫生标准？

6 – 24　某工人工作的条件是每小时 4 次暴露于 102dB（A），时间为 6min；4 次暴露于 106dB（A），时间为 0.75min，问为了保证工人安全，每天工作时间应低于几小时？（提示：按美国噪声声级——允许暴露时间表，考虑噪声剂量。）

6 – 25　某城市全市白天平均等效声级为 55dB（A），夜间全市平均等效声级为 45dB（A），问全市昼夜平均等效声级为多少？

6 – 26.　在铁路旁某处测得：货车通过时，在 2.5min 内的平均声压级为 72dB；客车通过时，在 1.5min 内在平均声压级为 68dB；无车通过时的环境噪声约为 60dB；该处白天 12h 内共有 65 列火车通过，其中货车 45 列、客车 20 列，试计算该地点白天的等效连续声级。

6 – 27　已知环境背景噪声的倍频程声压级：

f_e/Hz	63	125	250	500	1000	2000	4000	8000
L_p/dB	90	97	99	83	76	65	84	72

求其线性声压级和 A 计权声压级。

6-28 测得某地交通噪声数据如下表所示，求 L_{10}，L_{50}，L_{90}，L_{eq}，L_{NP}和 σ，并绘制时间-声级图。

环境噪声测量记录

_____年_____月_____日 _____时_____分至_____时_____分

星期_____ 测量人_____

天气_____ 仪器_____

地点_____路_____路交叉口 计权网络A 挡

噪声源交通噪声 8 辆/分 快慢挡慢挡

取样间隔5s 取样总数200 次

71	72	64	65	67	66	69	68	70	73	73	70	78	69	68	67	67	72	74	80
76	77	66	85	65	67	68	73	68	70	71	72	70	67	75	67	68	65	80	77
74	73	70	68	82	85	66	67	68	69	73	82	70	77	69	70	74	68	80	68
60	64	67	78	82	69	63	71	72	66	67	67	70	68	71	71	70	70	57	62
68	72	64	68	67	72	74	72	75	67	64	62	57	59	61	72	64	70	69	73
70	68	62	60	62	70	65	68	63	64	66	69	66	68	60	63	72	72	69	
68	70	70	67	71	70	65	71	72	66	70	71	73	76	68	69	70	73	80	72
72	72	72	70	72	64	62	72	64	68	67	68	59	67	60	73	68	69	59	72
73	70	69	74	80	68	73	67	67	66	66	67	65	68	75	67	64	66	70	77
80	77	70	68	68	72	65	69	68	66	67	75	67	65	69	68	78	70	72	75

$L_{10} =$ $L_{50} =$ $L_{90} =$

$L_{eq} =$ $L_{NP} =$ $\sigma =$

参考文献及课外拓展学习链接

亲爱的同学：

如果你在课外想了解更多有关环境监测的知识，请参阅下列图书或网站，自主学习！书籍会让老师教给你的一个点变成一个圆，甚至一个面！

因环境监测技术更新较快，为了跟上技术进步的步伐，建议大家经常关注相关网站、专业期刊，拓宽自己的知识面，了解前沿技术。

相关图书

[1] 奚旦立，孙裕生，刘秀英．环境监测［M］.4版．北京：高等教育出版社，2010.

[2] 国家环境保护局，《水和废水监测分析方法》编委会．水和废水监测分析方法［M］.4版．北京：中国环境科学出版社，2002.

[3] 中国环境监测站《环境监测人员持证上岗考核试题集》编写组．环境监测人员持证上岗考核试题集［M］．北京：中国环境出版社，2013.

[4] 杭州大学分析化学教研室．分析化学手册（第二分册）［M］.2版．北京：化学工业出版社，1997.

[5] 李光浩．环境监测［M］．北京：化学工业出版社，2012.

[6] 奚旦立．环境工程手册（环境监测卷）［M］．北京：高等教育出版社，1998.

[7] 国家环境保护总局《空气和废气监测分析方法》编委会．空气和废气监测分析方法［M］.4版：北京：中国环境科学出版社，2003.

[8] 崔九思，王欣源，王汉平．大气污染监测方法［M］.2版．北京：化学工业出版社，1997.

[9] 宋广生．室内环境监测及评价手册［M］．北京：机械工业出版社，2002.

[10] 方惠群，于俊生，史坚．仪器分析［M］．北京：科学出版社，2002.

[11] 王焕校．污染生态学［M］．北京：高等教育出版社，2000.

[12] 张世森．环境监测技术［M］．北京：高等教育出版社，1992.

[13] 吴邦灿，费龙．现代环境监测技术［M］．北京：中国环境科学出版社，1999.

相关网站

[1] 中国环境监测总站：http：//www. cnemc. cn/.

[2] 国家标准查询网：http：//cx. spsp. gov. cn/index. aspx? Token = $ Token $ &First = First.

[3] 中华人民共和国环境保护部：http：//www. zhb. gov. cn/.

[4] 中国环保网：http：//www. chinaenvironment. com/index. aspx.

[5] 中国环境监测仪器网：http：//www. cnemc. org/.

相关期刊

[1] 中国环境监测．刊期：双月刊．主办单位：中国环境监测总站．国内统一刊号：11 – 2861/X. 国际标准刊号：1002 – 6002.

[2] 环境科学与技术．刊期：月刊．主办单位：湖北省环境科学研究院．国内统一刊号：42 – 1245/X. 国际标准刊号：1003 – 6504.

[3] 环境监测管理与技术．刊期：双月刊．主办单位：江苏省环境监测中心，南京市环境监测中心站．国内统一刊号：32 – 1415/X. 国际标准刊号：1006 – 2009.

[4] 中国环境科学．刊期：月刊．主办单位：中国环境科学学会．国内统一刊号：11 – 2201/X. 国际标准刊号：1000 – 6923.

冶金工业出版社部分图书推荐

书　名	作　者	定价（元）
冶炼基础知识（高职高专教材）	王火清	40.00
连铸生产操作与控制（高职高专教材）	于万松	42.00
小棒材连轧生产实训（高职高专实验实训教材）	陈涛	38.00
型钢轧制（高职高专教材）	陈涛	25.00
高速线材生产实训（高职高专实验实训教材）	杨晓彩	33.00
炼钢生产操作与控制（高职高专教材）	李秀娟	30.00
地下采矿设计项目化教程（高职高专教材）	陈国山	45.00
矿山地质（第2版）（高职高专教材）	包丽娜	39.00
矿井通风与防尘（第2版）（高职高专教材）	陈国山	36.00
采矿学（高职高专教材）	陈国山	48.00
轧钢机械设备维护（高职高专教材）	袁建路	45.00
起重运输设备选用与维护（高职高专教材）	张树海	38.00
轧钢原料加热（高职高专教材）	戚翠芬	37.00
炼铁设备维护（高职高专教材）	时彦林	30.00
炼钢设备维护（高职高专教材）	时彦林	35.00
冶金技术认识实习指导（高职高专实验实训教材）	刘艳霞	25.00
中厚板生产实训（高职高专实验实训教材）	张景进	22.00
炉外精炼技术（高职高专教材）	张士宪	36.00
电弧炉炼钢生产（高职高专教材）	董中奇	40.00
金属材料及热处理（高职高专教材）	于晗	33.00
有色金属塑性加工（高职高专教材）	白星良	46.00
炼铁原理与工艺（第2版）（高职高专教材）	王明海	49.00
塑性变形与轧制原理（高职高专教材）	袁志学	27.00
热连轧带钢生产实训（高职高专教材）	张景进	26.00
连铸工培训教程（培训教材）	时彦林	30.00
连铸工试题集（培训教材）	时彦林	22.00
转炉炼钢工培训教程（培训教材）	时彦林	30.00
转炉炼钢工试题集（培训教材）	时彦林	25.00
高炉炼铁工培训教程（培训教材）	时彦林	46.00
高炉炼铁工试题集（培训教材）	时彦林	28.00
锌的湿法冶金（高职高专教材）	胡小龙	24.00
现代转炉炼钢设备（高职高专教材）	季德静	39.00
工程材料及热处理（高职高专教材）	孙刚	29.00